U0199896

中国石油大学（北京）学术专著系列

油气光学系列丛书

油气光学实验

赵　昆　苗昕扬　詹洪磊　祝　静　宋　艳　陈　儒　著

科学出版社

北　京

内 容 简 介

本书是"油气光学系列丛书"之一，以油气光学技术——油气光学实验的形式来构架，涵盖了石油勘探、油气储运、石油化工及环境污染和安全的相关内容，列举了太赫兹光谱、斜入射光反射差、激光超声、激光感生电压检测等几种光学新技术的操作流程及油气资源光学表征评价的具体实施实验。

本书可作为理工科专业高年级本科生、研究生的实验学习教材，也可作为从事该领域研究的科技工作者的参考书。

图书在版编目（CIP）数据

油气光学实验 / 赵昆等著. —北京：科学出版社，2019.4

（中国石油大学（北京）学术专著系列. 油气光学系列丛书）

ISBN 978-7-03-060931-1

Ⅰ.①油… Ⅱ.①赵… Ⅲ.①油气资源评价–光学分析法 Ⅳ.① TE155

中国版本图书馆 CIP 数据核字（2019）第 053852 号

责任编辑：万群霞 张晓云 田轶静 / 责任校对：王萌萌
责任印制：师艳茹 / 封面设计：耕者设计工作室

科 学 出 版 社 出版

北京东黄城根北街 16 号
邮政编码：100717
http://www.sciencep.com

河北鹏润印刷有限公司 印刷

科学出版社发行 各地新华书店经销

*

2019 年 4 月第 一 版 开本：720×1000 B5
2019 年 4 月第一次印刷 印张：18 3/4 插页：8
字数：380 000

定价：138.00 元

（如有印装质量问题，我社负责调换）

丛 书 序

　　大学是以追求和传播真理为目的，并为社会文明进步和人类素质提高产生重要影响力和推动力的教育机构和学术组织。1953 年，为适应国民经济和石油工业发展需求，北京石油学院在清华大学石油系并吸收北京大学、天津大学等院校力量的基础上创立，成为新中国第一所石油高等院校。1960 年成为全国重点大学。历经 1969 年迁校山东改称华东石油学院，1981 年又在北京办学，数次搬迁，几易其名。在半个多世纪的历史征程中，几代石大人秉承追求真理、实事求是的科学精神，在曲折中奋进，在奋进中实现了一次次跨越。目前，学校已成为石油特色鲜明，以工为主，多学科协调发展的"211 工程"建设的全国重点大学。2006 年 12 月，学校进入"国家优势学科创新平台"高校行列。

　　学校在发展历程中，有着深厚的学术记忆。学术记忆是一种历史的责任，也是人类科学技术发展的坐标。许多专家学者把智慧的涓涓细流，汇聚到人类学术发展的历史长河之中。据学校的史料记载：1953 年建校之初，在专业课中有90%的课程采用苏联等国的教材和学术研究成果。广大教师不断消化吸收国外先进技术，并深入石油厂矿进行学术探索。到 1956 年，编辑整理出学术研究成果和教学用书 65 种。1956 年 4 月，北京石油学院第一次科学报告会成功召开，活跃了全院的学术气氛。1957～1966 年，由于受到全国形势的影响，学校的学术研究在曲折中前进。然而许多教师继续深入石油生产第一线，进行技术革新和科学研究。到 1964 年，学院的科研物质条件逐渐改善，学术研究成果以及译著得到出版。党的十一届三中全会之后，科学研究被提到应有的中心位置，学术交流活动也日趋活跃，同时社会科学研究成果也在逐年增多。1986 年起，学校设立科研基金，学术探索的氛围更加浓厚。学校始终以国家战略需求为使命，进入"十一五"之后，学校科学研究继续走"产学研相结合"的道路，尤其重视基础和应用基础研究。"十五"以来学校的科研实力和学术水平明显提高，成为石油与石化工业的应用基础理论研究和超前储备技术研究，以及科技信息和学术交流的主要基地。

在追溯学校学术记忆的过程中，我们感受到了石大学者的学术风采。石大学者不但传道授业解惑，而且以人类进步和民族复兴为己任，做经世济时、关乎国家发展的大学问，写心存天下、裨益民生的大文章。在半个多世纪的发展历程中，石大学者历经磨难、不言放弃，发扬了石油人"实事求是、艰苦奋斗"的优良作风，创造了不凡的学术成就。

学术事业的发展犹如长江大河，前浪后浪，滔滔不绝，又如薪火传承，代代相继，火焰愈盛。后人做学问，总要了解前人已经做过的工作，继承前人的成就和经验，在此基础上继续前进。为了更好地反映学校科研与学术水平，凸显石油科技特色，弘扬科学精神，积淀学术财富，学校从 2007 年开始，建立"中国石油大学(北京)学术专著出版基金"，专款资助教师以科学研究成果为基础的优秀学术专著的出版，形成《中国石油大学(北京)学术专著系列》。受学校资助出版的每一部专著，均经过初审评议、校外同行评议、校学术委员会评审等程序，确保所出版专著的学术水平和学术价值。学术专著的出版覆盖学校所有的研究领域。可以说，学术专著的出版为科学研究的先行者提供了积淀、总结科学发现的平台，也为科学研究的后来者提供了传承科学成果和学术思想的重要文字载体。

石大一代代优秀的专家学者，在人类学术事业发展尤其是石油石化科学技术的发展中确立了一个个坐标，并且在不断产生着引领学术前沿的新军，他们形成了一道道亮丽的风景线。"莫道桑榆晚，为霞尚满天"。我们期待着更多优秀的学术著作，在园丁灯下伏案或电脑键盘的敲击声中诞生，展现在我们眼前的一定是石大寥廓邃远、星光灿烂的学术天地。

祝愿这套专著系列伴随新世纪的脚步，不断迈向新的高度！

中国石油大学(北京)校长

张来斌

2008 年 3 月 31 日

前　　言

　　以石油、天然气为典型代表的油气资源是世界各国现阶段最重要的能源，也是各国制造业、交通运输业、国防工业的基础，它是维持经济发展和社会秩序的物质前提，在国民经济中占据着非常重要的地位。全球油气资源种类丰富、储量巨大，但勘探、开发、加工自然界存在的各类油气资源都依赖先进的科学技术：首先对自然资源的分布、品位等储存状况进行探测；其次对开发过程中的资源状况进行有效监控，保证能源生产安全和环境友好；最后对能源产品的品质进行检测。我国油气资源具有地质条件复杂、地表条件多样、富集程度低、油气埋藏深和原油含水率高等特点，勘探开发和高效利用面临着许多困难和挑战。如何解决油气资源勘探开发过程中的技术难题、降低开采成本、提高经济效益，已经成为业内研究者关注的焦点，研究并推动油气资源勘探的新理论、新方法势在必行。

　　近年来，光学技术以其非接触、高灵敏度、不受电磁干扰等优势，在石油领域展现出重要的应用及科研价值，其中以遥感、电磁波等方法为代表的勘探测井技术是勘探油气资源的基础，各类质谱、色谱及以紫外、红外、可见光、荧光光谱方法为代表的光谱技术是液态、气态能源物质的分析基础。应该说，随着光学技术的不断发展，光学方法可以成为油气资源现有表征和评价方法的补充手段，也有可能为油气资源的评价提供新的数值指标，在未来有着光明的应用前景。

　　2011 年，针对国家油气能源战略的重大需求，笔者提出油气光学(oil and gas optics)概念，开拓了油气光学工程的研究方向，将光学前沿技术与油气资源的勘探开发相结合，开展油气物质光学性质的应用基础研究及光学方法在油气领域应用的重大关键技术、前瞻性技术的研究。目前，中国石油大学(北京)"油气光学"科研创新团队已在油气资源光学探针表征与评价，油气资源光探测物理、材料及器件，流体光学，纳米岩石物理，大气环境光学等方面取得了重要进展。本书基于油气资源表征评价过程中对光学新方法的实际需求，列举了太赫兹光谱、斜入射光反射差、激光感生电压检测、激光超声等几种光学新技术的操作流程及油气资源光学表征评价的具体实施实验。作为"油气光学系列丛书"中的一册，本书将为建立更丰富有效的油气资源表征评价体系提供新的选择，促进石油领域关键指标、关键问题的有效解决。

本书涵盖了石油勘探、油气储运、石油化工及环境污染和安全的相关表征评价实验内容，以油气光学技术——油气光学实验的形式来构架，根据苗昕扬、孙世宁、詹洪磊、王金、吕志清、杨肖、海晓泉、孙琦、管丽梅、金武军、杨晨、姜晨、付成、王伟、冯鑫、宋艳、赵卉、邬嫡波、冷文秀、戈立娜、王丹丹、李涛、宝日玛、李倩、李宁、吴成红等"油气光学"科研创新团队成员的学术成果，由赵昆、苗昕扬、詹洪磊、祝静、宋艳、陈儒、赵卉、吕志清、冷文秀、吴成红、张善哲撰写完成。本书在写作上更贴近石油学科的思维和方法，并强调光学方法的针对性和实用性。

本书得到了国家自然科学基金、国家重点基础研究发展计划、北京市自然科学基金、中国石油大学(北京)学术专著出版基金，以及油气光学探测技术北京市重点实验室、石油和化工行业油气太赫兹波谱与光电检测重点实验室、中关村开放实验室、首都科技创新券开放实验室的专家学者及师生的大力支持。

由于作者水平有限，书中不妥之处在所难免，恳请广大读者批评指正。

赵　昆

油气光学探测技术北京市重点实验室

石油和化工行业油气太赫兹波谱与光电检测重点实验室

中国石油大学(北京)

2018 年 9 月 8 日于北京

目　　录

绪论　油气光学实验方法与技术

一、太赫兹光谱技术

太赫兹(terahertz，THz)波通常是指位于微波和红外线之间的电磁波辐射，这一频段的电磁波在历史上也常常被称为亚毫米波或远红外波。通常所说的太赫兹波的频率一般在 0.1～10THz[①]。从长波方向看，它与微波、毫米波有重叠；从短波方向看，它与红外线有重叠。同时，太赫兹波段也是电磁波谱上由电子学领域向光子学领域过渡的区域，因此对太赫兹波段的研究具有重要的科学研究价值和实际应用价值。历史上，无论是从低频的微波往高频方向发展，还是从高频的可见光往低频方向发展，太赫兹波的辐射源和检测方法在原理上或技术上的困难而难以实现，所以很长一段时间内其的相关研究一度处于停滞不前的状态，被称为太赫兹空隙。

太赫兹技术有许多引人关注的特点，这些特点源于太赫兹辐射本身的特性和物质在这一频段独特的频率响应特征，从而使太赫兹技术在某些特定领域中具有不可替代的优势。与传统的电磁波相比，太赫兹辐射具有很多独特的性质。

(1)穿透性：太赫兹波对于很多非极性介电材料和非极性液体具有良好的穿透性，其对如塑料袋、布料、纸箱等材料有很强的穿透能力，可以用来对包装的物品进行质量检测或者用于对危险品的安全检查。同时太赫兹波具有类似光波的方向性，因此它可以与 X 射线成像和超声波成像技术相互补充，在无损检测和质量检测方面具有非常好的应用前景。

(2)安全性：太赫兹波的光子能量较低，频率为 1THz 的光子对应的能量大约只有 4meV。这个数值约为 X 射线光子能量的 $1/10^6$，因此太赫兹辐射的能量不会对生物组织产生有害的光电离和破坏，非常适合对生物组织和生物活性物质(如蛋白质、DNA 等)进行检查。太赫兹辐射非常安全，不会对人体造成损害，

---

① 1THz=10^{12}Hz。

可以应用于旅客安检的人体成像系统。

(3)光谱特征吸收：太赫兹波段包含了丰富的光谱信息，大量的分子转动和振动(包括集体振动)的跃迁都发生在太赫兹波段。此外，凝聚态体系的声子吸收很多也位于太赫兹波段，自由电子对太赫兹波也有很强的吸收和散射。因此，可以根据分子在太赫兹波段特有的光谱信息识别不同的分子，从而达到对不同分子的指纹识别的目的。

对于宽带太赫兹脉冲辐射，特别是太赫兹时域光谱(THz-TDS)技术产生的太赫兹脉冲辐射不但具有以上所述的特点，还具有如下特点。

(1)瞬态性：太赫兹波的典型脉宽在亚皮秒[①]量级，可以实现亚皮秒、飞秒时间分辨率的研究，而且通过相关测量技术，能够有效地抑制背景辐射噪声的干扰。目前，太赫兹时域光谱技术的辐射强度测量的信噪比已经可以大于 10^4，远高于傅里叶变换红外光谱技术。

(2)相干性：太赫兹时域光谱技术的相干测量机制使产生的太赫兹波具有相干性。基于相干测量技术的太赫兹时域光谱技术能够直接测量得到太赫兹波电场的振幅和相位，可以方便地提取待测对象复杂的物理和化学信息。

(3)宽带性：一个太赫兹时域脉冲通常包含若干个周期的电磁振荡，典型的太赫兹脉冲的频带可以覆盖从吉赫兹至几十个太赫兹的范围，这样可以实现在大的频率范围内进行物质的太赫兹吸收光谱研究。

自 20 世纪 80 年代以来，由于超快光学、半导体、电子学和微加工等科技的发展，太赫兹波的产生和探测技术也逐渐成熟，其中太赫兹时域光谱技术和太赫兹成像技术得以快速发展，已经取得了很多有价值的研究成果。

(一)太赫兹时域光谱技术

太赫兹时域光谱技术是 20 世纪 80 年代由 Bell 实验室和 IBM 公司 Watson 研究中心发展起来的，它是一种利用飞秒激光技术获得宽波段太赫兹脉冲的技术。这种脉冲是单周期的电磁辐射脉冲，周期小于 1ps，频谱为 0.1GHz～5THz。太赫兹时域电场波形包含太赫兹脉冲的强度、相位和时间等完整信息，通过傅里叶变换可同时得到被测样品的吸收和色散光谱。这种技术探测到的太赫兹脉冲峰值功率很高，脉宽在皮秒量级，能方便地进行时间分辨研究。同时，通过对测量频谱的分析和处理，还可以获得物质的折射率、介电常数、吸收系数和载流子浓度等参数。

---

① 1ps=10^{-12}s。

与其他频段的光谱一样，太赫兹时域光谱的横轴代表时间，纵轴代表强度信息(通常为探测器响应的电压特性，反映了太赫兹波的幅值或强度信息)。太赫兹时域光谱可视为一条随时间波动的曲线(事实上是一组首尾相连的斜率不断变化的折线段的顺次连接)，和其他波段的光谱一样，有着一些值得关注的共性特征。

(1)太赫兹时域光谱的峰值反映了太赫兹信号达到最高时的信号强度，体现了物质对太赫兹波的吸收效应；

(2)太赫兹时域光谱的波形反映了太赫兹波经过物质后其强度随时间变化的总体趋势；

(3)太赫兹频域谱的吸收峰反映了物质严重吸收某一频率附近的太赫兹波。

典型太赫兹时域光谱系统主要由飞秒激光器、太赫兹发射端、太赫兹波探测端及时间延迟系统组成。以油气光学探测技术北京市重点实验室所使用的油气太赫兹时域光谱仪为例，如图 0.1 所示，该仪器由飞秒脉冲光源及光路、延迟线、GaAs 光电导天线、ZnTe 晶体、对应的测控软件、计算机等部件组成。其中激光器光源为美国光谱物理(Spectra-Physics)公司的 MaiTai 飞秒激光器，该激光器的脉宽为 80fs[①]，波长为 710~990nm，重复频率为 80MHz，激光器工作时将飞秒脉冲的中心波长设置为 800nm。

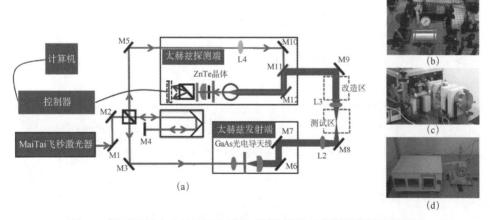

图 0.1　用于开展实验的油气太赫兹时域光谱仪示意图及常用测试装置

测试过程中，飞秒激光经衰减片调节后，得到平均功率约等于 100mW 的飞秒脉冲进入光路，随后被分为两束，一束功率较大作为泵浦光，另一束功率较小作为探测光。泵浦光经反射镜反射，再由透镜聚焦后入射到偏置电压为 100V 低温生长的 GaAs 晶体上，通过光电导天线机制产生电磁脉冲，该脉冲的持续时间在皮秒量级，频率为 THz 量级，即 THz 脉冲。由发射端出射的 THz 脉冲经过光路进入探测

---

① 1fs=10^{-15}s。

端，使非线性晶体 ZnTe 的各向异性发生改变，进而改变探测光的偏振态。随着不断改变延迟线的扫描位置，泵浦光与探测光的光程发生变化，通过检测各个瞬时点的探测光在晶体中发生的偏振态变化，即可实现对 THz 时域波形的扫描探测。

根据油气物质的测试要求，光谱仪中存在探测区和改造区，其中探测区主要用于常规油气物质的测试，如岩石样本、大气污染物样本、各类模拟样本、各种烃类及不同产地、不同型号的原油、成品油等。其中，片状固体样本可用支架固定，放置于样品测试区太赫兹光斑焦点处；液体样品可装在合适的样品池中，包括聚乙烯、聚苯乙烯塑料容器或石英样品池。另外，对有特殊测试需求的油气物质，往往需要在改造区进行光路设计与改造，并根据测试需求设计不同的测试装置，图 0.1 中列举了几种常用的测试装置，如常规气体［图 0.1(b)］、非常规天然气［图 0.1(c)］、天然气水合物(即可燃冰)［图 0.1(d)］等。

（二）太赫兹成像技术

太赫兹成像是利用太赫兹成像系统把成像样品的光谱所记录的信息进行计算和反演的。相比于时域光谱，成像系统在其基础上增加了多种处理模块和扫描模块。利用反射式扫描或透射式扫描获得样品的信息均可以成像，具体的成像方式取决于成像样品及成像系统所具有的特性。因此，可根据不同的需要选用不同的成像方法。

1）逐点扫描成像

逐点扫描成像系统可以摆脱红外成像中的低温限制，并且对相位敏感。在扫描过程中，每扫描样品的一个位置即产生一个时域波形，可以从时域谱和频域谱中选择位置的特征参数进行成像来获得样品包括折射率等在内的信息。由于太赫兹波对塑料、陶瓷、纸张等遮蔽用材料的穿透性较好，因此可以探测、识别处于这些包装内部的物体。

逐点扫描成像的实验装置是在太赫兹时域光谱系统的基础上，增加了一对同轴抛物面镜。该装置通过一个移动的 *X-Y* 平台来改变样品的位置，使太赫兹射线穿过不同的采样点，记录样本不同位置的信息。此方法适用于那些对精度要求高，但是对时间要求较低的样品。

2）实时二维成像

为了克服成像时间过长及因其导致的设备不稳定的缺点，太赫兹实时成像技术得以被运用。样品被放在系统中的载物台上，使用 CCD 作为数据接收和记录的装置。

3）层析成像

太赫兹层析(THz-CT)成像是采用太赫兹脉冲及相对应的重构算法，重构被测样品的结构。通过多个不同的样品与波之间的夹角直接测量对应的太赫兹波，每个扫描周期中都会发射一束太赫兹波并接收其反射波形。改变样品与发射源的角度并重复，获得太赫兹二维像。在对太赫兹图像重构时，根据计算出来的样品参数获得太赫兹层析图像。

（三）太赫兹光学参数的提取

为了更直观准确地反映样品信息，还需对测试所得到的样品信号进行进一步处理，提取样品的光学参数，以便从光与物质相互作用的角度分析样本物性。利用太赫兹时域光谱系统对储层样本进行测试时，读取和保存的信号为样本的太赫兹时域谱数据。对太赫兹时域谱作快速傅里叶变换，得到太赫兹脉冲随频率变化的波形，即太赫兹频域幅值谱。以 $E_{ref}(\omega)$ 和 $E_{sam}(\omega)$ 分别代表参考和样品的频域谱数据，则被测样本的吸光度谱可用下式计算：

$$A(\omega) = -\lg\left[\frac{E_{sam}(\omega)}{E_{ref}(\omega)}\right]$$

$$n(\omega) = \varphi(\omega)\frac{c}{\omega d} + 1$$

$$\alpha(\omega) = \frac{2\kappa(\omega)\omega}{c} = \frac{2}{d}\ln\left\{\frac{4n(\omega)}{\rho(\omega)\left[n(\omega)+1\right]^2}\right\}$$

式中，n 为折射率；α 为吸收系数；κ 为消光系数；ρ 为样品信号与参考信号之间的电场强度；φ 为样品信号与参考信号之间的相位差；d 为样品在垂直于传播方向上的厚度。

以石油、天然气为典型代表的油气资源是世界各国现阶段最重要的能源，也是各国制造业、交通运输业、国防工业的基础，它是维持经济发展和社会秩序的物质前提。全球油气资源种类丰富、储量巨大，但油气资源的勘探、开发与加工都依赖先进的科学技术，首先对自然资源的分布、品位等储存状况进行探测；其次对开发过程中的资源状况进行有效监控，保证能源生产安全和环境友好；最后对能源产品的品质进行检测。现阶段，以测井遥感等为代表的探测技术是探测油气资源的基础，各类质谱、色谱，以及以紫外、红外、可见光、荧光光谱技术为代表的光谱技术是液态、气态能源物质的分析基础，以 X 射线衍射(XRD)、X 射线光电子能谱分析(XPS)、扫描电子显微镜(SEM)、透射电子显微镜(TEM)等为代表的电子显微技术是分析相关矿物结构的仪器基础。目前，太赫兹光谱技术已被广泛地引入这三个方面作为传统油气资源评价方式的重要补充。油气物质中有机分子的振动和转动模式位于太赫兹波段，许多有机物在太赫兹波段具有明显的特征响应，因此太赫兹光谱是检测油气物质行之有效的方法。目前，在油气资源领域，利用太赫兹技术对各类油气产品、岩层样品及油气污染物的检测评价已取得一系列成果，利用太赫兹时域光谱技术可以评价页岩和砂岩等各类油气的储层结构、探测各类气体混合物中的组分含量、检测各类油气资源对钢铁管线的腐蚀状况、评价水合物笼状结构中气体赋存状况、评价挥发性有机质与吸收介质的结合状况、分析原油中的含水特征、判别管道中存在的各种流型、表征各类油气产品与污染物等，其在油气资源探测、评价领域取得的广泛成果展示出太赫兹时域光谱技术的巨大应用潜力。

然而，作为一种新兴的光谱分析检测手段，目前太赫兹时域光谱技术在油气资源领域的研究还处于早期发现和探索阶段，尚存在一些困难和问题：由于油气领域相关研究对象的成分众多、结构也较为复杂，其太赫兹光学参数谱反映了样品物质的综合信息，油气物质的太赫兹光谱有时很难较为直观地反映部分重要物性参数和指标，这给油气资源的表征和评价带来了一定的困难；在太赫兹光谱分析研究方面，目前还缺少化合物光谱数据的积累和对图谱分析的经验，因此建立所观察到的太赫兹光谱和分子结构之间相对应的关系是当前众多研究者面临的一个普遍问题；在数据处理方面，提取样品参数的方法还不太成熟，处理过程中仍然有一些问题(如散射等)没有被考虑进去；太赫兹时域光谱技术对环境有一定的敏感性，如空气湿度、环境温度、样品的均匀性及制样过程等都可能对测试结果造成影响，因此需要控制好实验条件。目前，一般光电导天线辐射的太赫兹光源有效频率较低，一些物质的结构信息不能在谱图中得到充分的反映；现有的太赫兹时域光谱及成像系统的设备还比较昂贵，信息处理过程也很复杂，有待进一步微型化和实用化。此外，在对测试仪器的精度进行标定的同时，发展适合的太赫兹光谱分析技术也十分必要。总的来说，太赫兹时域光谱技术的应用研究面临着许多挑战，还有许多问题亟待解决。

二、斜入射光反射差技术

斜入射光反射差(oblique-incidence reflectivity difference，OIRD)法是一种通过检测被测样品表面对探测光的 s 和 p 偏振分量的反射系数的相对变化来检测样品表面信息的方法。被测样品表面不同的密度、厚度、结构或化学成分对应着 s 和 p 偏振分量的不同反射系数，从而引起 OIRD 信号的变化。相对于电镜、电子计算机断层扫描(CT)和常见光学仪器，OIRD 法所需的光学器件少，光路较简单，所占体积小，易于搭建、搬动和维护，运行成本和维护成本都相对较低。OIRD 检测技术可实时监测氧化物薄膜外延生长过程及用于生物芯片无标记高通量检测。

（一）斜入射光反射差技术的探测原理

从原理上讲，OIRD 是通过检测被测样品表面探测光的 s 和 p 偏振分量的反射系数相对变化的差值来探测该表面相关的物理过程及性质的方法。根据菲涅耳公式可以得到 p 和 s 线偏振光的反射系数不同，特别是反射系数的相对变化受到表面和界面光学及尺度等性质的影响。

如图 0.2 所示，利用 OIRD 探测样品表面性质的过程可描述如下：激光经过起偏器后转变为 p 偏振光，随后经过光弹调制器(photo elastic modulator，PEM)使光的偏振态在 p 和 s 之间呈现周期性的调制变化，调制频率(Ω)为 50kHz。被调制的偏振光经过相移器(普克尔斯盒或者波片)，通过相移器在入射光的 p 及 s 偏振分量之间引入一个固定的位相差。随后入射光斜照射到样品表面，经样品表面反射后通过偏振分析器，被光电二极管转变为电信号。最后利用锁相放大器(lock-in amplifier)采集反射光信号，并输入计算机保存。在实验开始之前，分别通过调节相移器和偏振分析器来改变基、倍频信号的强度，以使背景处 p 和 s 反射系数相对变化的差值为零，这也是 OIRD 方法具有高灵敏度的一个原因。OIRD 的特点可以归纳如下：①具有突破衍射极限的空间分辨率和灵敏度；②能够同时探测实部和虚部两路信号；③非接触、无损伤、原位实时监测；④能够实施背景调零操作，具有高的信噪比；⑤选择合适的入射角度(布儒斯特角)，可获得光反射差信号的极大值。

将被测表面对入射光的 p 和 s 偏振分量的反射系数分别定义为 Δ_p 和 Δ_s。当激光正入射时，两分量 Δ_p 和 Δ_s 相等；当激光斜入射时，Δ_p 和 Δ_s 不同。因此将 OIRD 定义为 $\Delta_p - \Delta_s$：

$$\Delta_p - \Delta_s = \frac{-i4\pi d\sqrt{\varepsilon_0}\,\varepsilon_s\cos\varphi_{inc}\sin^2\varphi_{inc}}{\lambda(\varepsilon_s-\varepsilon_0)(\varepsilon_s\cos^2\varphi_{inc}-\varepsilon_0\sin^2\varphi_{inc})}\frac{(\varepsilon_d-\varepsilon_0)(\varepsilon_d-\varepsilon_s)}{\varepsilon_d}$$

根据上式可得到 OIRD 信号与样品性质的定量描述，即 $\{\Delta_p - \Delta_s\}$ 与入射光波长 λ、入射角 φ_{inc}、环境相对介电常数 ε_0、样品表面相对介电常数 ε_d 及厚度 d、基底相

对介电常数 ε_s 之间的关系。若将上式对入射角 φ_{inc} 求微分，可求得使光反射差信号获得最大值时的入射角——布儒斯特角（$\tan^2\varphi_{inc} = \varepsilon_s/\varepsilon_0$）。在 OIRD 测试过程中，入射波长、入射角、外在环境和基底都保持不变，则光反射差信号 $\{\varDelta_p-\varDelta_s\}$ 只与 ε_d 及 d 有关，物质表面性质的变化必然会引起表面介电常数的变化，从而导致光反射差信号的变化。

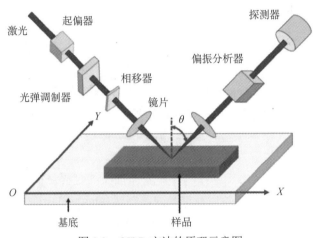

图 0.2　OIRD 方法的原理示意图

（二）斜入射光反射差的装置组成

图 0.3 为 OIRD 扫描系统装置及光路示意图，包含了 He-Ne 激光器、起偏器 P、光弹调制器 PEM、相移器 PS、透镜 L1、透镜 L2、偏振分析器 PA、探测器 PD、锁相放大器、二维平移台（2D motorized stage）等。

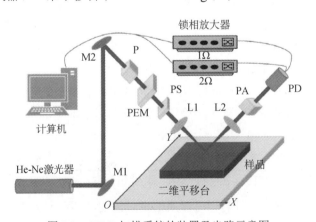

图 0.3　OIRD 扫描系统的装置及光路示意图

1）光源

由于 OIRD 是基于 p 和 s 偏振态调制的椭偏仪（ellipsometry）技术，所以要求光源具有较好的线偏振特性，实验中一般选用波长为 632.8nm 的 He-Ne 连续波长线偏振激光源。

2）斩波器

斩波器能够将光源发出的连续信号通过机械电动装置调制成交变信号；在对被探测光信号进行调制的同时，输出与调制频率同步的 TTL 方波，由此可作为参考信号与锁相放大器配合使用。

3）起偏器

只允许沿某一特定方向的光通过的光学器件叫作偏振片。它有一个特定方向，只能让平行于该方向的振动通过，这个方向称为透振方向，在获得偏振光时使用的偏振片叫做起偏器。通过旋转起偏器透光轴的方式保证线偏振光以 p 偏振方向（电矢量方向平行于入射光同界面法线所构成的入射面）入射。

4）光弹调制器

光弹调制器主要用来在固定频率处调制和改变光束的偏振状态，利用光弹调制器可以测量双折射、线偏振光及圆偏振光的二向色性等效应，从而使得其被广泛应用于椭偏仪及偏振谱仪（polarimetry）探测等领域。

5）相移器

相移器通常使用双折射材料制成的波片（相位延迟片），它可以对通过波片的两个互相正交的偏振分量引入相位偏移。通过相移器能够在 p 和 s 偏振分量之间引入可调节的位相差，从而实现 OIRD 信号的背底调零操作，实验中通常使用波片对基频信号实施背底调零。

6）偏振分析器

OIRD 系统中使用偏振分析器来实现对倍频信号的调零操作，其原理与起偏器相似，同时配合使用精密旋转台以进行角度的调节。

7）探测器

OIRD 系统中的探测器元件使用光电二极管，光电二极管的核心部分是一个 PN 结。工作状态下，光电二极管两端接反向偏压。当没有光照时，反向暗电流很小（<1μA）；当光照射到探测器表面时，光子进入 PN 结后，把能量转移给处于共价键上的束缚电子，使部分电子被激发逃逸，脱离共价键状态，从而产生电子-空穴对称为光生载流子。它们在反向电压作用下发生漂移运动，使反向电流（光电流）明显变大，反向电流与光强间呈现正比关系，这种特性称为光电导。如果在外电路接入负载，负载上就获得了电压信号，而且这个电压信号亦随着光强而变化。

8）扫描成像系统

在 OIRD 系统中，可嵌入光学显微镜进行一些辅助性操作，如定位样品、观察样品、量取样点尺寸、跟踪扫描过程等。通常，显微镜由目镜-物镜构成的光学成像系统及精密调节的机械系统构成，主要技术指标有：数值孔径（$NA=n\sin\theta$）——表征镜头的集光能力；分辨率（$z=0.61\lambda/NA$）——表征可分辨的最小距离；总放大倍率（M）——物镜放大倍率×目镜放大倍率（应使数值孔径同总放大倍率合理匹配）；景深（$0.24nNA/M$）——焦平面纵向能够清晰成像的"厚度"；视场范围——能够成像的尺度，同总放大倍率成反比；镜像亮度（NA^2/M^2）——影响显微图像的反差。

9）数据采集系统

通常光反射差信号很微弱，为提高测量系统的信噪比，引入锁相放大器对其进行探测。考虑到锁相放大器的输入信号不能存在较大的直流背底，而光反射差信号恰恰是叠加在较高直流背底上的微小交流变化，因此不直接对光电探测器的输出信号进行数据采集，而是先经过高通滤波电路去除直流背底信号，再输入锁相放大器，最后通过计算机采集锁相输出信号。系统一般包括高通滤波器、锁相放大器、数据采集卡、直线编码器（定位光栅尺）。

（三）斜入射光反射差信号的数据处理

OIRD 系统中的软件部分主要是利用图形化编程语言——LabView（National Instruments，Inc.，NI）进行开发的。该语言依托于 NI 公司自身采集卡、图像处理等硬件设备，因此在硬件驱动控制、数据采集方面的优势得天独厚。基于 OIRD 技术的主体程序可以分别由 CCD 图像采集、电机驱动、数据采集（DAQ）、数据显示分析、参数记录等模块构成。

从结构上看，LabView 程序由前面板和后面板组成，其中前面板主要包括控件和指示件，用于完成数据的输入和显示；后面板由各个框图构成，主要实现数据的分析处理，它可以获得常规电子仪器的功能效果，所以又可称为虚拟仪器。它的编程原则和其他高级语言相同，如 C 语言，不过具体的表现形式与编程思路不同。LabView 最大的优势是图形化模块、编程形象直观，此外还具备多线程、平行处理的特点，在程序结构上有着语句语言所无法比拟的优势。"数据流编程"是 LabView 的核心思想，程序的运行是按照数据流动方向执行的，与各个模块在框图中安放的次序和位置无关，这与其他高级语言依赖语句前后顺序执行有着本质区别。另外，程序设计遵循"由上至下"原则，将程序分解成各个模块（子 vi），有利于程序的维护和改进；编程时则应遵循"由下至上"的原则，从子 vi 开始编译，最后编译主程序，所以 LabView 编程对编程者整体设计能力有着比较高的要求。下面将以扫描成像、单线连续扫描成像两程序为例进行简要介绍。

1）扫描成像程序

该程序(图 0.4)的作用是读取 OIRD 扫描成像数据，并绘制二维强度图和三维图。首先利用读取文本文档函数将文本文档中的内容读取出，此数据为文本格式；之后使用电子表格字符串至数组转换函数将文本数据转换成二维数组数据，通过三维成像函数合一得到各个方向的三维成像图，利用 While 循环来反复运行，通过改变时间信息所在列数来获得某一位置的数据图。

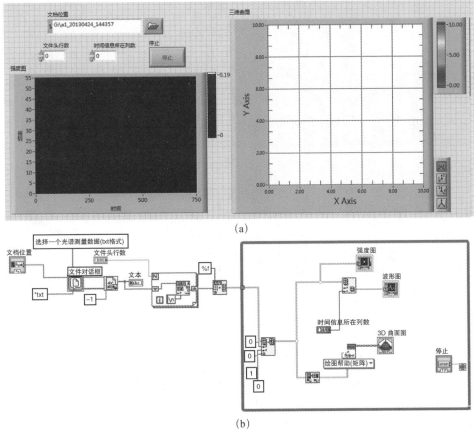

图 0.4　扫描成像程序

(a)前面板；(b)程序框图

2）单线连续扫描成像程序

该数据为二维数组，横坐标为位置坐标，纵坐标为时间坐标。该程序(图 0.5)的作用是读取 OIRD 扫描成像数据，并绘制二维强度图和三维图。首先利用读取文本文档函数将文本文档中的内容读取出，此数据为文本格式；之后使用电子表格字符串至数组转换函数将文本数据转换成二维数组数据，通过三维成像函数合一得到各个方向的三维成像图，利用 While 循环来反复运行，通过改变时间信息所在列数来获得某一时间的数据图。

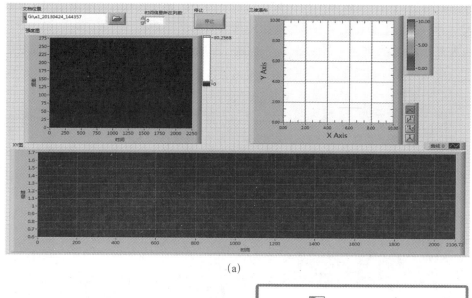

(a)

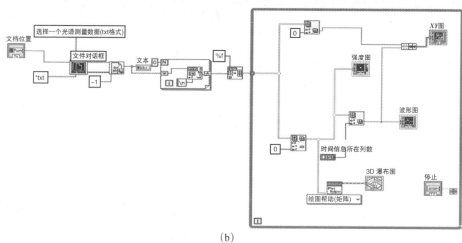

(b)

图 0.5　单线连续扫描成像程序

(a)前面板；(b)程序框图

在油气资源潜力评价体系中，地质是储层的载体，储层是地质的一部分，油气储层地质是潜力评价的基本研究方向。岩石是油气资源储集的基本单位，孔隙的存在与否是判断岩石样本能否作为油气储层的必要条件。在油气资源已被开采到一定程度的今天，储层正在向高致密、微孔隙和极端环境（如沙漠、深海等）方向转变，非常规油气资源等将会占据越来越重要的地位。由于尺度小，对储层岩石内部的油气吸附动力学过程表征越来越困难，表征评价的要求也越来越精细。

OIRD 利用在样品表面反射的光，不仅可同时获得实部和虚部两路信号，具有很高的灵敏度，而且具有很高的空间分辨率和时间分辨率。其纵向可分辨一个原子层，也就是空间分辨率可达到纳米级。为了加深理解 OIRD 技术，并期望实现 OIRD 技术在油气储层孔隙性质研究的实际应用，中国石油大学（北京）油气光学探测技术北京市重点实验室开始把 OIRD 技术应用于油气资源探测，初步研究了岩石的矿物成分、定向性质、孔隙和吸附等科学问题，验证了该技术用于油气储层物性研究的可行性，且研究结果表现出分辨率高、准确度高、重复性好及结果直观等特点。目前，该实验室针对国家油气资源的重大需求，正利用 OIRD 技术逐步实现储层岩石孔隙结构及吸附过程的表征与评价，为油气资源潜力评价提供新的技术参数，作为原有方法的补充，同时推动 OIRD 技术和理论的发展。

三、全光学激光超声技术

20 世纪 60 年代，White 提出用脉冲激光照射固体表面可以产生超声脉冲[1]。随后的几十年里，激光超声技术逐渐发展成实验力学和无损检测领域的一种新型测试方法。全光学激光超声技术是利用高能量脉冲激光照射在介质上产生超声波，并通过透射或者反射的方式利用激光干涉仪来检测超声波。与常规检测技术相比，激光超声技术具有如下优点。

非接触：光源与被检样品之间的距离可达 10m，可在具有腐蚀性、高温高压或者具有放射性等恶劣环境下工作。

无需耦合剂：激光超声技术是非接触式检测，避免了耦合剂对检测结果的干扰。

波形丰富：可以实现对纵波、横波、表面波等多种波形的接收与检测。

适用面广：激光脉冲可在固体、液体及气体中激发产生超声波信号，对检测样品的外形没有特定的要求限制，应用领域广泛。

分辨率高：激光超声技术在空间上和时间上都具有很强的分辨能力，其频率可达到 GHz，脉冲宽度可达到 1ns，波长可小到几个微米级别，这使激光超声技术在探测微小缺陷领域有了一席之地。

实时在线检测：由于采用全光学方法激发、接收超声波，因此检测时间很短，可以实现实时在线检测。

（一）激光超声技术的探测原理

激光超声装置一般由激光激发系统和激光接收系统两部分组成。激发系统的主体通常是一台高能量的脉冲激光器，激光脉冲照射在样品表面使得样品局部发热，在样品内部产生超声纵波、横波及表面波等，产生的超声波在被检测样品内部传播，携带了样品的厚度、缺陷及应力等物理信息。

激光超声的激发分为间接式和直接式两种。间接式是激光光束和被测样品不直接接触，脉冲激光作用于被测样品周围的介质并在样品中激发产生超声波。直接式是激光脉冲直接作用于样品表面，经过光-热转换，样品表面局部升温或发生表面烧蚀，从而产生超声波信号。根据激光能量的大小及样品表面条件的不同，一般认为固体中激光激发超声波分为热弹和烧蚀两种机制。

（1）热弹机制：当高功率激光器发出的脉冲激光照射在被检测样品表面时，样品吸收光能并转化为热能。样品受热区域产生热胀冷缩效应，引起材料内部质点振动而产生超声波，如图0.6(a)所示。热弹机制所需的激光能量较低，因此样品局部升温并不会引起样品的相变，而且这种机制下产生的超声波波形很好控制，重复性好，所以热弹机制在无损检测领域得到了广泛的应用。

（2）烧蚀机制：调整脉冲激光器的能量，当光脉冲的密度大于数十兆瓦每平方厘米时，在不影响被测样品性能的条件下，激光对样品会有厚度达数微米的烧蚀。烧蚀作用会使样品表面的等离子体溅出，溅出的等离子体会给样品一个反作用力，从而在样品中产生超声波，如图0.6(b)所示。热弹机制激发出的超声波呈锥子形散开，而烧蚀机制产生的超声波主要集中在样品的垂直线上，相比较而言，烧蚀机制产生的超声波信号的灵敏度更高。

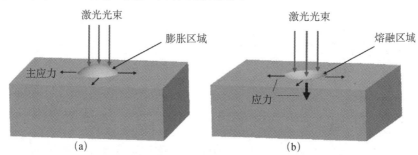

图0.6 热弹机制和烧蚀机制示意图

(a)热弹机制；(b)烧蚀机制

光学方法检测超声波分为非干涉检测和干涉检测两大类。

（1）非干涉检测技术：样品表面的超声波会使样品表面发生弯曲，因此照射在样品表面的入射光在反射时就会发生偏转，利用位移检测器接收反射光就可获得样品表面的超声波信息，如图 0.7 所示。非干涉检测技术常用于表面波及体波的检测，具体可分为刀刃技术、表面栅格衍射技术、反射率技术等。

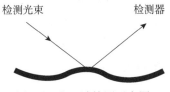

图 0.7　非干涉检测示意图

(2) 干涉检测技术：干涉检测技术分为线性干涉和非线性干涉两种，其中线性干涉技术包括光自差干涉技术、光外差干涉技术及共焦法布里-珀罗干涉技术等。

光自差干涉技术是将样品表面作为迈克尔孙干涉仪测量臂的反射镜，如图 0.8 所示。激光发出的光线被分离后，一束光作为参考光，另一束光通过透镜聚焦到样品表面，与样品表面的声波相互作用之后返回检测仪，和参考光相互干涉后光束发生频移，通过频移检测器得出频移信息，进而得到相关的超声波信息。如果在迈克尔孙干涉仪中加入一个带有频移系统的测量臂，如图 0.9 所示，使参考光产生射频范围内的频移，就构成了光外差干涉系统。光外差干涉系统在很大程度上提高了系统的信噪比。

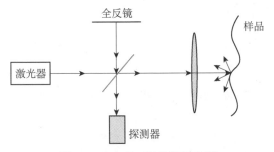

图 0.8　光自差干涉检测示意图

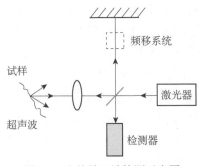

图 0.9　光外差干涉检测示意图

共焦法布里-珀罗干涉仪是一种速度型干涉仪，它的基本原理就是振动表面的反射光和散射光的多普勒频移使光的频率受到声波的调制，然后通过共焦法布里-珀罗干涉仪解调成为光强调制，这样就可以检测到振动信号。如图 0.10 所示的共焦法布里-珀罗干涉仪，它由两个曲率半径为 r 的反射镜共焦而成，如果入射的高斯光束和共焦腔匹配，那么进入腔体的光线将在两个球面镜之间反复折射，形成 8 字环路。位于 A、B 两处的探测器将会把光信号转化为电信号输出。

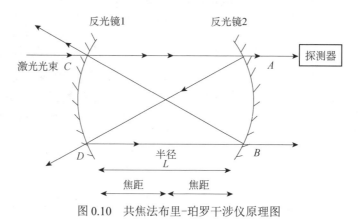

图 0.10　共焦法布里-珀罗干涉仪原理图

（二）激光超声装置的组成

在油气领域，长期的油气运输会使得油气管道发生腐蚀而导致裂纹等缺陷。为了保证运输过程的安全，需要经常对管道进行检测。激光超声技术，不仅弥补了传统换能器检测效率低、成本高等缺陷，并且可以实现远距离检测及实时在线测量。

图 0.11 是北京市油气光学探测技术重点实验室的激光超声实验系统的原理图和装置图，主要由激光发射系统、检测超声波的激光接收系统、负责采集数据的计算机、示波器及电控平台等组成。Nd：YAG 脉冲功率激光器产生一个一定脉宽和能量的光脉冲，经反射镜 M1 和扫描平台上的反射镜 M2 及柱透镜入射至试样一侧表面。这里柱透镜能把激光束会聚成线状，形成线状声源。当然也可用球透镜把激光束会聚成点状，产生点状声源来模拟地质勘探中常用的爆炸声源。用激光干涉仪来检测在试样的另一侧或同侧所激发产生的声波，然后用示波器记录其位移波形并输入计算机，以便进一步处理。为了得到位移场所必需的一点激发和多点接收的超声传播数据，激发激光要通过步进电机控制使其在试样表面扫描，同时激光干涉仪的检测点也要固定在试样的某个部位。这样相当于

保证多点接收，同时不同接收点的检测灵敏度是一致的。所以本系统中将试样固定一个调节平台上，通过扫描激光线源实现一点激发和多点接收的激光超声检测。系统中脉冲功率激光的触发、激光线源的扫描、示波器波形的采集、多次平均及滤波处理的显示，可以通过编程由计算机自动实现。

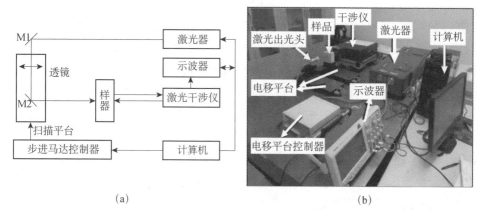

图 0.11　激光超声实验系统

(a)原理图；(b)装置图

脉冲功率激光器为 1053nm 的二极管激光泵浦固体激光器，由激光主机、激光器驱动及控制和冷却系统三部分组成。激光主机是整个设备中的核心工作单元；通过科学设计，安排各种晶体、光学器件、选模器件的角度和位置，从而能够在一定的泵浦条件下产生满足指标要求的激光。激光主机内含有激光二极管泵浦模块，通过谐振腔的设计，有效利用谐振腔内模体积，进而得到满足指标的激光输出。谐振腔的设计是激光系统中的关键技术，激光二极管模块具有良好的泵浦均匀性及高的可靠性，光学元件的膜层采用高抗损伤性能的膜层，保障连续波大功率激光的稳定工作状态。激光器驱动及控制为激光系统提供泵浦电流和控制信号，保障系统能够稳定、安全地工作。它采用工业级的电源，能够长时间连续工作，具有极高的可靠性和电磁兼容性，其电源具有过电压、过电流的保护等措施，适用于在外场及实验室内使用。冷却系统为辅助系统，其中集成了 1 台制冷机，对激光主机内的二极管模块及增益介质进行冷却及安全保护，能够将冷却水的温度控制在±0.1℃，进而保持激光系统处于高效率的工作状态。冷却水采用蒸馏水作为内循环水，不需要外部循环水，并配有激光二极管专用的药水，保证激光二极管的冷却及防污染，使激光器能够稳定、安全地工作。

激光器能以 1kHz 以上的频率产生 20mJ 的单脉冲能量，脉宽大于 100ns。与传统的 YAG 脉冲激光器相比其激光输出的频率大大加快，提高了系统的测试效率。另外通过光纤耦合输出，较容易形成点声源，方便实验系统集成。激光器可通过串口与计算机进行通信，能实现激光输出的全自动控制。

激光干涉仪为美国 Bossa Nova 公司开发的一款专门针对实验室应用的 Tempo 2D 激光干涉接收仪(图 0.12)。它能同时测量面内位移和离面位移，精度可达亚皮米级。与传统的干涉仪相比，Tempo 2D 使用大孔径的激光头来更多地接收试件表面的散射光束，从而获得极高的灵敏度和信噪比。Tempo 2D 的工作原理基于二波混频技术，如图 0.13 所示。从激光器发出的光束经分束片后分为探头光束和参考光束，探头光束打到试件上发生散射，成为携带表面振动信息的信号光束被仪器接收，而后信号光束与参考光束在光折变晶体中通过二波混频技术得到一束与信号光束具有相同波阵面和传播方向的振荡波束，该波束与信号波束发生正交干涉入射到光电探测器上，光电探测器将该干涉信号以光电流输出，光电流与表面位移量成正比。

图 0.12　Tempo 2D 激光干涉接收仪

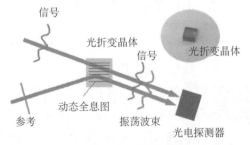

图 0.13　Tempo 2D 激光干涉接收仪检测原理

四、激光感生电压检测技术

光电效应是赫兹在 1887 年研究紫外线照射金属放电中发现的。爱因斯坦在 1905 年提出了光电效应的机制解释，一束光是由一组离散的光子波组成的，每个光子都有一个固定的能量 $E = h\upsilon$（h 是普朗克常量，υ 是频率）。这个机制解释了为什么当光的频率低于某一阈值时，即使光的强度再大，也无法使电子激发出金属表面，如图 0.14 所示。这一现象促成了量子理论的出现并且激发了一系列阐明物理、机械、电气、热和化学过程的研究工作。

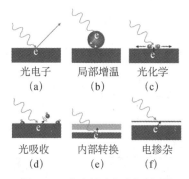

图 0.14　光电效应机制示意图

（一）光与物质的相互作用

光作用于物质后，物质会吸收光子能量产生电子-空穴对，其电阻率、电导率等也会因此发生一定变化。在内建电场的作用下，光电子的定向移动会产生光电流、光电压等，这种因光作用而导致物体电学性质的改变统称为光电效应。光电效应可分为两大类：物质被光辐照后发射电子的现象称作外光电效应；物质被光辐照后产生的光电子只在物质内部运动而不会逸出物质外的现象称作内光电效应，这种效应多发生在半导体中。

（1）光电压：在光辐照下，材料吸收光子能量生成载流子(电子及空穴)，载流子在内建电场或外电场的影响下产生定向移动而生成电势差。在半导体中，同质的半导体因不同掺杂而形成的 PN 结、不同质的半导体组成的异质结或金属与半导体接触表面产生的肖特基势垒中都会有内建电场的存在。当这种半导体被光照射时，因半导体吸收光而生成了电子和空穴，其在内建电场的影响下就会反向移动和聚集而生成电势差，即光电压，原理如图 0.15 所示。这种由内建电场的影响或者因势垒效应产生光生电动势的现象是光生伏特效应的主要特点。当光非均匀照射时，不同的光生载流子浓度梯度会导致载流子的扩散。但电子和空穴不同的迁移率，使得在不均匀光照时，因两种载流子具有不同的扩散速度而引起的两种电荷的分离，出现光生电动势，这种现象称为丹倍效应。

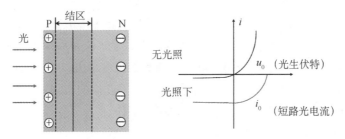

图 0.15　光电压

　　(2)光电流：在光辐照下，材料吸收光子能量生成载流子(电子及空穴)，载流子在内建电场或外电场影响下发生定向运动形成的电流，称为光电流，如图 0.16 所示，可以通过在外接电路中接入电流表进行检测。

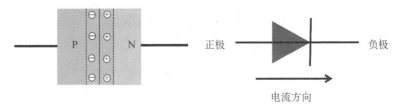

图 0.16　光电流

　　(3)光电导：半导体吸收光产生光生载流子，载流子浓度的增多会使其电导率 σ 增大，所导致的附加电导率就是光电导，其原理图如图 0.17 所示。

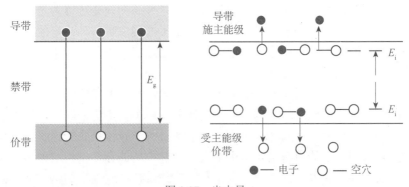

图 0.17　光电导

　　在本征半导体中，电子未获得其他能量时处于基态，价带充满着电子，导带没有电子，而因晶体缺陷产生的能级又不能激发自由电子，则这些材料的电阻较大。当这些材料内的电子被一种外来能量如光子激发，并且能使电子得到足够的能量跃迁到导带时，材料中就会出现电子和空穴，即光生载流子参与导电，因此材料的电阻就会减小。这是由本征光吸收而产生的光电导效应。

以上光电特性中的光电流与光电压的测试电路不需要外源，而光电导的测试电路中是需要外源的(图 0.18)。

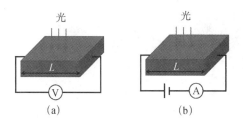

图 0.18　光电流与光电压和光电导的测试电路

(a)光电流与光电压；(b)光电导

（二）激光感生电压检测装置

本书中激光感生电压实验所用光源包括准分子脉冲激光器和稳态激光器。准分子脉冲激光器使用高压电激发 KrF 混合气体，激发中心波长为 248nm 的激光，脉冲能量可在 8~30mJ 进行调节，最大功率 1000Hz，平均功率 20W。稳态光源是 532nm 激光器，其出射功率可在 0~140mW 连续调节，光斑直径约3mm。使用同轴电缆线将光电信号传输到数字示波器中进行测量，以避免来自周围环境的电磁干扰及热噪声干扰(图 0.19)。为了屏蔽外界电磁场对光电信号的干扰，设计了专用的探头，如图 0.20 所示。探头使用硬铝制造，配有可拆卸的盖子，具有较好的屏蔽效果。空腔内壁已经经过绝缘处理，并涂有吸光材料，防止入射光经过内壁反射后照到样品上而对实验结果造成影响。将样品安装在探头正中突起的平台上，与激光入射窗口正对。使用时将探头安装在一个高度和方向可调的底座上，打开探头正中的圆形窗口，调节高度使激光通过窗口入射到样品上即可。为了防止脉冲激光的瞬态功率过高而损坏样品，一般在激光入射到样品之前外加光学衰减片，降低激光能量。样品底座两侧各装有一个同轴电缆转换接头，用来连接示波器或电流源、电压源等装置。

实验中，常用的样品电极主要有银胶电极和叉指电极两种形式。银胶电极就是选用银导电胶在样品上固定并导通金属电极，其优点在于使用方便、制作简单。银胶电极的使用比较灵活，在进行光电检测时可根据不同需要改变电极的形状和位置。例如，当进行样品的 I-V 特性测试时，可以根据样品的大小选择

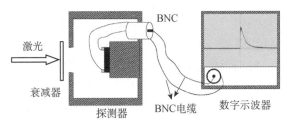

图 0.19 测量系统示意图

图 0.20 光电测试系统中探头的具体结构

线电极或点电极，也可以根据不同的实验要求在样品的同一个表面或不同表面上制作电极，电极的个数、形状及电极间的距离可以根据不同的实验进行调整和改变。

检测装置主要包括 DOP4032 数字示波器(Tekronix)和 Keithley 2400 数字源表(美国吉时利仪器公司)，如图 0.21 所示。DOP4032 数字示波器的带宽是350MHz，最小分辨时间 1ns，输入阻抗 1MΩ、50Ω 可调。当脉冲激光辐照样品时，该示波器可以检测实验样本的瞬时光致电压信号。Keithley 2400 数字源表是电压源、电流源、电压表、电流表四合一的新型仪器。在常规光电检测技术中Keithley 2400 数字源表除作为电压(电流)源外，常被作为电压-电流曲线测试仪。

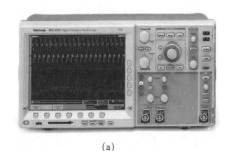
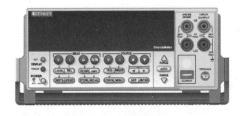

(a)   (b)

图 0.21 DOP4032 数字示波器和 Keithley 2400 数字源表

(a)数字示波器；(b)数字源表

（三）激光感生电压的测试指标

在激光感生电压测试中，有如下几个重要的性能指标。

(1) 响应时间：通常选取信号波形上升沿的 10%～90% 的时间作为响应时间，同时选取波形的半高宽反映样品光电信号的整体响应速度和恢复时间。光电效应的响应时间主要取决于样品本身的光电特性(载流子的迁移时间)，此外测量电路的充放电时间，即 RC 效应对其也有一定影响(其中 R 为串联电阻，C 为器件电容)。通常可以采取减小电路输入阻抗的方法有效减小 RC 效应，从而获得较短的响应时间。图 0.22 是在波长 248nm 的 KrF 准分子脉冲激光器辐照下 ZrO_2 产生的瞬态光致电压信号，其中图 0.22(a) 是在示波器输入阻抗为 1MΩ 条件下的信号，图 0.22(b) 是在示波器输入阻抗为 50Ω 条件下的信号。从图中可以看出，输入阻抗为 1MΩ 时，ZrO_2 的响应时间为 2μs，当输入阻抗减小到 50Ω 时其响应时间减少到 20ns，半高宽从 168μs 减小到 30ns，因此减小电路的输入阻抗可以有效减少响应时间，提高响应速度。但较小的外电路输入阻抗会因减小信号分压而降低灵敏度。此处，如果外电路的输入阻抗与探测器的阻抗不匹配，则会导致测量信号的周期性振荡，因此选取合适的外电路阻抗十分重要。

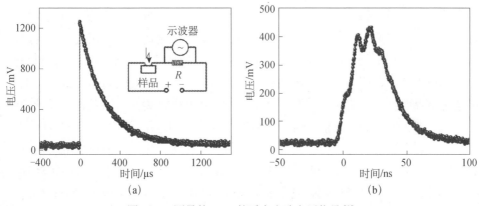

图 0.22　测量的 ZrO_2 的瞬态光致电压信号[2]

(a)示波器输入阻抗为 1MΩ 时；(b)示波器输入阻抗为 50Ω 时

(2) 光电响应灵敏度：单位能量入射光下所产生的光电压和光电流定义为光电响应灵敏度，其表达为 U_p/E，其中 U_p 为开路光伏信号的峰值，E 为入射到样品上的入射光能量。加偏压是提高光电响应灵敏度的常用方法。$SrTiO_3$ 单晶吸收谱的测量结果表明，在偏压的影响下，$SrTiO_3$ 单晶的吸收系数有所增加。如图 0.23 所示，在激光辐照下，$SrTiO_3$ 单晶在不同偏压 U_b 下测得的光伏信号峰值 U_p 不同，

U_p 随着 U_b 的增大而增大，二者呈线性关系。此外采用叉指电极也可以有效地提高灵敏度，SrTiO$_3$ 单晶的光电流依赖于叉指电极的宽度，叉指电极宽度越小，所获得的光电流越大。

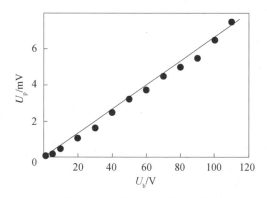

图 0.23　SrTiO$_3$ 单晶的光电信号的峰值与所加偏压的关系 [3]

（3）量子效率：也称光电转化效率，是指探测器产生的电子-空穴对数目与入射到探测器的光子数目之比。这可以通过光电流和入射光光强计算。

目前，油气探测与安防领域对光探测器提出了更高的要求。比如，油气田的海量数据传输要求探测器具有快速响应的特点，同时油气井的特殊环境要求探测器不仅可以在高温下运行，而且要经受高压和腐蚀环境的考验。围绕这一问题，油气光学探测技术北京市重点实验室以光化学和光物理为基础，光功能材料与光化学转换为导向，研究了具有耐高温、耐高压特点的光电功能材料，探讨了纳米结构和材料的复合与组装，建立了结构、光吸收和性能内在关系理论，设计和研究了相关器件并探索其在油气资源领域特殊环境下的应用。

与目前主流的半导体材料相比，类钙钛矿氧化物光电响应的灵敏度、探测率等性能参数尚有一些差距。电子、空穴、声子及激发子、极化子、等离子激发元等元激发、准粒子对类钙钛矿氧化物的电学、光学和各种光电现象起到重要的、直接的作用，通过研究它们在各种外场下的产生、湮灭过程及与光子之间的相互作用，认识各种光电现象的物理机制及研究作用过程的外部调制机制，可以为提高类钙钛矿氧化物低维结构的光探测能力提供依据。基于能带和界面工程及各向异性载流子扩散理论，通过衬底表面改性、脉冲电流、外加电场或磁场、调控氧含量或 Ca 掺杂有效提高了探测器的性能指标参数，在 500℃ 高温下，实现了稳定的高灵敏光电响应，对实际探测器在极限条件下的应用开辟了新的方法，为类钙钛矿氧化物低维结构光探测器件在油气资源探测与安防领域的应用奠定了基础。

五、3D 打印技术

传统的制造技术被称为"铣削制造",是去除材料的加工方法。而三维(3D)打印技术则是基于数字模型、打印机分层涂敷、"自下而上"累加材料的增材制造(additive manufacturing)工艺,是一种快速成型技术。该技术采用计算机软件设计数字化的产品外形及内部结构模型,将数字模型文件传输到 3D 打印机中,打印机就能完成所有制作流程,打印出实物,真正实现一体化成型。3D 打印具有区别于传统工艺的特点:数字化设计——利用软件设计,打印得到的实物与设计的三维数字模型完全一致,并且可以方便地修改打印目标;成本低——无须制作模具,大大减少生产环节,具有明确的产业价值;成型精度高——市售的桌面 3D 打印机普遍能将误差控制在 $100\mu m$ 以内。根据材料固化方式的不同,目前发展的 3D 打印成型技术有十余种,其中主要材料成型技术如表 0.1所示。

表 0.1 3D 打印材料成型技术分类

技术名称	成型原理	特点
光固化成型技术(SLA)	激光逐点照射光敏树脂,树脂产生固化反应从而完成材料成型	技术成熟、应用广泛、实物后期处理简单、精度高
数字光处理(DLP)	与固化目标形状一致的面投影激光照射,液体光面树脂固化一层	成型速度快,形成面激光需要动态掩膜装置,设备复杂
激光选择性烧结(SLS)	激光逐点扫描混合有黏合剂的材料粉末,黏合剂熔化,冷却固化	精度较高,无需支撑结构,后期处理时目标会出现一定程度的收缩
注塑成型(PP)	打印喷头逐点扫描,将黏合剂涂敷到石膏粉末上完成固化	打印材料单一
分层实体制造(LOM)	计算机控制激光切割,单侧涂有热熔胶的薄层材料,反复操作	一次成型一层,成型速度快,精度较差
熔融沉积制造(FDM)	加热系统将热熔性丝材熔化,打印喷头将材料喷涂在打印平台上	设备结构简单、成型原料价格低廉
电子束熔化成型(EBM)	高能电子束加热钛合金材料,计算机控制电子束轨迹,有选择性地固化材料	成型精度高、打印原料单一
直接烧结金属粉末(DMLS)	高功率激光能够直接将金属粉末烧结	设备要求高、成型过程无需黏合剂

(一)3D 打印技术的成型流程

虽然材料成型的方式各有不同,但 3D 成型技术的打印流程均可大致划分为如图 0.24 所示的四个阶段。

(1)使用计算机辅助设计软件构架打印目标，概念化、数字化地创建模型；

(2)将数字化目标进行分层处理并将其转化为 3D 打印机可识别的文件格式；

(3)将文件传输至打印机并设置打印机的打印速度、打印厚度等相关打印参数；

(4)进行实物打印。

由于 3D 打印技术尚处于发展阶段，现阶段只适用于小批量的制造，要应用于规模化的生产还需要技术本身的提高。但因为其具有数字化设计、成本低、精度高的明显优势，仍被广泛地应用于各个领域，成为引领潮流的生产制造的新方式。

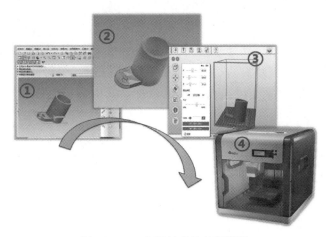

图 0.24　3D 打印技术的打印流程

①软件设计三维原型；②转换原型文件格式；③传输至打印机；④进行实物打印

（二）3D 打印的相关设备简介

一个完整的 3D 打印系统的硬件包含计算机控制部分与 3D 打印机两个部分，打印机侧面设有 USB 输入口与计算机控制部分连接并进行数据传输。计算机控制部分完成打印目标的原始数字化三维模型的设计、数字模型的格式转换及逐层切片处理，最终形成每一层打印的路径命令。3D 打印机中配备可识别切片数字模型文件的控制系统，Davinci Duo 2.0 可识别常用的 STL 格式及 3w 格式的三维数字模型文件，可匹配 32 位及以上的 Windows 系统计算机。

本书实验中所使用的 3D 打印机为 XYZ Pringting 公司生产的基于熔融沉积制造(fused deposition modeling，FDM)技术的 Davinci Duo 2.0 双喷头打印机

（图0.25），打印喷头可熔化打印原料至可选精度，经打印模块控制打印路径，将原料按系统预处理的路径涂敷在打印面板上，逐层叠加最终完成目标打印，打印机背部装载有可拆卸的耗材盒，用于装载丙烯腈-丁二烯-苯乙烯共聚物（ABS）丝材（图0.26）。打印的具体参数见表0.2。

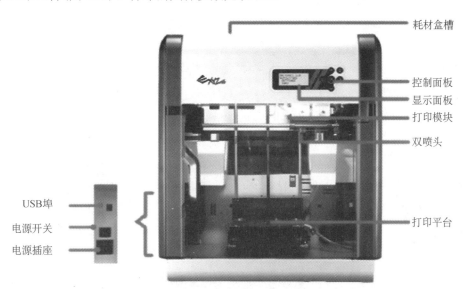

图0.25　实验所使用的 Davinci Duo 2.0 双喷头打印机

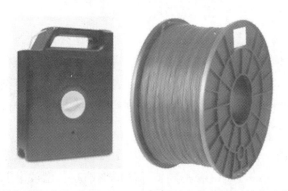

图0.26　实验所使用的适配 Davinci Duo 2.0 双喷头打印机的耗材盒及内载 ABS 丝材

表0.2　3D 打印参数设置

成型技术	最大成形尺寸/cm	打印模式	打印喷头	喷头直径	耗材材质	连接接口	文件格式	操作系统
熔融沉积制法（FDM）	15×20×20	最佳：0.1mm 标准：0.2mm 快速：0.3mm 超快速：0.4mm	双喷头	0.4mm	ABS 塑料	USB 2.0	.STL, .DAS Format, .3w	Windows XP 32bit /Windows7/ Windows8 (for PC)

FDM 技术是一种复杂性低、易于推广的快速材料成型技术，其基本制造流程为基于 Auto CAD、PRO Engneering 等计算机辅助设计软件设计打印目标的三维数字模型，利用 3D 打印机控制软件自动将 3D 数模分层，软件处理过程中能够自动生成每层模型的涂敷路径，以及判断是否需要打印支撑。打印机内部的热熔头把材料加热至熔融状态并喷出，按照模型成型轨迹分层涂敷，逐层叠加直至工件完成。ABS 丝材装载于耗材盒内，该耗材盒下方装载的智能芯片与 3D 打印机耗材盒槽底部连接，可通过计算机控制软件读取原材料的使用情况和剩余情况。

面对全球油气后备储量不足的现状，科研工作者试图利用多种新技术评估油气资源，辅助资源开发。3D 打印在制造方式上具有的显著优势，可以有效辅助对油气资源的准确评价。从工程地质到资源勘探再到油气田开发，3D 打印技术被创造性地应用于石油产业链的各个方面，例如，3D 打印用于地质建模可直观描述复杂地质构造，指导实际工程开展，提高储层评估的准确性；3D 打印制备高精度模型，可模拟岩层内部孔隙网络结构，用于 CT 扫描等常规手段的检测及研究，可计算其孔径分布和孔隙度等重要参数；3D 打印替代传统浇筑方法，制作力学实验试件，用于研究岩石节理面及裂隙试件的抗剪强度，分析其应力变形和弹性模量等力学性能。

1）地质建模

地质建模是结合了地质、测井、地球物理数据，利用计算机图形技术形成的概念模型，作为地学信息研究的重要手段，常用于油藏的数值模拟研究，对剩余油的分布和油井的开发进行模拟和预评估。地质模型使得对复杂地质条件的描述和研究变得更加直观，结合现有的先进复杂空间分析技术，可以使地质分析更为形象、准确。

在工程地质领域中，3D 打印主要应用于处理地理信息图像并将其打印成实物。3D 打印技术能够准确区分不同特征的地形地貌，已被用于等比例复制复杂的地形结构，拓宽了 3D 打印技术在地学信息技术领域应用的深度。3D 打印模型有利于直观观察某个地区的地形地貌、建筑物、山脉及矿藏分布、河流蓄水等情况，方便地形地貌的相关研究及辅助实际工程施工。2013 年，中国石油化工股份有限公司(中石化)工程技术人员曾使用 3D 打印技术制作地下气层通道的精细模型，预测和指导普光气田的开发，使钻井成功率达 100%，克服了世界性难题，也证明了 3D 打印技术应用于油气资源领域的准确性和可行性。由于 3D 打印技术存在打印尺度的限制，目前尚不能打印过大模型，对于过大的地质模型，通常采用的处理方法是分区块打印，再将各个打印区块拼接，完成等比例的地形模型或城市模型。

2）岩石孔隙及其连通性评价

作为油气勘探的重要指标，储层岩石的渗透率、饱和度与其微观孔隙结构密切相关。随着开采阶段的深入，具有较大资源潜力的非常规油气逐渐成为新的研究领域。非常规油气的两个关键参数是孔隙度小于10%和孔喉直径小于1μm，而非常规油气勘探开采难度高的最根本原因就是储层存在大量的小尺寸孔隙，油气资源就赋存在这些微小的孔隙之中。连接孔隙的孔道结构十分复杂，影响了油气的运移，使用常规的研究手段，难以表征渗透率和饱和度等用于资源评价的重要参数，这导致勘探开采前的评估很难进行或很难保证准确，增加了工程开采的不确定性。水力压裂是石油开发的重要方法。影响水力压裂效果的主要因素是油气储集岩内部的孔隙结构及其连通性。每一块岩石都有单独的微观孔隙网络，压裂时破裂的方式各不相同，因此从某个样本实例推断整体的水力压裂情况的方法是不可靠的。

爱荷华州立大学提出了一个使用3D打印技术模拟储集岩孔隙，直观提高注水开采效率的方法，辅助储油地质的研究[4]。他们使用ABS等3D打印材料，经过"岩心扫描-灰度直方处理-打印机打印"的系统化孔隙结构制作流程。如图0.27所示，利用X射线源扫描灰色砂岩圆柱体样本，探测的坐标轴固定在探测器中心，坐标Z轴垂直于探测器平面。样品在一个垂直轴上匀速旋转，并且可以在三个空间维度内旋转。随后对探测得到的图像进行了灰度直方处理，基于探测的数据可利用计算机重构岩心的三维数字模型，最终打印出按比例放大的储集岩中的孔隙网络。虽然由于CT扫描精度、3D打印机打印精度二者的限制，目前还不能按原样品1：1比例打印孔隙结构，但这样做的好处在于将孔隙的三维虚拟数字模型按一定比例转换为了有形的、可测试的实际对象，这个比例是已知并且可调节的。岩石孔隙复制件可以在实验室环境下利用诸如CT、XRD、核磁共振、低温氮吸附、SEM成像等常规的孔隙研究方法进行观察检测。通过观察和计算其孔径分布、孔隙度、孔隙结构、渗透率等重要参数，模拟进行实际液压开采的情况，预测其流体运移情况、流体流量、孔隙形变情况。

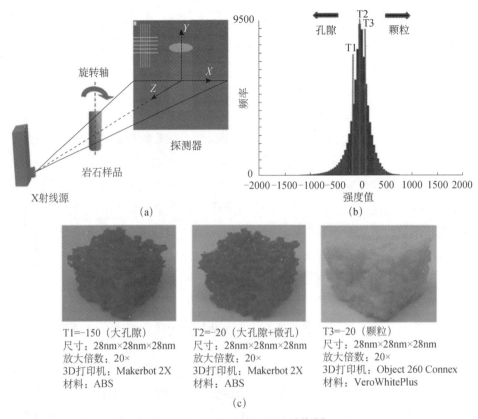

图 0.27　3D 打印岩石孔隙结构[4]

(a)扫描实物获取数据；(b)基于灰度直方图的图像分析；(c)基于不同参数设置打印出的岩石孔隙结构；T1～T3
代表不同数字图像灰度值的阈值，阈值越大，分辨率越低

3）岩石节理及裂隙的力学性质研究

随着油气资源的快速消耗和科学技术的迅猛发展，油气资源开发逐渐由地球浅部延伸到地球深部，但是深度资源的开发对安全措施的要求更高，如何避免重大安全事故，以及一些与岩石应力密切相关的重大力学问题尚需进一步深入探究。

岩石节理结构的力学性质研究是工程安全评估的重要途径。中国科学院武汉岩土力学研究所将逆向建模和 3D 打印结合，制作了岩石的节理面试件，同时对 3D 打印制作的岩石节理面试件、原样本、水泥浇筑试件做出符合度分析。原样本、3D 打印的样本与浇筑样本的四处轮廓对比显示，3D 打印的样本明显比浇筑样本更符合原样本的轮廓，水泥浇筑试件的误差在 2%左右，而 3D 打印试件误差在 1%以下。不仅如此，通过常规方法复制的岩石节理试件在抗剪强度测试中的偏差一般在 8%～20%，而使用聚乳酸材料制作的 3D 打印样本的抗剪强度偏差只在 5%左右，误差显著降低。使用 3D 打印的岩石节理样本不仅与原样本在轮廓上保持高度的统一，而且产生相同的机械结果。3D 打印制作岩石节理面试件的方法不仅有利于实验规律的总结，而且构建了数字模型，有利于数据保护。

　　裂缝的发育程度及应力情况也与工程安全息息相关，并且在开发过程中决定着储层的渗流情况，从而影响整体实施方案和开发效益。裂缝的形成条件较为复杂，因此裂缝性油气藏一直是油田开发的重点和难点。中国矿业大学(北京)鞠阳等使用 3D 打印技术制作岩体复杂裂隙结构试件，用以研究岩石应力场情况。首先对天然煤岩进行断层扫描获得了煤岩裂隙的三维数据，对这些数据进行三维重构重建煤岩的 3D 数字模型，调整其格式并输入 3D 打印机打印了煤岩的高精度复制件。将这些复制件与真实煤岩一起进行了后续应力场相关实验，实验的最终结果表明，3D 打印技术制备的裂隙复制件的抗压强度和弹性模量及泊松比等力学指标与天然岩石的情况十分接近。使用 3D 打印得到的岩石试件在外形上与实物一致，只要选用合适的打印材料，就可以达到试件与实际岩石在物理性质上的统一。

实验一 天然气水合物演化过程的太赫兹光谱表征

一、研究背景及进展

天然气水合物是水与天然气在长期低温、高压状态下形成的，表面上看其外貌极像冰块，在20℃时即可点燃，故有"可燃冰"之称，也可称为"气冰""固体瓦斯"等，其能量密度很高，单位体积下可存储170～190体积的天然气，应用前景十分诱人。天然气水合物在世界上的存储量很大，几乎为石油、天然气和煤等已探明储量的两倍以上，且分布极为广泛，有利于其大范围开发利用。作为极具潜力的替代可再生能源，天然气水合物对社会、经济发展具有重要的战略价值。此外，水合物技术还可运用于许多其他领域，包括天然气的固态存储和运输、气体混合物的分离、污水处理与海水淡化、CO_2海底封存、水合物蓄冷、液体的近临界萃取、生物蛋白酶提取等。虽然水合物技术具有潜在应用前景，但这些技术仍存在一些问题，需进一步研究以便实现工业化。

气体水合物的晶体结构由水分子(主体)和气体分子(客体)构成，水分子在氢键作用下，形成形态各异、大小不同的N面体孔穴，这些孔穴通过面面相连，形成复杂的笼状水合物晶格结构。假设不考虑客体分子，这种水合物晶格可以被认为是一种不稳定的冰。当这种不稳定的冰的孔穴有一部分在高压低温条件下被客体气体分子填充后，就形成了稳定的气体水合物结构。水合物的笼状结构是由苏联科学院院士尼基丁于1936年首次提出的，并沿用至今。在水合物的笼状结构中普遍存在空腔或者孔穴，其间被烃类和硫化氢、二氧化碳等气体填充。水合物的分子式为$M \cdot nH_2O$(M为气体分子、n为水分子数)。水合物的稳定性主要取决于填充在笼子中的客体分子的百分数，被填充的分子数越多，稳定性就越强，而填充气体的百分数又取决于压力、温度及地质条件。

拉曼光谱法已广泛地应用于水合物的结构研究中，是一种基本的研究方法。客体分子的拉曼光谱对水合物的结构、形成/分解的机制、占有率、水合物的组成和分子动力学研究提供了重要的信息。通过对照已知的拉曼位移数据表或者已知图谱，或结合其他图谱提供的信息综合考虑，可推断出水合物的基本类型及客体分子占据孔穴类型和占有率。

天然气水合物属于晶体大分子，其固有振动频率与太赫兹波频率接近，利用太赫兹波进行气体水合物分子的结构变化表征，对于后期天然气水合物理化性质的深入研究具有一定的指导意义。

图 1.1 为甲烷气体水合物演化过程中分子结构变化示意图，图中球形状分子代表甲烷气体，框架代表水分子形成的笼子。反应初期，冰和气体以混合物的形式存在，随着反应的进行，甲烷气体逐渐填充到水分子形成的笼状结构中，甲烷气体水合物逐渐生成。图 1.2 分别是水合物、十二烷基硫酸钠(SDS)溶液、气-液混合物的太赫兹时域峰值曲线。对于水合物样品，随着温度和压力的改变，太赫兹信号幅值的变化可分为三个阶段。①初始恒压降温阶段，太赫兹信号幅值线性增加，这一过程中甲烷分子逐渐填充由水分子构成的笼状结构。②在恒温降压阶段，水合物形成过程放缓，此时太赫兹信号幅值缓慢增加，32min 后逐渐达到稳定。大部分甲烷气体在第二阶段从反应釜中逸出，一部分气体进入笼状结构，形成稳定的水合物。当外界温度发生幅度不大的变化时，由于水分子与甲烷气体之间的范德瓦耳斯力的作用，水合物的笼状结构得以稳定，不会发生改变。因此，在第三阶段中，尽管压力降低、温度升高，水合物的太赫兹信号幅值依然保持稳定。对比图 1.2(b) 和图 1.2(c) 可知，冰、气-液混合物样本的太赫兹时域光谱峰值曲线与水合物样品具有较大差异，冰、气-液混合物样品在经过排气阶段后，样品中的气体全部逸出，剩下的样品为冰，因此峰值强度随着温度的升高而降低，曲线在该阶段呈现下降的趋势。太赫兹时域光谱很好地表征了甲烷气体水合物在常压升温阶段结构保持稳定的状态，为以后其他水合物的太赫兹光谱表征奠定了基础。总而言之，利用太赫兹光谱技术可以对冰、气-液混合物以及水合物样品进行实时光谱跟踪监测。实验结果表明，当终期样品表面的气体被释放完毕后，由于一部分甲烷气体已经进入水分子形成的笼状结构中，笼状结构得以稳定，因此当改变温度时，笼状结构不会有所改变，对应的太赫兹时域峰值变化不大。太赫兹技术将为水合物的研究提供更丰富的信息，对后期可燃冰的开采及储运具有指导意义。

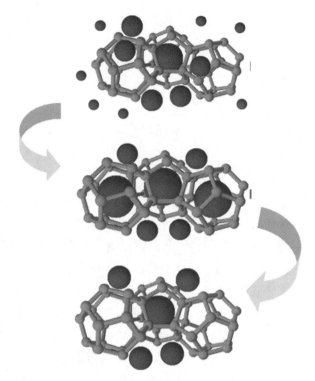

图 1.1　甲烷气体水合物演化过程中分子结构变化示意图(自上而下的演化过程)

二、实验目的

(1)了解可燃冰笼形结构与演化过程。

(2)基于太赫兹光学参数,判断可燃冰的演化阶段。

三、实验设备及实验材料

(1)太赫兹时域光谱系统 1 台。

(2)高精度电子天平 1 台。

(3)高压反应釜 1 台。

(4)低温恒温装置 1 台。

(5)甲烷气体若干。

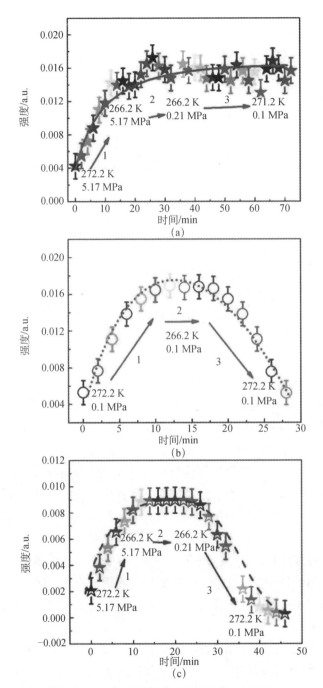

图 1.2　三种样品的太赫兹时域峰值曲线[5]

(a)水合物；(b)SDS 溶液；(c)气-液混合物

(6)蒸馏水若干。

(7)SDS 溶液若干。

四、实验内容

（一）设计实验室用气体水合物合成装置

1. 实验室水合物合成装置的主要方式

生成水合物需满足足够压力、适宜温度、饱和蒸汽三个必要条件。气-液反应合成的主要方式有四种：鼓泡式、喷雾式、机械/磁力搅拌式(动态改变气-液接触面)、加入其他物理外场或超声波等增强反应的混合方式。

机械搅拌是目前被实验室普遍采用的一种方式，通常利用磁力或者旋转轴旋转搅拌。这样就可以通过外加的强制搅拌有效地增大气-液反应界面，同时也可以使反应产生的热量迅速扩散，降低反应釜温度，从而可以在一定程度上提高反应速度、降低合成时间。这种搅拌方式只适用于反应釜容积较小的系统。反应进行的过程中，逐渐黏稠的液固混合的水合物浆液会使搅拌的难度增大，不仅不能使传热效率提高，还可能会抑制甚至破坏水合物的合成。虽然搅拌器密封在技术上可行，能够防止反应过程中高压气体的泄漏，但增加了成本和系统的复杂度，所以机械搅拌反应器的工业应用难度很大，仅仅局限于实验室应用。

鼓泡式反应器采用气体经底部的分布板以气泡的形式通过水层进入反应器的方式，在高压和低温的条件下，水合物样品能够在上升的气泡周围逐渐生成，从而为新的水合物生长提供适宜的场所。同时，上升的起泡也可以携带反应中产生的热量，使得水合物能够快速生长。但这种方式也有不足，并不是所有的气体在上升过程中都能够生成水合物，还有一部分气体要进入气体循环系统继续反应，这样就对压缩机的技术要求比较高，需要反复不断地充入气体，这是一种被动生产方式，气体跟水并没有自发进行反应，在实际应用中反应速度比较慢，不符合工业生产要求。

在喷雾式的反应器中，水从反应器顶部以小液滴的形式逐渐滴落到气相，这种分散方式最大限度地增大了气-液两相的接触面积，并且小液滴在下落过程中产生的热量也能迅速扩散，这样可以提高水合物的生成速度，这种方式与鼓泡式反应器是一种相反的思路。生产过程中，其工艺简单，并且生成效率高，更适合于大型的、工业化生产设备，可以作为水合物生成工业应用的首选方式之一。

　　研究发现，物理场(磁场、超声波、微波等)对水合物的生成条件(温度、压强)、诱导成核时间、生长形态和分解速率都有很大的改善，并且初步得到了规律性的发现。其中，超声波在促进物质成核结晶方面具有很多优点，可以在结晶过程中作为一种辅助手段。首先，其可以加快一次成核速度，使得成核可以均匀分布在整个声场区域；其次，声场可以使得通常难以成核的物质变得容易成核；再次，可以产生二次成核现象，极大地提高了水合物生成率；最后，晶体的尺寸变小且均匀，提高了水合物纯度。关于超声波促进结晶的机制方面目前有各种不同的观点，有研究认为成核结晶是由空化作用引起的正压力波作用产生的，也有结果表明空化作用引起的负压力波动才是引发成核结晶的原因。

　　水合物系统一般由高压系统、测试系统和冷却系统三部分组成。反应釜实际上是为气-液反应提供一个质量、热量的交换平台，所以釜内气-液的混合方式是一个重要问题。此外，对其耐压能力、热传导能力的考虑也是必不可少的。

　　1)耐压能力

　　水合物生成需要高压、低温的适宜条件。甲烷气体水合物在冰点的压力要求为 2.78MPa，其形成压力随着温度的升高而升高。考虑到工艺需求及安全系数等的影响，设计的釜体耐压能力一般在 10～20MPa，压力过高，窗口材料的耐压条件达不到，会产生安全问题。

　　2)气-液混合问题

　　设计反应釜的一个关键问题是如何使气-液充分混合。气-液充分接触，能够促进反应速度，增加客体分子填充笼子的数量，最终影响水合物的含气量。混合方式一般分为釜内搅拌、旋转釜体、喷射雾化三种。

　　3)散热方式

　　水合物的生成需要低温环境。另外，该反应同时为放热反应，所以要处理好放热反应对水合物生成造成的影响，需要用合理的方式对反应釜进行制冷，达到最好的制冷效果。目前，压缩机控制浴槽(水浴)的制冷方式应用最为广泛，这种方法制冷比较均匀缓和(完全包围覆盖反应釜)，可控性较好(操作控制面板)。

　　2. 实验装置介绍

　　本实验采用的是气体水合物模拟生成与分解太赫兹时域光谱实时监测装置，

如图 1.3 所示，主要由不锈钢高压反应釜、太赫兹时域光谱仪、控温系统、温压记录仪等组成。

本实验装置的核心部件是不锈钢高压反应釜及其管路系统(图 1.4)。由于需要将反应釜放置于太赫兹时域光谱仪内部进行水合物的观测，反应釜的釜

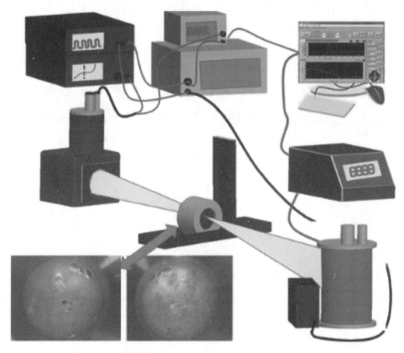

图 1.3　气体水合物模拟生成与分解太赫兹时域光谱实时监测装置

图 1.4　不锈钢高压反应釜及其管路系统

体很小很紧凑，釜高仅为 60mm，直径为 120mm；反应釜中间部分为水合物样品室，样品室体积仅为 1.2mL；水合物的生成通常在高压低温的条件下进行，因此反应釜耐高压，经测试釜内压力最高可达 10MPa；釜内置有冷却循环通道，可以对釜体温度进行控制；一根管线与釜内部相通，可以实现气体进出，同时对反应釜内部进行压力监测。其主要技术指标如表 1.1 所示。

表 1.1　高压反应釜主要技术指标

设计压力/MPa	设计温度/℃	工作压力/MPa	材质	有效容积/L	釜体直径/mm	釜体高度/mm	釜体厚度/mm
15	−15～60	10	不锈钢	0.1	120	120	60

反应釜两侧具有特制石英窗口，太赫兹波能够透过它探测到水合物样品。其中窗口材料的选择需综合以下几方面。

可视性：水合物样品制备需要用肉眼判断是否生成，否则无法进行水合物的排气降压实验，因此窗口材料的可视性是影响实验成功的关键因素。

低吸收性：太赫兹波是一种能量很低的亚毫米波，在窗口材料的选择上应充分考虑这一特性，降低窗口对太赫兹波的吸收，使得亚毫米波有足够的能量穿透样品，实现对水合物样品的表征。

安全性：气体水合物的生成需要低温高压环境，而且气体分子量越小，生成环境越苛刻，即温度越低压强越高。选择材料时在满足上述两个条件的情况下应尽量选择耐低温、耐高压的物理硬度强的材料。

常见的窗口材料有石英玻璃、蓝宝石玻璃及一些聚合类材料，比如聚乙烯(PE)类聚合物，聚乙烯类聚合物包括低密度聚乙烯(LDPE)、高密度聚乙烯(HDPE)和超高分子量聚乙烯(UHMWPE)，其加工工艺相对简单，并且化学性质稳定，在太赫兹波段具有较高的透过率。聚丙烯(PP)具有良好的加工性，用途很广。聚氯乙烯(PVC)具有阻燃及电绝缘的特点。聚苯乙烯(PS)性能良好，主要用于塑料门窗型材、管材等，也可作为实验室中样品池的主要材料。聚四氟乙烯(PTFE)与聚乙烯类似，但在高频时(3THz 以上)损耗较大。Tsurupica(picarin)具有较高的光学和太赫兹波段的透明度，物理硬度也要优于其他聚合物，利用其太赫兹波段透明及可以承受机械加工的性质，Tsurupica 克服了石英材料的高吸收、硅材料的不透明和低温脆性大的缺点，适用于可燃冰中的原位探测。各材料的光学常数如表 1.2 所示。

表 1.2　各种材料的光学常数

材料名称	折射率 n	1THz 处吸收系数/cm⁻¹
石英玻璃	1.58	0.7
LDPE	1.51	0.2
HDPE	1.53	0.3
PTFE	1.43	0.6
PP	1.50	0.6
TPX	1.46	0.4
Tsurupica	1.52	

由于实验要求低温环境，同时水合物生成反应为放热反应，控制反应方向、速度的一个主要因素是快速移走反应放出的热量。低温恒温槽如图 1.5 所示，其技术指标如表 1.3。本实验采用的低温恒温槽特点如下：控制精度高，达到 0.1℃；采用 PID 自动控制，波动范围小、稳定速度快；外置循环泵对乙二醇冷媒循环，径向温差小；采用全封闭压缩机制冷，降温速度快、效率高。

图 1.5　低温恒温槽

表 1.3　低温恒温槽主要技术指标

冷媒	材质	槽内容积/L	槽深/mm	循环泵最大流量/(L/h)
乙二醇	不锈钢	20	800	12

压力变送器由高精度应变式压力传感器及变送器专用集成电路组成，其传感器全部采用不锈钢结构。其主要技术指标如表 1.4 所示。

表 1.4　压力变送器主要技术指标

仪表型号	供电电源 (DC)/V	输出信号 (DC)/mA	测量范围/MPa	零点输出 (DC)/mA	灵敏度/ (mA/MPa)	非线性	过压值/ MPa	工作温度/℃
MPM480（0～60MPa）E22	15～30	4～20	0～60	4.00	0.28	小于 0.5%FS	90	−30～20

注：DC 表示直流信号；0.5%FS（full scale）表示非线性误差小于 0.5%。

（二）实验过程与测试

选用浓度为 0.1% 的 SDS 溶液，该浓度的溶液对气体水合物的生成及生长具有最佳催化效果。

首先，将溶液注入高压反应釜中，低温处理形成冰。为了与水合物的太赫兹时域光谱图形成对照，需要测量冰的太赫兹时域光谱。将小型可视化反应釜放入太赫兹光谱仪中，调节反应釜的温度，调温区间为（−7℃，−1℃），分别测量升温和降温两个过程的太赫兹时域光谱图。

其次，取出反应釜，将反应釜温度调节为 2℃。温度稳定后，缓慢向反应釜中充入甲烷气体至 4.5MPa，轻微振荡反应釜，使气、液混合均匀，调节反应釜温度至 −1℃，稳定后，此状态的样品称为水合物初期样品。将反应釜放入太赫兹光谱仪中，测量样品的降温过程（−1～−7℃）光谱图。保持 −7℃ 不变，缓慢排气，测量样品恒温降压过程各阶段的光谱。

最后，测量样品常压升温各阶段的光谱。取出反应釜，将反应釜温度调节为 2℃。温度稳定后，缓慢向反应釜中充入甲烷气体至 4.5MPa，轻微振荡反应釜，使气、液混合均匀，调节反应釜温度至 −1℃，使水合物充分生长，两天后，样品基本生成，此状态样品称为水合物终期样品。

实验二 孔隙、裂缝的光谱检测与成像

一、研究背景及进展

石油、天然气(油气)储层是经过漫长地质演化形成的在地下具有孔隙结构的岩层。油气储层的孔隙结构特征是指岩石所具有的孔隙形状、大小、分布及其连通情况。油气储层的孔隙结构特征决定了油气分子的赋存状态、储量以及油气资源开发的难易程度，同时也是影响储层油、气、水的储集能力的主要因素；其渗透、吸附等过程影响了油气资源在储层结构中的分布状况，同时还会作用于油气资源的探测和开采阶段，因此研究岩石的孔隙结构特征和性质是提高油气产能和油气采收率的关键。

油气储层的孔隙有多种分类方法，其中按照尺寸可分为三类，即毫米孔、微米孔和纳米孔。常规储层中赋存的油气为常规油气，致密储层中赋存的是致密油气，超致密纳米孔储层中赋存的即为纳米油气。近年来，页岩油、页岩气、煤层气、致密砂岩油气等非常规油气勘探的开发迅速发展。在油气资源已被开采到一定程度的今天，储层正在向高致密、微孔隙和极端环境(如沙漠、深海等)方向转变，非常规油气资源等将会占据越来越重要的地位，由于尺度小，对储层岩石内部的油气吸附动力学过程的表征越来越困难，表征评价的要求也越来越精细。

(一) 模拟狭缝的太赫兹光谱检测

裂缝广泛存在于各类天然及人造材料中。一般情况下，腐蚀、疲劳、循环加载及压力的突变等因素会降低材料的弹性模量，导致裂缝的产生和扩散。在建筑、汽车制造、航空航天等领域，裂缝的产生会影响材料性能，降低结构的耐久性，形成安全隐患；在文物保护领域，许多珍贵的历史文化遗产由于风化、腐蚀、气候条件的变化及人为破坏等，出现裂缝、裂隙等多种形式的损害，急需进行修复和保护；在油气资源勘探领域，油气储层岩石中的裂缝起着油气物质的储集体和运移通道的作用，而在油气开采过程中，往往需要对地下的岩体进行破坏，通过压裂等方式实现增产。

鉴于此，针对各种类型材料中的裂缝，研究者发展了一系列的表征评价手段。由于和人类的生产生活息息相关，关于建筑材料中裂缝的表征手段的研究较多。例如，在混凝土结构中，目前已经发展了目测法、雷达法、云纹法、红外热像法、声发射法及全息干涉法、脆漆涂层法、裂纹扩展片法、光纤裂缝传感器法、冲击回波法、超声波法等评价手段；而对于一些航空航天复合材料，由于其制造成本高、结构特殊和使用环境特殊等特点，需要对其进行无损检测，且对检测条件的要求更高。针对这一情况，一系列非接触式检测方法得以迅速发展，如超声检测、红外热像、散斑干涉、全息成像、超导量子干涉、激光超声、电磁超声等技术。油气储层岩石由于埋藏较深，且所处环境复杂，相应的裂缝识别方法具有其独特性，通过测井识别、地震识别等方法，可以实现对地下储层岩石裂缝发育程度的预测；而对于地下钻取出的岩心样品，在实验室中可通过声发射、纵横波的波速比、岩心导流实验测试、声学资料反演、CT 扫描等方法精确识别其中的裂缝。

太赫兹波对大部分非金属、非极性材料具有较好的穿透能力，可以实现对其内部缺陷的无损探伤。例如，利用太赫兹时域光谱对三种聚苯乙烯泡沫进行测试分析，可以明显分辨出其中掺入发泡剂的样品；运用连续太赫兹波成像系统对泡沫结构进行分析，可以发现其中人工设置的缺陷；用 THz-CT 的方法对航天飞机外部燃料箱热保护系统的泡沫材料进行撞击破坏的无损检测，缺陷尺度在 10~50mm 时检测效果良好。此外，近年来太赫兹技术还被应用于建筑材料、历史文物及储层岩石性质的检测。作为一种新兴技术，太赫兹光谱可作为现有方法的有益补充，实现对裂缝尺度、形状、位置等特性的表征评价。

将两片样品分别固定于可平行调节间距的夹具两端，放置在反射式 THz-TDS 系统中。首先将两样品间距调整至最小，使其紧贴在一起进行光谱测试，记为 0 号光谱。随后等距离调整样品间距，每次调整的距离为 0.08mm，分别测得其反射式时域光谱，并依次编号 1~10，得到如图 2.1 所示的反射式太赫兹光谱图。

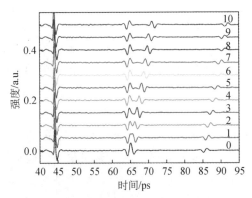

图 2.1　缝隙的反射式太赫兹光谱图

以 10 号反射谱为例，可以看出随时间延迟的增加光谱中共出现了 4 个明显的时域信号，其中第 1 个信号是太赫兹波由空气垂直入射到样品 1 前表面产生的反射信号，同理，第 2、3、4 个信号分别是太赫兹波由样品 1 后表面、样品 2 前表面、样品 2 后表面产生的反射信号。由于时域光谱的横坐标为时间，信号 1、2 的间距即太赫兹波在样品 1 中传播一个来回所用的时间，也称作"飞行时间"（time-of-flight）。同理，信号 3、4 的间距为太赫兹波在样品 2 中传播一个来回的时间。以此类推，信号 2、3 的间距即对应两样品之间的缝隙。值得注意的是，相邻的信号出现了反向的现象，这是由于太赫兹波从光密介质入射到光疏介质产生了半波损失，所以信号 2、4 相较于信号 1、3 方向相反。因此，在之后的计算中，取相邻两信号中前信号的峰值与后信号的谷值之间的时间距离作为这两个信号的间隔时间。通过真空中的光速 c、不同介质表面反射信号的间隔时间 Δt_x 及介质在太赫兹波段的折射率 n_x 可以计算出不同介质的表面间距 d_x（样品厚度、缝宽），其公式为

$$d_x = \frac{c\Delta t_x}{2n_x}$$

结合透射式太赫兹实验中测试得到的样品折射率及反射实验中信号 1、2 和信号 3、4 的间隔时间，可以计算得到样品 1、2 的厚度分别为 1.918mm、1.935mm，这与实际测得的样品厚度较为符合，说明太赫兹光谱可以较为精确地测得样品的厚度信息。

通过对比所有的光谱可以发现，在编号为 2～10 的光谱中，都存在 4 个信号，其中所有光谱的前两个信号所在位置基本一致，随着序号的增加，后两个信号整体向后移动。而在编号为 0 和 1 的光谱中，在中间位置的信号出现了部分重叠的情况，在 1 号谱中体现为信号的半高宽明显增加，0 号谱中两信号发生合并，信号的幅值明显增加。上述现象表明，通过不断改变样品的间距，在光谱中体现为中间两信号间隔时间的不断改变。取可以分辨出中间两信号间距的 2～10

号光谱中的间隔时间 Δt，取太赫兹在空气中的折射率 $n=1$，求出样品间的缝宽，记为 d，对应每次调整的样品间距 Δd 作图。从图 2.2 中可以看出，样品间距变化 Δd 与实测缝宽 d 呈线性关系，其中斜率和截距的标准差分别为 0.01163、0.00608，线性相关系数为 0.99952。图中用虚线表示出线性拟合直线的误差范围。分析误差来源于两个方面，其一为测试过程中在样品摆放和调整样品间距时带来的测试误差，其二为分析光谱时截取间隔时间 Δt 时产生的分析误差。通过上述方法测得的最小缝宽为 0.33mm。

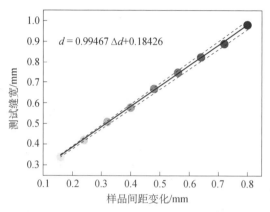

图 2.2　调整样品间距变化 Δd 与测试缝宽 d 的关系

值得注意的是，由于时域信号具有一定的宽度，因此当两块样品距离较近时，信号间隔时间短，造成时域信号相互重叠，无法明显分辨出两者间距（图 2.1 中编号为 0、1 的光谱），也就导致无法直接实现更小尺度缝宽的表征。为了进一步分析，取所有光谱中间处的信号进行快速傅里叶变换，得到其频域图的变化规律（图 2.3）。从图中可以看出，在频域谱中出现了不同程度的振荡现象，且振荡次数随序号的增加而逐渐增多，其中 0 号谱中出现 1 次振荡，1、2 号谱中出现两次振荡，3～6 号谱中出现 3 次振荡，7～9 号谱中出现 4 次振荡，10 号谱中出现 5 次振荡。此外，对比每次出现振荡的频率位置可以发现，随序号增加，信号中出现的振荡在不断变窄。这一现象说明，随时域谱中信号间距的增加，经快速傅里叶变换后频域谱中振荡的间距减小。

提取出信号的频宽 Δf，对应测试缝宽 d 作图，如图 2.4 所示，其中 0、1 号谱的测试缝宽分别为 0.18426mm 和 0.2638mm。信号的频宽 Δf 随测试缝宽 d 增大而减小，两者呈反比例。这是由于时域信号中两信号的间隔可以看作为信号的重复周期，而图中所示的缝宽与频宽的关系即为频率和周期的反比关系。求出频宽的倒数 $1/\Delta f$，与由时域谱得到的缝宽数据相互吻合。图中所示误差的来源包括：时域测试点数较少造成快速傅里叶变换后图形失真；时域信号信噪比较低，噪声对变换后的结果也有一定影响。上述两因素影响 Δf 的值，因此造成分析结果上的误差。综合以上分析可知，根据时域间隔时间与频域、频宽的关系，通过频域谱也能对缝宽进行测试。

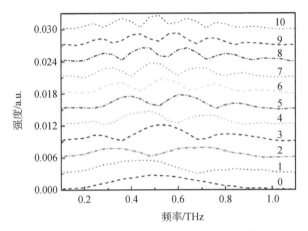

图 2.3　时域谱 0～10 中间处信号的频域谱图

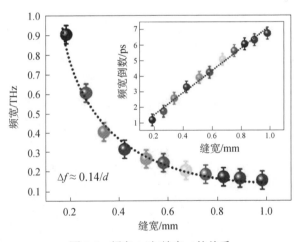

图 2.4　频宽 Δf 与缝宽 d 的关系

（二）孔隙、裂缝的斜入射光反射差成像

岩心的物性、岩性、孔隙大小和分布具有微米、纳米级的微观特征，无法简单、直接被观测到，因此需要一定的仪器、方法来研究储层孔隙结构。实验室常见的研究孔隙结构的方法总体上可分为三大类。第一类为入侵式方法，包括毛管

压力曲线法、半渗透隔板法、压汞法、离心机法等；第二类为非入侵式方法，包括 SEM 法、铸体薄片法、CT 扫描法等；第三类为数字检测法，包括三维模型重构技术等。每种方法都有自己的适用情况与优点，同时也有不足。压汞法和气体吸附法等入侵式方法设备简单、成本低廉，但会破坏样品；核磁共振技术可以测量孔隙中的有机质，但是受方法限制不能对纳米级结构进行测量；SEM 的方法结果准确，分辨率高，但仅能反映样品的二维结果；光学方法虽然是非入侵式方法，不会破坏样品，但应用范围较窄，并且发展不足；而 CT 扫描法虽然结果直观、数据准确，却价格高昂，更重要的是 X 射线对人体非常危险。所以需要一种新的检测方式，作为包括孔隙度在内的储层孔隙结构和性质表征评价的补充检测方式。

OIRD 技术具有突破衍射极限的探测灵敏度和空间分辨率，能够识别单原胞层的生长，可以实现非接触、无损伤、原位实时监测，实施背景调零操作，具有高的信噪比，设备简单，成本相对低廉。利用 OIRD 技术研究岩石的孔隙特征，特别是微观孔隙甚至非常规油气储层岩石孔隙，可实现对孔隙度、孔型识别等孔隙特征的表征，并结合其他参数评价油气储层潜能。

以激光打孔硅片为例(图 2.5)，由于硅片样品与孔隙位置的相对介电常数不同，因此在硅片位置与孔隙位置具有不同的 OIRD 信号幅度(图 2.6)。可以看出，OIRD 信号可以清晰地显示出孔隙的位置和轮廓形貌。

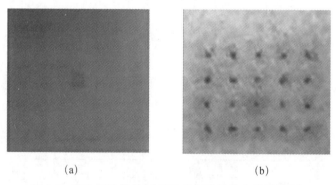

(a)　　　　　　　　　　　(b)

图 2.5　硅片打孔样品(a)及硅片打孔样品光学拍照(b)

孔径 100μm，孔数 20 个，打孔面为抛光面，孔为通孔

为了提高成像的清晰度，对 OIRD 虚部成像进行优化。样品具有双重结构(硅片+孔隙)，因此使用二分法对数据进行处理。光斑照射样品的示意图如图 2.7 所示，光斑直径约为 100μm，当光斑边缘开始接触孔隙边缘时，光斑区域的平均相对介电常数发生变化，OIRD 信号幅度开始下降；当光斑完全覆盖孔隙时 OIRD 信号幅度达到最低，OIRD 信号最高为 Max=240，最低为 Min=80，故设定中间值

K=160。图 2.8(a) 和图 2.8(b) 显示了样品 OIRD 虚部二分法成像，从图中可以得到样品孔隙更清晰准确的位置、轮廓和大小等特征。

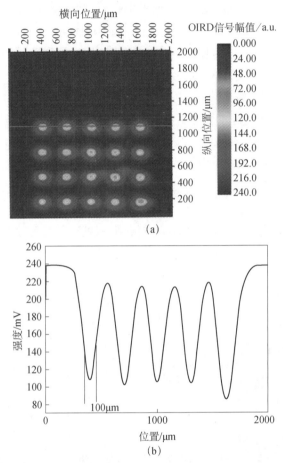

(a)

(b)

图 2.6　硅片打孔样品 OIRD 虚部成像 (a) 和对应 (a) 横线位置幅值 (b)（文后附彩图）

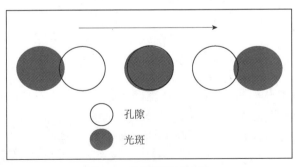

图 2.7　光斑照射示意图

使用软件将数据进行三维成像，如图 2.9(a)所示，X 轴、Y 轴表示样品的空间位置，Z 轴表示 OIRD 信号的强度，三维图像可以更直观地表现孔隙结构的形貌。图 2.9(b)为对图 2.9(a)进行上述二分法处理得到的三维图像，由此可以得到对孔隙的位置、大小、形貌更准确也更为直观的图像。

在上述研究基础上，利用 OIRD 技术对真实岩石切片样品中的狭缝进行表征。将岩石切片放置于玻璃载玻片上，用盖玻片覆盖并固定。使用试纸将样品表面擦拭干净，并放置于样品架上固定好，进行线性扫描。图 2.10 为样品在扫描路线上的 OIRD 信号波形图，横坐标是样品的位置，纵坐标是 OIRD 信号虚部的强度，图中有三个信号峰，对应于样品的三个狭缝。由于岩石样品与狭缝位置的相对介电常数不同，在岩石样品位置与狭缝位置具有不同的 OIRD 信号幅度，信号峰的宽度对应于岩石切片狭缝的宽度。

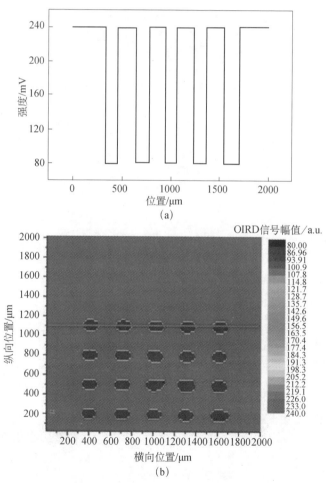

图 2.8　硅片打孔样品 OIRD 虚部二分法成像(a)及对应(a)横线位置幅值(b)(文后附彩图)

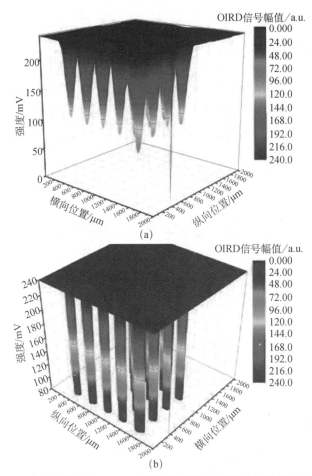

图 2.9　硅片打孔样品 OIRD 虚部三维成像(a) 和硅片打孔样品 OIRD
虚部三维二分法成像(b)（文后附彩图）

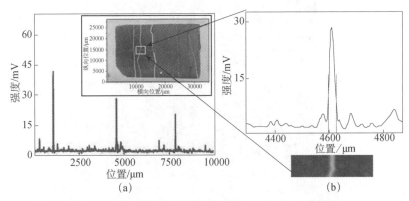

图 2.10　带有狭缝的岩石切片样品 1#的 OIRD 信号图

(b)是(a)图的局部放大；(a)、(b)中的小图为样品显微镜照片

为了进一步研究带有狭缝的岩石切片样品，使用 OIRD 设备对样品进行三维扫描，X 方向扫描步进为 4μm，Y 方向扫描步进为 20μm，使用软件对信号进行成像，结果如图 2.11 所示。图中 X 轴、Y 轴表示样品的空间位置，Z 轴表示 OIRD 信号的强度，三维图像可以更直观地表现狭缝结构的形貌。图 2.11(b) 为岩石切片样品的 OIRD 投影图，可以看到图中主要存在三条直线，对应了样品中的三个狭缝，并且样品中比较不明显的狭缝在 OIRD 投影图中也可以找到对应的信号。

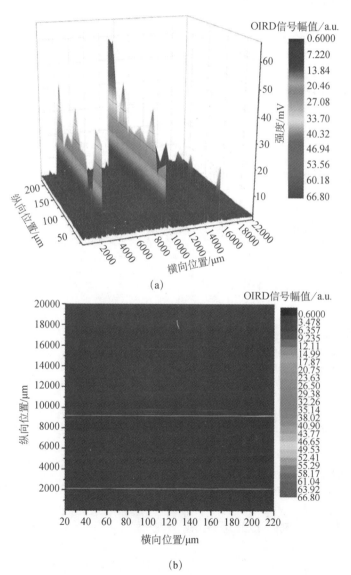

图 2.11 带有狭缝的岩石切片样品的 OIRD 虚部三维成像(a) 和 OIRD 投影图(b) (文后附彩图)

综上，利用 OIRD 成像技术，可实现对亚微米孔隙的硅片及岩石切片中的狭缝结构的测量，孔隙、狭缝的大小、形貌以及分布可通过 OIRD 信号清晰地呈现出来，并且可以得到更为立体、直观的三维图像。OIRD 结果分辨率高、准确度和重复性好、结果直观，在岩石表面物性的精确评价中具有较大的科研及应用潜力。

二、实验目的

(1) 了解反射式太赫兹光谱技术。

(2) 利用反射式光谱技术对模拟缝隙进行检测与表征。

(3) 基于 OIRD 成像，实现对微米级孔隙结构的识别。

(4) 分析带有狭缝的天然岩石切片的介电性质分布。

三、实验设备及实验材料

(1) 反射式太赫兹时域光谱系统 1 台。

(2) OIRD 系统 1 台。

(3) 压片机 1 个。

(4) 螺旋测微器/游标卡尺 1 个。

(5) 模具 1 个。

(6) 干板夹 1 个。

(7) 聚乙烯粉末若干。

(8) 不同孔隙尺寸打孔硅片若干。

(9) 真实岩石切片样品若干。

(10) 载玻片、盖玻片、试纸若干。

四、实验内容

（一）模拟狭缝的太赫兹光谱检测

(1) 取均匀的天然细沙样本，过 200 目筛后称取 0.5g，掺入 1g 聚乙烯粉末，混合均匀后放入模具，在 25MPa 下加压 2min，得到直径 30mm 的压片 2 片，分别编号 1、2，分别测得其厚度。在氮气环境下分别测得其太赫兹时域光谱，并通过计算得到其折射率 n 与吸收系数 α。

(2)将两片样品分别固定于可平行调节间距的夹具两端，放置在反射式太赫兹时域光谱系统中。首先将两样品间距调整至最小，使其紧贴在一起进行光谱测试，记为 0 号光谱。随后等距离调整样品间距，每次调整的距离为 0.08mm，分别测得其反射式时域光谱，并依次编号 1～10。

(3)取相邻两信号中前信号的峰值与后信号的谷值之间的时间距离作为这两个信号的间隔时间。通过真空中的光速 c、不同介质表面反射信号的间隔时间 Δt_x，以及介质在太赫兹波段的折射率 n_x，根据公式计算出不同介质的表面间距 d_x。

(4)取可以分辨出中间两信号间距的 2～10 号谱中的间隔时间 Δt，取太赫兹在空气中的折射率 $n=1$，求出样品间的缝宽，记为 d，对应每次调整的样品间距 Δd 作图。经过线性拟合得到样品间距变化 Δd 与实测缝宽 d 两者之间的关系。

(5)取所有光谱里中间处的信号进行快速傅里叶变换，得到其频域图的变化规律，对比每次出现振荡的频率位置，并提取出信号的频宽 Δf，对应测试缝宽 d 作图，分析信号的频宽 Δf 与测试缝宽 d 之间的关系。

（二）孔隙、裂缝的斜入射光反射差成像

(1)对于模拟孔隙样本的表征，首先使用试纸将模拟孔隙样品的表面擦拭干净，并放置于样品架上固定好，抛光打孔面向上。使用显微镜观察样品，根据实际需求设定扫描空间及扫描步进，待测试完毕后，将得到的数据通过数据处理软件进行数据处理并绘图。

(2)对于裂缝样本的表征，将岩石切成厚度为 0.5μm 的薄片，将岩石切片放置于玻璃载玻片上，用盖玻片覆盖并固定。使用试纸将样品表面擦拭干净，并放置于样品架上固定好，使用显微镜观察样品，根据样品情况确定扫描长度及扫描步进，进行 OIRD 信号的线性扫描。

(3)扫描结束后，将 OIRD 信号的实部和虚部分别保存于两个后缀为.txt 的文件中，数据形式均为 $m \times n$ 的数字矩阵，m 等于 X 方向的扫描点数，n 等于 Y 方向的扫描点数，将得到的数据通过处理软件进行数据分析。

实验三　页岩各向异性的激光探针表征

一、研究背景及进展

  作为非常规油气资源储层的主要类型，致密页岩和砂岩具有巨大的潜力和开发前景。近年来天然气产量占油气资源的比例不断增大，占有越来越重要的地位。例如，页岩气是一种十分重要的非常规资源，它以吸附状态及游离状态存在于富含有机质的页岩中。页岩气储层致密，孔隙度、渗透率较低，水平井钻井、水力压裂为页岩气开采的核心技术，形成裂缝网络是获得工业性气流的关键。同时，在国内外很多盆地，富含有机质的页岩与砂岩夹层发育，页岩气层和砂岩气层同属一个连通的压力系统，对两者的岩石物性、力学方面的研究事关地质储层、地层应力、地层完整性及钻、完井施工等重要方面。目前，很多地区的陆相地层地质条件复杂，对其微观认识相对欠缺，制约了非常规储层特征评价及工程地质的发展。因此，砂岩、页岩储层的研究是非常规油气储层潜能表征评价的主要方向，整合地震、测井资料等传统方法和数字模拟、光学技术等新方法对岩石参数进行综合研究是十分必要的。

  各向异性是物体常见的物理特性之一。如晶体的各向异性是指沿晶格的不同方向原子的排列周期和疏密程度不同，由此导致晶体在不同方向的物理化学特性也不同。岩石中也存在各向异性，岩石的各向异性是指岩石的某种物理特性会随着空间方向的不同而不同。岩石的各向异性可分为宏观各向异性和微观各向异性。宏观各向异性的形成原因有很多，常见的原因有三种：岩石经历地壳运动导致不同岩质的不断覆盖，从而形成由不同岩质叠加起来的岩石，如图 3.1(a) 所示；由地壳运动引起岩质分裂，形成的微裂纹会导致岩石物理性质的各向异性；

组成岩石的矿物颗粒大小不同引起的各向异性。如图 3.1(b)所示，组成岩石的矿物颗粒具有不同大小、不同形状及不同的组合方式，使岩石在不同层次上形成不同的物理特性。

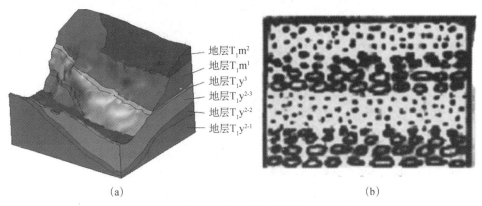

地层T$_1$m^2
地层T$_1$m^1
地层T$_1$y^3
地层T$_1$y$^{2\text{-}3}$
地层T$_1$y$^{2\text{-}2}$
地层T$_1$y$^{2\text{-}1}$

(a)　　　　　　　　　　　(b)

图 3.1　各向异性示意图

　　砂岩是一种沉积岩，是由石粒经过水冲蚀沉淀于河床上，经千百年的堆积变得坚固而成。砂岩由石英颗粒形成，结构稳定，通常呈淡褐色或红色，主要含硅、钙、黏土和氧化铁。一般认为砂岩的成分结构均匀，其物理性质各向同性。与砂岩不同，页岩具有明显的层状结构，存在定向的层理面是页岩的重要特征，层理面是页岩力学性质较弱的方位，该方向所能承受的切应力较小，影响页岩井壁的稳定性。由于层理面的存在，油气分子在页岩内部的渗透率存在各向异性，在测井和勘探过程中，声波在油藏地质中的传播存在各向异性。由于层理面往往是力学脆弱面，且层理之间或垂直于层理面的方向可能存在着微裂隙及不同矿物、晶体之间的交叉，因此在压裂过程中，这种地方往往是压裂液进入岩石内部获取油气的优选。

　　在对页岩的开发过程中，由于其层理构造具有明显的各向异性(图 3.2)，因此开展页岩各向异性的研究对钻井和储层改造十分重要。页岩独特的岩石结构特性对勘探开发有很大的影响。在钻井过程中，由于页岩在不同层理结构上表现出不同的强度性质，会加大钻进的工作量，影响钻进效率，还有可能使钻杆在钻进过程中受力不平衡而发生偏斜甚至弯曲，这些都是由地层岩石的各向异性引起的。影响岩石各向异性的因素很多，如孔隙、裂纹、颗粒排列、有机物有向发育等，其中岩石的孔隙结构是一个重要因素。由于页岩孔隙存有大量的油气资源，对页岩各向异性的测量为研究油气储集结构提供了新方法，因此对页岩各向异性的研究具有重要意义。

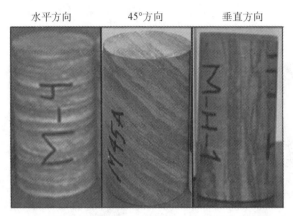

图 3.2　沿层理不同方向取心的页岩岩心

对岩石各向异性的研究主要集中于理论模型和实验室检测。岩石在成岩过程中，矿物颗粒的排列、裂隙的分布方式等随方向而变化，引起力学参数的宏观各向异性。岩石力学性质参数之间的关系，尤其是超声波波速与单轴压缩强度、杨氏模量、巴西劈裂强度的关系是实验室检测的重要内容。利用换能器激发、接收超声波是实验室常用的检测方法，该方法具有快速、无损、准确等优点，对理解超声波波速与岩体强度和变形参数之间的关系具有重要的价值。但换能器检测必须为接触式测量，且需要较大的接触面，同时需要耦合剂的作用，这些因素为检测带来了一定的不便，也不适宜在高温高压等恶劣的环境下进行检测。

SEM 是直接观察岩石切片中孔隙、裂缝、晶体排列的有效方法，常用于对页岩样本某方向的切面进行 SEM 微形貌分析。对于存在明显微裂缝的页岩，若内部压力增大，微裂缝逐渐闭合，即随着压力的增加，由定向排列微裂缝所造成的样品各向异性会变小。大量的研究成果表明，页岩表现出强烈的各向异性，除了岩石内部存在与层理面近似平行的微裂缝，更重要的是其矿物晶体如伊利石存在明显的定向排列。对于井下几千米的页岩，高压条件下其微裂缝尺寸压缩甚至逐渐闭合，岩石所表现出的各向异性主要是矿物定向排列所造成的岩石内在的各向异性。而砂岩不具有明显的层理结构，砂岩内部空间的矿物和缺陷排列没有强烈的方向性，物理性质分布呈现近似各向同性。

（一）页岩岩心各向异性的激光感生电压表征

激光感生电压技术是非接触测量的高新技术，它通过激光、光纤、红外等当代光电器件检测载有被检测物体信息的光辐射，实现各种物理量的检测。由于光电检测分析技术具有高精度、高速度、寿命长、远距离和非接触测量等优点，被广泛应用在很多领域中。物质吸收光能后转换为该物质中某些电子的能量，从而产生电效应，这类现象统称为光电效应。

光电效应分为内光电效应和外光电效应。外光电效应是物质吸收光子的能量，其内部的电子被激发而逸出物质表面的现象。1905 年，爱因斯坦提出光子假设，成功解释了外光电效应，对光电效应的深入研究、量子理论的发展起了根本性的作用。内光电效应是物质内部的电子吸收光子的能量发生跃迁，电子没有逸出物质表面而是跃迁到更高能量的轨道能级上，形成自由电子或空穴的现象。对于半导体或绝缘体的内光电效应而言，光照产生了额外的载流子，会使物质的电导率发生变化，这就是光电导效应；如果材料内部存在内电场，光生载流子会在内电场的作用下分离，产生光生伏特的现象，这就是光生伏特效应。

在常规直流电阻率测井中，由于影响因素众多，测井数据复杂，很难直接研究页岩地层的各向异性。研究表明，在光场的调控下，材料的导电性质会发生变化。利用激光感生电压技术，研究页岩岩石中的光致电压现象，研究光生电压信号随层理角度、光照位置等不同因素的变化，可以实现页岩电学各向异性的实验室测量，并探究页岩的结构对光生载流子的产生及运移过程的影响。

如图 3.3 所示，在各向异性页岩岩心中测试得到了快速响应的光生电压信号，光照瞬间信号快速上升，上升时间为 3.3μs，随后信号缓慢下降，代表了载流子的缓慢复合过程。随层理角度增加，光生电压信号逐渐增强。另外，以 30° 为间隔，测试得到了不同层理角度的光生电压信号。在光照瞬间，示波器采集到的电压信号 U_p 取决于样品的光照电阻，其表达式如下所示：

$$U_p = \frac{N}{\rho_s d} = \frac{N}{\rho_0 d \cos^2\theta + \rho_{90} d \sin^2\theta} = \frac{N}{R_0 \cos^2\theta + R_{90}\sin^2\theta} = \frac{1}{\dfrac{\cos^2\theta}{U_0} + \dfrac{\sin^2\theta}{U_{90}}}$$

式中，d 为两电极的间距；ρ_s、ρ_0、ρ_{90} 分别是页岩整体、平行层理面、垂直层理面的电阻率；θ 为层理夹角；N 为光生电压；R_0、R_{90} 分别是页岩平行层理面、垂直层理面的电阻；U_0 及 U_{90} 是垂直和平行层理面角度的光生电压幅值。

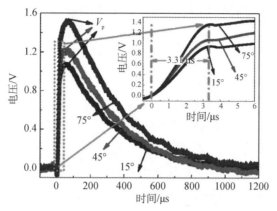

图 3.3   页岩岩心中的光生电压信号[6]

可以看出，样品中的光生电压信号取决于沿层理方向及垂直层理方向的样品电阻，通过测试在这两个方向上的光生电压信号，可以得到光生电压峰值 U_p 随角度的变化规律，如图 3.4 所示。在图 3.5 中，利用双指数模型对样品的光生电压信号进行拟合，结果表明，不同层理角的光生载流子的运移过程可以根据载流子在垂直和平行层理方向的运移过程进行复合，其中，载流子在平行层理方向的运移为快过程，信号下降较快，在垂直层理方向的运移为慢过程，信号下降较慢。快慢过程的系数符合三角函数关系(图 3.6)。

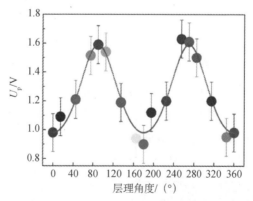

图 3.4   光生电压信号峰值随层理角度变化的规律[6]

虚线为计算值，点为测试值

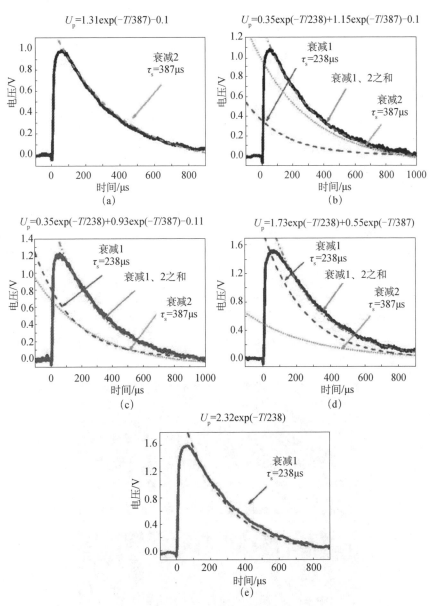

图 3.5　载流子复合过程的指数模型拟合[6]

T 为响应时间

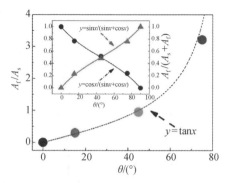

图 3.6　双指数模型中快过程系数 A_f、慢过程系数 A_s 的三角函数关系对比[6]

x 为拟合函数的自变量

此外，页岩地层存在有机质碳化现象，极高成熟度富有机质页岩会出现低电阻率和井下超低电阻率响应特征。研究证实，在烃源岩的热演化进程中，随着热成熟度升高，有机质首先降解为干酪根，干酪根在随后的变化过程中产出挥发性不断增强、氢含量不断增加、分子量逐渐变小的碳氢化合物，最后形成甲烷气。随着温度的增加，干酪根不断发生变化，其化学成分也随之改变，逐渐转变成低氢量的碳质残余物，并最终转化为石墨(即碳化)。石墨为导电性极强的矿物，呈分散状、层状或条带状分布的有机质经严重碳化后具有较强的导电性。黑色页岩的表面形貌如图 3.7 所示。

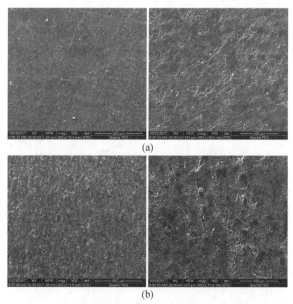

图 3.7　黑色页岩不同切片角度的 SEM 图像

(a)平行页岩层理；(b)垂直页岩层理

　　三个倾角下的样品中的光生电压信号具有明显的各向异性特征，信号的幅值及响应时间都有所区别，其中，信号幅值随角度的增加而减小，而信号的响应时间随角度的增加而增大，这是由于不同倾角的样品表面具有不同的电阻，沿层理方向电阻较小，光生电压信号强，响应时间短；而垂直层理方向电阻较大，规律相反(图 3.8)。

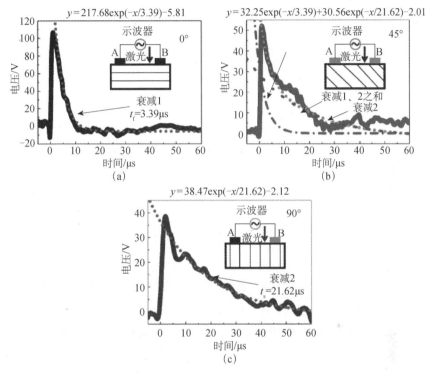

图 3.8　黑色页岩中的横向激光感生电压效应[7]

　　根据丹倍效应，由于电子与空穴的有效质量不同，在介质中的运移速率有所差异，所以在电极处聚集的载流子数目不等，在靠近电极位置处两者差异较大，在中间位置两者的差异最小。因此，随光照位置的不同，样品中会出现不同大小的光生电压效应，称为位置效应。通常情况下，光生电压随位置变化呈线性关系。但是在页岩样品中，层理面的存在增大了层理面两侧的电阻，在靠近层理面处的孔隙度增大、裂缝增多，这都削弱了样品中的丹倍效应，导致在连接处两侧的变化规律不相等(图 3.9 和图 3.10)。

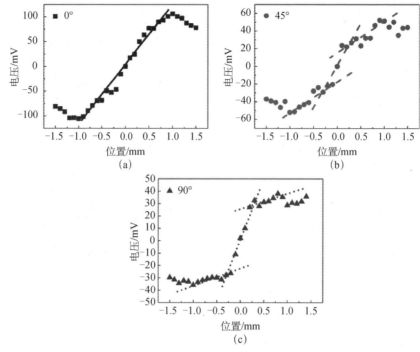

图 3.9　不同倾角样品切片中的横向光伏效应 [7]

综上所述，页岩的各向异性对油气勘探具有重要的影响，影响着页岩油气的勘探和开发。随着非常规油气钻井深度的增加，油气资源的开发难度越来越大。光学方法不受地磁、地热干扰，适用于非常规油气的勘探开发。激光感生电压效应对材料结构较为敏感，在页岩各向异性的研究中有较好的应用前景。

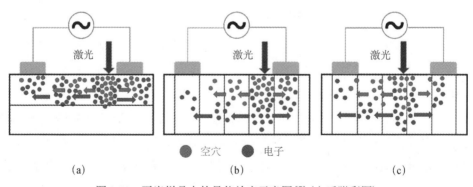

图 3.10　页岩样品中的丹倍效应示意图 [7]（文后附彩图）

（二）页岩岩心各向异性的全光学探测

利用换能器激发、接收超声波是常用的岩石各向异性的检测方法。本实验所采用的全光学激光超声技术具有非接触测量、对待测样品表面形状和环境没有特殊要求等优点，因此利用该技术对页岩、砂岩等材料的各向异性进行检测，可以更加全面地分析材料的生长特点与层理结构，对钻井勘探等提供更翔实的实验数据。

从外貌来看，页岩样品可分为两类，一类是通过肉眼可分辨出页岩的层理方向，这种页岩多数是由不同黏土经过长时间的沉积而形成的，纹理比较明显，如图 3.11(a) 所示；另一类如图 3.11(b) 所示，无法通过肉眼分辨其层理方向，主要原因是受内部有机物的影响而变为黑色，这种页岩较为多见。

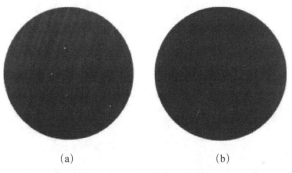

(a)　　　　　　　　　　(b)

图 3.11　页岩样品外貌图

(a)可见层理；(b)不可见层理

图 3.12 是 7 个页岩岩心样品的检测结果。样品 C、D 来自区域一，采样深度分别为 3325.40m 和 3313.09m，均为横向取心；样品 E、F 来自区域二，采样深度分别为 1611.35m 和 3220.15m，均为横向取心；样品 G、H 来自区域三，采样深度为 2317m，均为横向取心；样品 I 来自区域一，采样深度为 3332.43m，为纵向取心。所有页岩岩心样品均加工为直径 25mm、高度 50mm 的圆柱形。

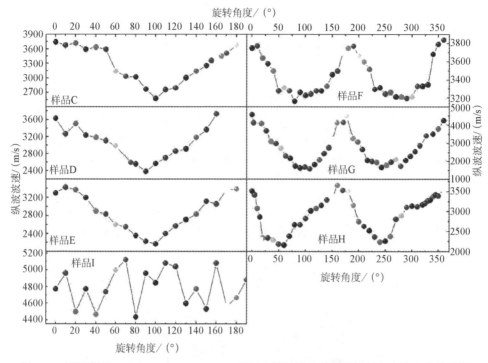

图 3.12　页岩样品 C、D、E、F、G、H、I 的超声纵波波速随样品旋转角度的变化关系[8]

随着样品由 0 到 180°的旋转，通过样品 C 的超声波波速由 3800m/s 减小到 2500m/s，再回升到 3800m/s。根据模拟页岩样品的检测结果(层理方向和检测方向相同时波速最大，层理方向和检测方向垂直时波速最小)可推断，波速为 3800m/s 时对应的检测方向是页岩的层理方向，而波速极小值(2500m/s)对应的方向是与页岩层理垂直的方向。实验结果并没有完全关于垂直层理方向对称，这是由于实际的页岩层理并不是严格平行排列的，其内部缺陷及有机物的分布会引起一定的波速变化。样品 D 和 E 的 180°旋转测试也具有相似的变化趋势。随着样品由 0 到 180°的旋转，通过样品 D 的超声波波速由 3650m/s 减小到 2380m/s，再回升到 3700m/s；通过样品 E 的超声波波速由 3400m/s 减小到 2100m/s，再回升到 3400m/s。由于样品 C、D 来自同一区域，且采样深度差异不大，因此两者的超声波波速的变化范围相近。样品 E 来自另一区域，其超声波波速与样品 C、D 相差较大，反映了样本的区域差异。

为了更全面地反映圆柱形样品的各向异性分布，对样品 F、G、H 进行了旋转 360°的各向异性检测。随着样品由 0→90°→180°→270°→360°旋转，通过样品 F、G、H 的超声波波速变化规律分别为 3750m/s→3150m/s→3750m/s→3150m/s→3750m/s、4500m/s→1600m/s→4500m/s→1600m/s→4500m/s 及 3550m/s→2150m/s→

3550m/s→2150m/s→3550m/s。超声波波速近似以正弦规律呈周期性变化，360°的旋转测试结果可以看作180°旋转测试结果的周期性重复，反映了岩心样本致密规则的层状结构。由图3.12可以看出同样条件下通过样品C、D、E、F、G、H的超声波波速是不相同的，这与页岩本身的材质差异有关。对于同样材质的页岩，疏松材质内部会有更多的空气，增加了超声波的透过时间，因此致密材质的波速要大于疏松材质的波速。相同条件下，通过不同样品的超声波波速差异是不同的，说明不同页岩的各向异性强度是不同的。其中样品G的超声波波速差异最大，平行层理方向的极大波速与垂直层理方向的极小波速相差了2900m/s，表明其各向异性强度最大。因此通过比较纵波的差异可以判断页岩各向异性强度的不同，对页岩的开采具有一定的指导意义。对于各向异性强度较大的页岩储层，垂直层理方向和平行层理方向的开采难度会有很大区别，这也是页岩开采中很重视其各向异性的原因之一。

样品I是纵向取心，即页岩层理面法线与圆柱轴线平行，因此其360°旋转超声检测结果并未显示出各向异性的特点，如图3.12所示，超声波波速在同一层理面内可认为是各向同性的，波速在4800m/s附近波动，波动范围小于200m/s。为了进一步检验这一结论，选择各向异性强度最大的样品G，在其50mm的高度上每隔10mm选择一个平面，共选择4个平面进行360°旋转测试，如图3.13(a)所示。由图3.13(b)可以看出4个平面上的超声波波速随层理角度的正弦变化关系曲线几乎是重合的。这一结果不仅验证了岩心样本致密规则的层状排列，也反映了样本的纵向各向同性。

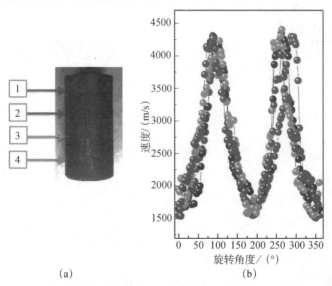

(a)　　　　　　　　　　　　　　(b)

图3.13　页岩样品G的纵向各向同性测试示意图(a)与测试结果(b)[8]

(a)中数字1，2，3，4表示4个平面位置

砂岩由石英颗粒形成，是石英、长石等碎屑成分占 50% 以上的沉积碎屑岩，是构成石油、天然气和地下水的主要储集层。由于各向异性的研究多集中于页岩等层理结构较明显的岩石，对砂岩的各向异性研究相对较少，因此本实验仅对人工砂岩和实地采样砂岩进行对比研究。

砂岩样品 J 为人工砂岩，样品 K 为实地采样砂岩。两种样品均加工成直径 25mm、高度 50mm 的圆柱形。采用同样的全光学方法对砂岩样品进行各向异性检测，检测结果如图 3.14 所示。样品 J 的超声波波速约为 2800m/s，没有明显的各向异性，其原因与样品的制作过程有关。样品 J 是将天然砂岩粉碎成细砂石粉，再添加多种胶凝材料复合制成的，因此它在各个方向上表现为各向同性。

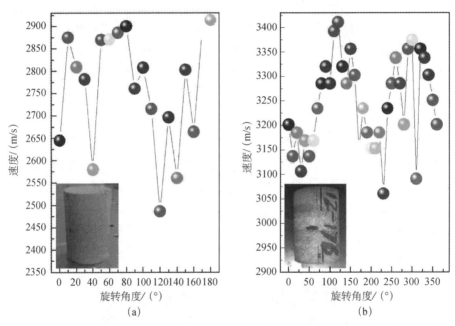

图 3.14　人工砂岩 J (a) 与实地采样砂岩 K (b) 的超声纵波波速随样品旋转角度的变化关系[8]

样品 K 的纵波波速呈现出与页岩相似的特性，波速呈周期性变化，极大值为 3400m/s，极小值为 3100m/s，波速差异为 300m/s。相较于页岩的各向异性，砂岩的各向异性强度较弱，这与砂岩的形成材质和形成过程有关。研究表明，石英颗粒和裂隙的定向排列是引起砂岩各向异性的主要原因。干燥砂岩表现出一定的各向异性，随着压力的增大，砂岩的各向异性强度逐渐降低，因此在压力较高的储层条件下可以不考虑砂岩的各向异性。

综上所述，利用全光学方法对页岩各向异性的检测结果与页岩的层理结构吻合得很好。激光激发的超声纵波沿页岩层理面传播时速度最大，垂直页岩层理面传播时速度最小，超声波波速关于岩石的层理方向是以正弦规律对称分布的，根据这一结果可以对页岩的各向异性方向进行判定，并借助在页岩中传播的超声波波速了解页岩的致密度及各向异性强度，对页岩储层的开采具有直接指导意义。该方法也同样适用于其他岩石的各向异性检测。

由于采用了非接触的激发与接收装置，全光学方法对岩石本身没有破坏作用，属于无损检测；对样品的形状和大小没有特殊要求；采样密度高，样品测试间距可控制在 1mm；对测试环境没有特殊要求，可应用于高温高压等恶劣环境下的实时检测。利用全光学方法不仅可以快速了解岩石的纵波速度分布，并结合其他方法测出岩石的横波速度，还可进一步测定岩石的相关力学参数。例如，利用纵波速度与横波速度计算岩石的动态弹性模量 E_d 与泊松比 ν_d：

$$E_d = \frac{\rho V_s^2 (3V_p^2 - 4V_s^2)}{V_p^2 - V_s^2}$$

$$\nu_d = \frac{V_p^2 - 2V_s^2}{2(V_p^2 - V_s^2)}$$

式中，ρ 为岩石的密度；V_p 为纵波速度；V_s 为横波速度。

二、实验目的

(1) 了解岩石的各向异性和各向同性。

(2) 基于激光感生电压方法，对页岩中的电阻各向异性及其影响因素进行分析。

(3) 利用全光学激光超声检测方法对页岩层理结构进行检测与表征。

三、实验设备及实验材料

(1) KrF 脉冲激光器 1 台（波长 248.6nm）。

(2) Tekronix DOP4032 数字示波器 1 台。

(3) Keithley 2400 数字源表 1 台。

(4) 激光超声检测系统。

(5) 360°旋转位移台、圆形样品池。

(6)电烙铁 1 个，砂纸若干。

(7)光学狭缝 1 个。

(8)银胶电极及铜丝导线若干。

(9)模拟页岩样品、页岩岩心样品、人工砂岩样品。

(10)实地采样砂岩、页岩岩心样本若干。

四、实验内容

（一）页岩岩心各向异性的激光感生电压表征

各向异性页岩岩心的激光感生电压测试方法示意图如图 3.15 所示，激光器用于发出激光作用于待测样品。示波器通过导线与实验岩石样品相连，用于接收实验岩石样品在激光辐照下所产生的电信号，当电压测试仪为示波器时，会将电信号转换为波形信号，以便于分析光电信号的典型特征。将银胶电极平行围绕岩心样品固定，电极间距 30°，引出的相邻导线依次串联连接示波器和 Keithley 2400 数字源表，顺序为：样品电极 A→示波器正极→示波器负极→Keithley 2400 数字源表正极→Keithley 2400 数字源表负极→样品电极 B。连接好电路后，将样品固定于样品台上。调整样品台位置，保证激光照射位置位于两测试电极中间。

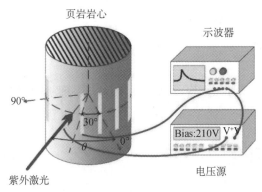

图 3.15　页岩岩心的激光感生电压测试示意图

不同层理角度页岩切片的位置效应测试示意图如图 3.16 所示，首先制备不同层理角度的页岩切片样本，分别沿垂直层理面、平行层理面及 45°斜切角度制备页岩切片，尺寸为 20mm × 10mm × 5mm。将银胶电极平行放置于切片页岩样品表面，银胶电极与切片的长边垂直，电极间距为 2mm。这样，对于 45°、90° 的页岩样品，银胶电极与页岩的层理面保持平行，引出的相邻导线直接连接示波器。连接好电路后，将样品固定于样品台上。

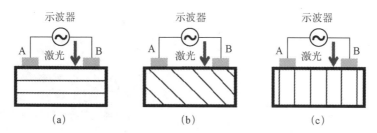

图 3.16 黑色页岩切片的位置效应测试示意图

测试前，首先利用狭缝对激光光斑进行调整，使透过狭缝的激光宽度减小为 0.5mm。利用样品架下的位移平台横向调整样品位置，使光斑位于样品电极正极外侧 2mm 左右。缓慢调整样品位置，即调整激光照射在样品上的区域向负极方向移动，将示波器中首次出现瞬态脉冲信号的光斑位置作为起始点，继续移动位移平台，每次移动 0.1mm，并记录示波器上相应的电压响应。继续移动样品位置，直至光斑移出样品上的负极，示波器上信号归零。

（二）页岩岩心各向异性的全光学探测

1. 测试方法

脉冲功率激光器产生一个一定脉宽和能量的光脉冲，经反射镜 M1、透镜及反射镜 M2 入射至试样一侧表面，其中透镜把激光束会聚成点状光源。在试样的另一侧用激光干涉仪检测试样内被激发产生的超声波，然后用数字示波器记录其位移波形并输入计算机，以便进一步处理。整套实验系统由激光干涉仪、脉冲功率激光器、三维扫描平台和系统控制集成四部分组成。用于激发超声波的激光器为 Tolar 1053，能以 1kHz 以上的频率产生 10～20mJ 的单脉冲能量。超声波的接收与检测采用激光干涉仪 Tempo 2D，其具有高灵敏度及高信噪比等优点。用于记录超声波信号的示波器带宽为 100MHz，输入阻抗为 1MΩ。

待测样品均加工成直径为 25mm 的圆柱体，置于激光光源与干涉仪之间直径为 25mm 的圆形样品池中，如图 3.17 所示，整个样品池固定在一个可进行 360°旋转的旋转台上。测试时，将激发光与探测光调整在同一水平线上，聚焦于圆柱形样品表面且均通过圆柱的中心轴线。由于样品是圆柱形且安置在旋转台上，因此测试时可以根据需要进行 0°～360° 任意角度的测量。相较于传统的换能器检测技术，全光学方法由于是非接触测量，因此对样品的形状、大小没有特别的要求，对页岩各向异性进行检测时，对检测方向的控制更加灵活，在 0°～360° 可以对任意方向的超声波波速进行检测。

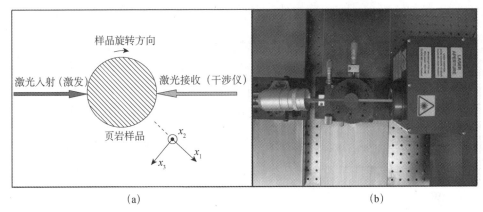

(a)　　　　　　　　　　　　　　(b)

图 3.17　各向异性测试原理图 (a) 与装置图 (b)

2. 测试内容

模拟样品是层状结构的粗布胶木或细布胶木，采用上述全光学方法对其各向异性进行检测。将样品直接放置在旋转台上进行 360° 旋转测量。测量时由平行层理方向［即图 3.17 (a) 中 x_1 方向与光束方向的夹角为 0°］开始每隔 5° 进行一次超声纵波的测量。作图描述纵波波速随样品旋转角度的变化关系，并计算纵波在样品中的传播速率。

砂岩由石英颗粒形成，是石英、长石等碎屑成分占 50% 以上的沉积碎屑岩，是构成石油、天然气和地下水的主要储集层。由于各向异性的研究多集中于页岩等层理结构较明显的岩石，对砂岩的各向异性研究相对较少，因此本实验仅对人工砂岩和实地采样砂岩进行对比研究。采用同样的全光学方法对两种砂岩样品进行 360° 各向异性检测，作图描述纵波波速随样品旋转角度的变化关系，并计算纵波在样品中的传播速率。

记录页岩岩心的采样地区、采样深度及样品直径、高度等实验条件。将样品放置在圆形样品池中，进行 360° 旋转测量。作图描述纵波波速随样品旋转角度的变化关系，并计算纵波在样品中的传播速率，通过实验结果标出样品的层理方向。

补充实验：激光超声实验仪的运行与优化

一、激光超声实验仪的运行

（一）开启系统

激光超声全套设备由以下几部分组成：Tempo 2D 干涉仪、1053nm 激光器（Tolar1053）、示波器、计算机、电机。在开机前要先检查仪器各部件是否正常。

1. 激光器 Tolar1053 开机过程

1）检查与仪器相连的各个接线是否正常，有无松动

严格意义上讲，应检查以下全部内容：①实验室应达到一定卫生及温度、湿度要求；②供电正常（220V-10A），有地线；③戴好防护镜；④附近没有可能被激光引燃或损坏的物品；⑤打开警示灯（防止他人误入激光工作区域！）。

2）准备开启恒温系统

(1)检查：①水冷机液位正常，供电是否 220V；②水管无渗漏，无扭折（以免阻碍水流）；③水温设定在 22℃。

(2)开启恒温系统（水循环）：将恒温系统后面板的拨动开关往上，指示"On"。

(3)恒温系统开启后，检查：①恒温控制正常工作，水温在设定温度附近波动（小红灯亮表示制冷，为正常）；②系统运行的声音正常，无异响。

(4)约 10min 后，恒温系统水温应达到设定温度（22℃）并稳定在此温度（否则为不正常）（等待的时间内，可先开启 Tempo 2D 干涉仪）。

仪器检查见示意图 3.18。

图 3.18　仪器检查示意图

3）开启声光电源

(1)检查。

①电路连接牢固。

②激光器出光口关闭，出射光路内无人和敏感仪器，无异常反射面。

③激光光路及元件设置合理，激光器出口与干涉仪镜头间有阻挡物，以避免激光直射、入射或被反射回干涉仪（激光能量很大，会损坏干涉仪）。

④激光器已经开启水循环，且温度稳定在设定温度22℃。

⑤前面板上所有开关均在"Off"状态［二极管驱动电源（红色开关）及声光电源开关（钥匙扭动开关）］。

⑥无故障自动报警处在拔出的状态（前面板上右上角最大的红色按钮）。

⑦光闸均处在关闭状态（即前面板上两个绿色按键均处在弹起状态：光闸共有两个，一个是He-Ne参考激光的光闸，按下有He-Ne激光出射，弹起则无He-Ne激光出射，He-Ne激光与1053nm工作激光同轴，用来检查及调节光路，对皮肤无损害，但不能直视；另一个是1053nm工作激光的光闸，按下后有工作激光出射，此时非常危险，一定要小心！弹起则无工作激光出射。为安全起见，只有在进行测试时再开启工作激光的光闸，测试结束后，马上关闭光闸。另外在光路中一定要避免工作激光的异常反射，以免人员或物品受到损伤！）。

(2)开启后面板的激光集成电源（后面板黑色电源插座旁红色切换开关）。

(3)开启前面板的声光电源开关（钥匙开关）。

(4)开启前面板左下角的二极管驱动电源（红色开关）。

此时初始电流已设定为10A（如未设定，则须手动设定10A，然后按"Enter"键），按下小键盘上的"Start"键，电流将在10s内自动加到10A，此时水温会有所上升，等待约5min，等水温稳定在22℃时，再增加电流到13A（按小键盘上的上下箭头进行电流的升降操作，如果要使电流上升，直接按向上的箭头，达到所需电流值即可；如果要使电流下降，按向下的箭头，达到所选电流值后，按"Enter"键确认，此时会看到电流显示窗的电流由当前示值下降到所选电流值）。

(5)设定激光频率及脉冲个数。

激光频率及脉冲个数需要在小窗口下进行设置（触摸操作：单击P-RUN串脉冲或C-RUN连续脉冲工作模式，再次单击停止该工作模式；单击SET，按动四个方向键设置脉冲频率和脉冲串个数，再次单击完成设置）或在小窗口下触摸选择"Remote"状态，然后在软件对话框中进行设置：在软件对话框中选择"激光器"-"联机"。联机成功后,即可在相应位置进行设置(联机后,如遇紧急情况,按声光电源急停按钮;按联机断开,切断计算机控制,返回声光电源手动控制)。声光电源示意图见图3.19。

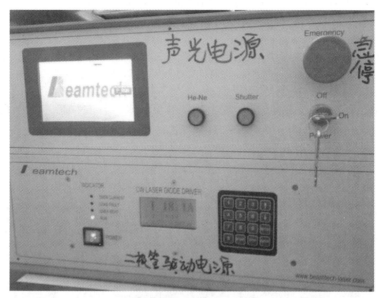

图3.19　声光电源示意图

以下情况激光器会启动自动保护:①制却水路致冷效果差(水量不够、水泵故障、水管阻塞),系统内流量开关自动反应,关闭系统对激光器的供电,同时蜂鸣报警;②激光器箱盖打开后,光闸会变成关闭状态,停止出射激光;③激光器的电路出现断路、过载等常规故障,电源系统会自动关闭。

遇下列紧急状况,按急停按钮,然后关断集成电源后部的总电源开关:①激光功率显示大幅度跳动;②系统发出非正常的刺耳的声音;③冷却系统不能正常工作;④漏电或电打火。

严格禁止如下使用:①水箱水量不够的情况下,开启水泵;②在冷却水水质不符合标准的情况下,运行水冷系统;③在水循环系统未正确运行的情况下,开启电源;④激光器在高于额定输出功率的情况下工作。

说明:①原则上,水需要3个月换一次,要用蒸馏水(无杂质离子);②激光最大输出能量为20mJ,调节能量时,不可超过20mJ,最好在18mJ以下;最大脉冲个数为300。

（二）Tempo 2D 干涉仪开机及相关设置

1）使用前检查

(1)所有连线正常：激光线缆、控制线缆、电源线缆。

(2)查看 Interlock 是否插上。

(3)所有开关均在"Off"状态。

2）开机

(1)打开电源开关，等待 30s。

(2)将控制箱(白色箱子)前面板上的钥匙旋转到打开的状态，此时 Enable 指示灯将闪烁，Tempo 2D 有光出射，将光强调成最小。

(3)激光器将在旋转钥匙 30min 后达到稳定状态(在此期间可进行其他调节)。Tempo 2D 干涉仪面板示意图见图 3.20。

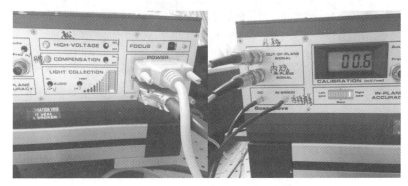

图 3.20　Tempo 2D 干涉仪面板示意图

3）仪器调节

(1)将参考光调到最弱，调节探测光，使探测光与参考光的焦点在同一条直线上(用纸配合观察)。

(2)放置样品，使样品的两个侧面分别在两个焦点上。

(3)探测光(1053nm 激光)不能直接入射到 Tempo 2D 内，否则会损坏仪器。因此在调节过程中一定要用不透明物体将激光与参考光分隔、挡光。如果是透明样品，须用铜膜或铝膜贴在样品上起到挡光作用。当样品表面透射率不高时，也可贴铜膜或铝膜增加透射率。一般而言，铜膜做激发好，铝膜做检测好。

(4)将参考光调到最弱，适当旋转样品，使其反射后的散射光垂直返回干涉仪，即干涉仪参考光的出射点与反射点重合(尽量重合，可用一张纸观察两个光点，配合调节)，即散射光全部被吸收。

(5)在进行第4步的调节时，同时观察后面板。先调节"LIGHT COLLECTION"，打在"LOW"的位置上，弱光下先使散射光的吸收达到4格左右，再将参考光强慢慢调到最大，使散射光的接收达到满格。然后将"LIGHT COLLECTION"打在"HIGH"挡，调节参考光强，使散射光接收基本满格(不全满，差一格即可)。将高压打开，左侧窗口的灵敏度达到40以上就可进行下一步测试(越接近100越好)。实验过程中，要记下灵敏度。

说明：Tempo 2D 共有 2 组镜头，焦距分别为 30mm 和 100mm，焦距越短，灵敏度越高(图 3.21)。

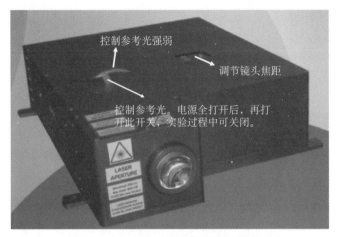

图 3.21　Tempo 2D 干涉仪调节功能说明

（三）关闭系统

1. 关闭 Tolar 1053 激光器

(1)断开 Shutter。

(2)降电流至 10A，按"Enter"键，结束后，按"STOP"键，此时"RUN"灯会灭。

(3)关掉红色"POWER"键。

(4)将钥匙旋钮关闭，等一会之后，将后面板开关关掉。

(5)关掉水循环。

(6)盖上光源盖。

2. 关闭 Tempo 2D 干涉仪

(1)所有开关均置于"Off"。

(2)关闭钥匙旋钮，等几分钟后，关掉后面板开关。

(3) 盖上光源盖。

3. 关闭其他设备

(1) 关掉所有其他开关：示波器，电机控制器。

(2) 遮盖仪器，合理防尘。

二、基本测试

超声纵波可以用来检测试样的许多基本物理特性，如材料的厚度、密度、力学性质、声学性质、内部结构如裂纹等许多重要信息。本节介绍激光超声的基本测试方法。

（一）铝板厚度的测量

将激光器激发光与激光干涉仪的探测光调整在同一水平线上，分别聚焦于样品两个侧面并且均通过薄的铝板试样的中心轴线。测试结果如图 3.22 所示，箭头所指的 4.43μs 是激光延时信号，以此点作为零点开始计时，到第一个信号峰（纵波信号）所用的时间就是超声波通过样品的时间，因此超声纵波通过铝板所用时间为 1.09μs。已知超声纵波通过铝质材料的传播波速为 4587.20m/s，通过计算可知薄铝板的厚度大约为 5mm。

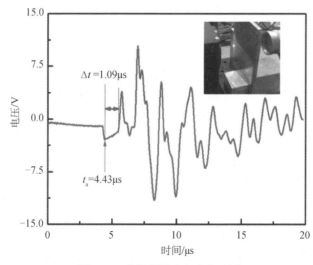

图 3.22　薄铝板激光超声信号图

（二）长方胶木厚度的测量

图 3.23 是长方胶木的激光超声信号图。由图可知，超声纵波通过长方胶木的时间为 15.50μs，超声纵波通过长方胶木速度为 3329.02m/s，可计算得到长方胶木的厚度为 51.60mm。利用同样的方法，也可以测量超声纵波在未知材料中的传播速度。以此长方胶木为例，其厚度 51.60mm 可以用游标卡尺测出，根据超声纵波通过长方胶木的时间 15.50μs，可以计算出超声纵波通过长方胶木速度为 3329.02m/s。

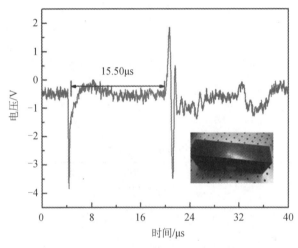

图 3.23　长方胶木的激光超声信号图

（三）圆柱形粗布胶木各向异性的测量

样品 A 是直径为 70mm 的圆柱形粗布胶木，将其直接放置在旋转台上进行 180°旋转测量。测量时由平行层理的方向(即图 3.24(a)中 x_1 方向与光束方向的夹角为 0)开始每隔 5°进行一次超声纵波的测量，逐步旋转到 x_1 方向与光束方向的夹角为 90°，再旋转到另一侧 x_1 方向与光束方向的夹角为 180°的位置。

图 3.24(a)是相应的实验结果瀑布图，该图显示出样品在 0～180°超声波波速的分布特点。图 3.24(b)描绘了纵波波速随样品旋转角度的变化关系，可以看出超声波波速在样品中是按正弦规律分布的。超声纵波在平行层理方向上的传播速度最快，在垂直层理方向上的传播速度最慢。由于传播路径相等，都是圆柱体

的直径，根据 $V=D/t$ 可计算出纵波在样品中的传播速率在 2700～3510m/s。

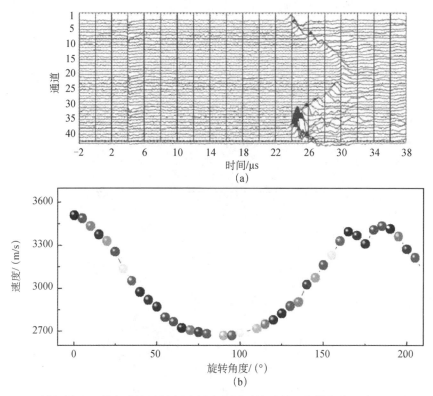

图 3.24　模拟样品 A 的实验结果瀑布图(a)与纵波波速随样品旋转角度的变化关系(b)[8]

（四）圆柱形细布胶木各向异性的测量

样品 B 是直径为 25mm 的层状结构细布胶木。为了进一步验证超声波波速在层理结构的样品中的正弦分布，对样品 B 进行 360° 旋转测量。瀑布图 3.25(a)显示出一个完整周期的正弦图形，波速随入射角度的变化关系图［图 3.25(b)］很清晰地反映了这一特点。模拟样品 B 的实验结果表明，超声波波速在平行层理的方向上穿过的介质单一且阻碍最小，传播速度最快(2800m/s)；在垂直层理方向上穿过的层理面的次数最多，传播速度最慢(2300m/s)。其他方向的波速随着层理面的旋转呈正弦规律变化，波速从平行层理方向到垂直层理方向慢慢减小，从垂直层理方向到平行层理方向又慢慢增加，周而复始。

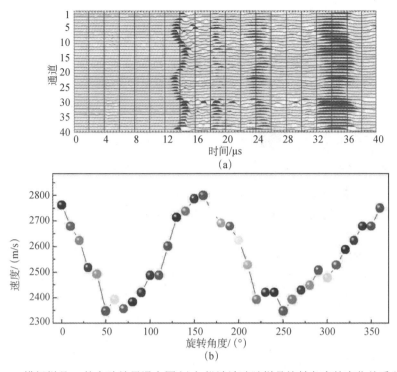

图 3.25　模拟样品 B 的实验结果瀑布图(a)与纵波波速随样品旋转角度的变化关系(b)[8]

三、实验内容

1）练习正确开机

2）实验样品厚度的测试

(1)将待测试样的激发面贴铜膜，接收面贴铝膜。将试样平稳放置在激励光源和接收光源之间(注意：此时激光与参考光均处于关闭状态)。

(2)打开干涉仪的参考光，并将参考光调到最弱，适当移动、旋转样品，使参考光聚焦于样品的铝膜表面，且其反射后的散射光垂直返回干涉仪，即干涉仪参考光的出射点与反射点重合(尽量重合，可用一张纸观察两个光点，配合调节)，即散射光全部被吸收。

(3)观察干涉仪后面板。先调节"LIGHT COLLECTION"，打在"LOW"的位置上，弱光下先使散射光的吸收达到 4 格左右，再将参考光强慢慢调到最大，使散射光的接收达到满格。然后将"LIGHT COLLECTION"打在"HIGH"挡，调节参考光强，使散射光接收基本满格(不全满，差一格即可)。将高压打开，左侧窗口的灵敏度达到 40 以上就可进行下一步测试(越接近 100 越好，实际数值与样品有关，最佳值应根据当时的实验条件决定)。实验过程中，要记下灵敏度。

(4)打开激光器的 He-Ne 激光(注意：不是 1053nm 工作激光)，调节光源与试样之间的距离，使激光聚焦于样品铜膜表面。测量厚度时，应调节激光的入射位置，使激光与干涉仪的参考光尽量同轴，即激励点与接收点所成直线垂直于试样。

(5)打开 1053nm 工作激光(注意：工作激光一定不能进入干涉仪，中间一定要有足够大的遮挡物，如果样品不够大，则要辅以其他物品挡光)。选择合适的工作电流(由低到高缓慢调试，选择最合适的激励电流)，调节示波器，记录超声波信号。

(6)分析实验结果，计算样品厚度。

(7)用可测厚度的未知材料进行同样的测试，计算超声纵波在此材料中的传播速度。

3) 正确关机

实验四 基于激光超声技术的油页岩热解过程检测

一、研究背景及进展

在油气资源开发利用中，油页岩热解是获取页岩油、半焦的主要途径。油页岩的热解包括脱水干燥、有机质裂解、矿物质分解等复杂的串行和并行反应，是一系列物理变化、化学反应的复杂过程。国内外很多研究人员对油页岩的热解过程进行了大量、深入的研究，具体集中在产物的形成过程、热解动力学这两方面。油页岩热解动力学是通过研究化学反应速率、影响因素、反应机制等给实际工艺选择提供理论支撑。例如，油页岩在高温下分解产生页岩油的过程中，其质量会随热解时间发生变化，通过测量油页岩质量的变化可以了解热解反应的进程以及判别油页岩所处的反应状态。此外，一些间接方法，如测井、XRD、核磁共振及光谱分析等技术，也往往用于研究油页岩的热解过程。其中测井方法用来模拟预测油页岩的含油率，XRD、核磁共振、光谱分析等方法用来分析有机质分子官能团的热解动力学参数。

激光超声检测系统采用全光学方法激发、接收超声波，与传统压电换能器相比，具有测量精度高、空间和时间分辨率高等优点，可以实现快速、全方位、非接触扫描测量，适用于各种恶劣环境下的非接触检测。通过研究热解过程中超声波波速的变化，可实现激光超声对油页岩热解过程的表征。

（一）油页岩热解过程的检测

常温下超声纵波在三地区油页岩样品中的传播波形图如图 4.1 所示。水平箭头所指的竖直线是激光延时时间线，该延时时间 t_1 为 4.43μs，竖短线所指位置为波形起跳点，所对应时间为 t_2，t_2 与 t_1 之差 Δt 为纵波在油页岩样品中的传播时间。纵波在巴里坤、窑街和龙口三地区油页岩样品的传播时间分别为 0.69μs、0.89μs 和 1.62μs。可以得出纵波在巴里坤、窑街和龙口三地区油页岩样品中的传播速率 V 分别为 2667m/s、2494m/s 和 2037m/s。

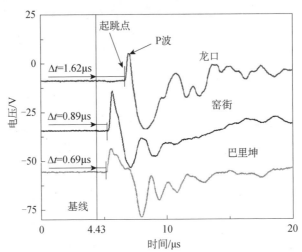

图 4.1　常温下油页岩中超声纵波的传播波形图[9]

　　图 4.2 是巴里坤、窑街、龙口三地区样品分别在 20℃、120℃、300℃、360℃、390℃、470℃、520℃ 和 570℃ 的激光超声检测结果。以巴里坤油页岩样品为例，从图 4.2(a) 中可知超声纵波的传播时间 Δt 分别为 0.69μs、0.68μs、0.69μs、1.21μs、1.29μs、1.61μs、2.21μs 和 2.25μs，相应的纵波波速分别为 2667m/s、2705m/s、2667m/s、1521m/s、1426m/s、1143m/s、832m/s 和 818m/s。由此可见，随着热解温度的升高，超声纵波波速在减小，其他两个样品也呈现出相同的规律。图 4.2(d) 是三个样品超声波的传播速率与热解温度的变化关系图，从图中看出超声纵波波速随热解温度的变化呈现出三个阶段，从室温开始至 320℃ 时，样品的超声纵波波速变化很小；在 320～470℃ 时，超声波波速有一个很大的变化，例如，巴里坤样品的超声纵波波速从 2745.86m/s 骤降到 1054.95m/s；随后从 470℃ 至热解结束，样品的超声纵波波速变化又逐渐趋于平缓，速率变化量维持在 200m/s 左右。

　　图 4.3 是三地区油页岩样品质量随加热温度的变化关系，可以看出样品质量随着温度的升高不断减少。整个热解过程中，巴里坤、窑街、龙口三地区油页岩样品的质量损失大约分别为 16.5%、40.9% 和 26.7%。超声纵波波速和样品质量的变化与样品的产地、含油率及其热解过程密切相关。

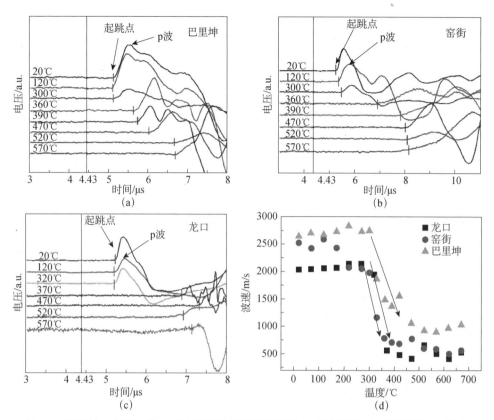

图 4.2　巴里坤、窑街、龙口三地区样品在不同热解温度下的原始超声数据图(a)、(b)和
　　　　(c)，以及三地区超声纵波波速与热解温度的关系图(d)[9]

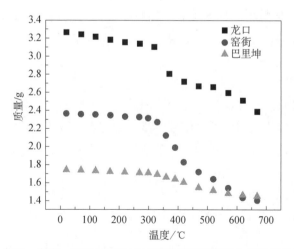

图 4.3　龙口、窑街、巴里坤三地区油页岩样品质量随热解温度的变化[9]

在 320℃以下，质量损失主要是水分的析出和蒸发及气体的产生，其中水分的析出包括油页岩孔隙内部的吸附水、结晶水及矿物层表面水的析出；气体主要由有机物质的裂解产生。另外，该阶段也会有干酪根去氧生成沥青、有机质大分子重新组合等物理变化和化学反应发生，这些反应同样会引起质量的损失。在此阶段样品本身均匀性破坏不大，所以从图 4.3 中可以看出超声波波速在一个小范围内变化，质量变化也不是很明显。

在 320~470℃，超声波波速发生很大的变化，这一阶段油页岩样品中的有机物发生分解，这是碳氢化合物主要释放的阶段。研究表明，油母质的分解主要发生在 300℃。当热解温度达到 320℃时，样品中的油母质开始裂解产生挥发性气体和页岩油，由此导致三个地区样品的质量发生明显损失，三个地区的样品在该阶段的质量损失分别为 9.3%、25.3% 和 13.3%。另外，样品内部裂缝的变化会对超声波波速产生显著影响。在室温下，油页岩内部的孔隙和微裂隙是随机无序分布的，随着热解温度的升高，这些孔隙和微裂隙的数量会逐渐增加，但不是很明显。当热解温度达到 300℃以上时，样品中的油母质开始从固体分解成液体或者气体，孔隙和微裂隙的数量会迅速增加。另外，还会发生孔隙膨胀变大和孔隙合并重新组合的现象，这些变化对油页岩样品密度和内部结构产生巨大影响，从而导致通过样品的超声波波速相应地发生巨大变化，超声波波速曲线在这一阶段发生大幅度的下降。

当热解温度超过 470℃时，油母质的热解过程基本结束，超声波波速变化不再显著，逐渐趋于平缓。在该阶段，样品中孔隙和微裂隙增加的数量很少，样品的质量损失主要是由黏土和碳酸盐矿物质裂解释放出的 CO_2 导致的。在整个热解过程中，样品的表面粗糙度和形状受高温的影响较小，但样品表面的颜色由最初的亮黑色变为灰褐色。

在热解过程中，超声波波速随样品质量分数的变化趋势如图 4.4 所示。可以看出，三地区油页岩样品的超声波波速随着质量分数的变化并没有呈现出线性关系，这说明油页岩中有机质的分解并不是引起超声波波速变化的唯一原因。在热解过程中，油页岩结构的变化，如孔隙和裂缝的产生与重组，也是引起超声波波速发生变化的一个很重要的因素。

根据超声波波速和样品质量随热解温度变化的实验结果，可以初步定义一个速率衰减（V_d）公式来评价热解过程：

$$V_d = \left(1 - \frac{V_p^2}{V_{p0}^2}\right) \times 100\%$$

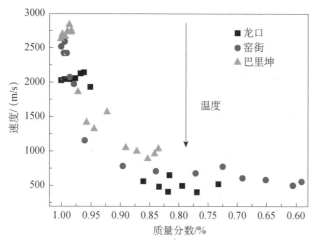

图 4.4　超声波波速随着三地区油页岩样品质量分数的变化[9]

式中，V_p 为在热解期间任意热解温度下通过样品的超声波波速；V_{p0} 为热解前通过样品的超声波波速。根据此公式计算巴里坤、窑街、龙口三个地区样品的波速衰减随热解温度的变化，关系曲线如图 4.5 所示。计算结果显示热解过程中样品的速率衰减随热解温度变化明显分为三个阶段，且与前边的实验结果相对应。根据该特征可以利用波速衰减变化来表征油页岩的热解过程。当速率衰减值达到 10% 时，可以认为油页岩开始发生热解；当波速衰减值大于 90% 时，可以认为热解结束。

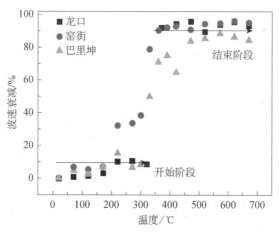

图 4.5　龙口、窑街、巴里坤油页岩样品波速衰减随热解温度的变化[9]

上述油页岩热解过程的全光学激光超声检测结果表明，激光超声纵波波速与油页岩的热解温度密切相关。根据超声纵波在油页岩中的传播速率规律可以将油页岩的热解过程分为三个阶段：第一阶段为热解初期，超声波波速变化较小；第二阶段为主要热解阶段（320～470℃），超声波波速变化迅速；第三阶段为热解后期（470～600℃），有机质分解基本结束，超声波波速变化再次变小。

（二）油页岩半焦样品的检测

热解因素对油页岩整个热分解过程、产物析出和产物再加工利用具有重要影响，这些因素主要包括油页岩本身的一些性质和热解实验条件。油页岩的性质主要包括有机质的组成、无机物的成分、密度和粒径，热解实验条件主要包括热解终温、升温速率、热解载气、压力、加热时间等。油页岩粒度越小越能被快速加热到反应温度，这样可以有效节省加热时间。油页岩中无机物的裂解速率和粒径成反比，颗粒粒径越小，油页岩出油率反而会降低，因为重质脂肪烃的分解反应程度是随着粒径减小而增大的，这样导致出油率降低、产气率增大。油页岩中无机矿物质会对有机质的分解产生影响，有实验证明黏土矿物中的蒙脱石等会吸附油母质分解生成的沥青，还有些无机矿物质会促进有机质的热解。

工业上一般会根据油页岩的矿物性质来选择合适的热解工艺，以达到最佳产出。热解的最终加热温度是影响热解过程的主要因素之一，油页岩中油母质的分解率、生成物的进一步反应和焦油的产出率都与其密切相关。油页岩热失重的实验结果表明在300～600℃时，油页岩会分解生成油和气态产物。另外，随热解温度升高，二次热解反应加剧，部分产物分解，出油率会因为焦化反应和气相裂解反应而降低。在热解过程中，合适的加热速度能够提高热解反应的转化效率，改善反应产物的组成。提高升温速率，会使供热增加，导致反应速率加快，这样可以减少热解沥青被无机物吸收；另外，反应速率加快后，会加快沥青热解，增加油、气产出，相对缩短了油、气的驻留时间，减少了油、气二次裂解，增加了最终产量。但是，升温速率太高会进一步提高热载体的温度，使从油页岩释放出来的产物进一步裂化，出油率反而下降。在热解实验中，热解气氛可将生成的油、气迅速吹扫出反应器，有助于提高出油率。在二氧化碳气氛下油页岩热解的失重量会比氮气气氛下的高，而水蒸气气氛下出油率比氮气气氛下的高。氢气气氛既可以使所得焦油等产物轻质化，也能促进反应。油页岩热解中，压力对油母质的分解具有阻碍影响，会使反应产物有明显的结焦现象出现。

通气速率（V）、升温速率（β）、热解终温（T）这三个因素通常对热解的影响较大。以山东龙口油页岩热解为例，图4.6是油页岩的出油率与控制条件的变化关系。当热解终温T从400℃升至460℃时，出油率从6.03%快速升高到14.29%，

T 继续从 460℃升至 550℃时，出油率则缓慢从 14.29%升到 17.46%；当升温速率 β 从 5℃/min 升高到 15℃/min 时，出油率从 14.45%升高到 17.46%，而当 β 继续从 15℃/min 升高到 25℃/min 时，出油率反而从 17.46%降低到 13.95%；通气速率 V 从 0 升高到 0.6L/min 时，出油率从 14.16%升高到 17.46%，而当 V 从 0.6L/min 升高到 1.0L/min 时，出油率从 17.46%降低到 16.14%。由此可见，热解终温 T、升温速率 β、通气速率 V 这三个参数确实影响了油页岩样品的出油率。因此，实验室或工业上进行油页岩热解时选择最佳的热解条件是至关重要的。

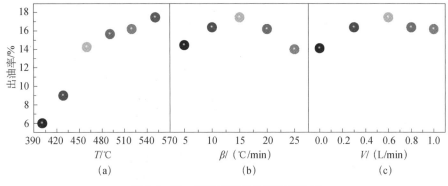

图 4.6　单一变量控制条件下的出油率

(a) T 从 400℃升到 550℃，V=0.6L/min，β=15℃/min；(b) β 从 5℃/min 升到 25℃/min，V=0.6L/min，T=550℃；
(c) V 从 0 升到 1.0L/min，β=15℃/min，T=550℃

图 4.7 是选取热解终温 T 作为变量条件下的检测结果，图中的激光超声波形依次对应 400℃、430℃、460℃、490℃、520℃及 550℃这六个不同的热解终温，相应的半焦样品厚度 d 依次为 1.60mm、1.59mm、1.63mm、1.59mm、1.72mm 及 2.01mm。由图可知，纵波在半焦样品内的传播时间 t 分别为 1.012μs、1.257μs、1.129μs、1.331μs、2.330μs 及 3.576μs。因此，通过样品的纵波波速分别为 1581.8、1265.1m/s、1496.7m/s、1194.6m/s、738.1m/s 及 562.1m/s。由此可以得出，不同热解终温 T 下得到的油页岩半焦样品，其内部的纵波波速也不相同，即通过样品的纵波波速会受到热解条件的影响。

为了进一步分析热解终温与纵波波速、出油率之间的关系，将该组试样的热解终温、纵波波速及出油率绘制为图 4.8，得到纵波波速、出油率与热解终温的变化关系图。由图可以看出随着热解终温的升高，超声纵波波速呈现出不断减小的变化趋势，热解终温越高，纵波波速越小。但是出油率的变化趋势则相反，随着热解终温的升高，出油率逐渐增大。实验表明，油页岩中油母质的分解率、生成物的进一步反应和出油率与 T 密切相关。另外，热解产物的进一步分解反应

也和 T 有关。在所选样品中，当热解终温达到 550℃ 时，出油率达到最大值 17.46%，而所测纵波波速为最小值 562.1m/s。油页岩出油率与纵波波速近似成反比，因此可以利用纵波波速来定性表征油页岩在热解过程中的出油率，也可以用纵波波速的变化趋势初步寻找油页岩的最佳出油温度值。

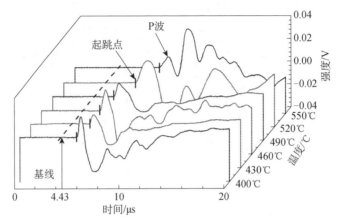

图 4.7　单一变量热解终温控制条件下的半焦激光超声波形图

T 从 400～550℃，V=0.6L/min，β=15℃/min

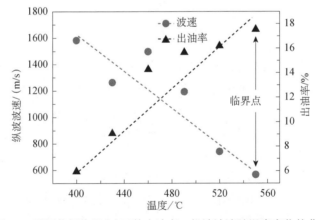

图 4.8　不同热解终温（T）下的出油率、纵波波速随温度变化的曲线

用同样的方法继续分析升温速率 β 与纵波速度、出油率之间的关系。如图 4.9 所示，出油率和纵波波速随 β 的变化分为两个阶段。当 β 达到 15℃/min 之前，出油率和纵波波速随 β 的升高而升高；当 β 为 15℃/min 时，出油率和纵波波速都达到各自的极大值，此时的出油率达到 17.46%，纵波波速为 562.1m/s；当 β 达到 15℃/min 之后，出油率和纵波波速随 β 的升高而减小。可见升温速率对

油页岩热解具有双重影响：一方面，提高升温速率，会使供热增加，导致反应速率加快，使出油率相对增加；另一方面，升温速率太高会进一步提高热载体的温度，使从油页岩释放出来的产物进一步裂化，出油率反而下降。这两种因素相互制约，因此在适宜的升温速率下才会得到较高的出油率。因此，合适的升温速率对出油率很重要。利用此规律，不仅可以用纵波波速来定性表征油页岩在热解过程中的出油率，也可以用纵波波速的变化趋势来寻找最佳升温速率。

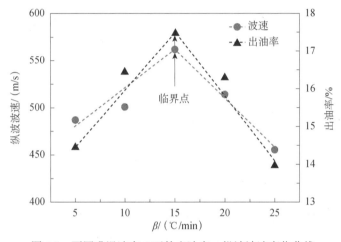

图 4.9　不同升温速率 β 下的出油率、纵波波速变化曲线

图 4.10 是纵波波速、出油率随通气速率 V 的变化曲线，当通气速率达到 0.6L/min 之前，纵波波速和出油率随通气速率的增加而逐渐降低，之后二者随通气速率的增加又出现逐渐升高的趋势；通常低速通气速率可以促进生成的烷烃分离，使表面的热量转移到油页岩颗粒内部，促进油页岩进一步热解，提高出油率。但是，当通气速率继续增大时，作用在油页岩上的压力会增大，高压下有机质热解会发生结焦现象。在压力比较大的热解氛围中，反应生成的烃类自由基之间会发生芳构化反应，另外环化、缩合反应也会加强。油页岩中油母质填充在无机骨架中，压力的升高会使它们的结合更加紧密，从而导致油母质的分解更加困难，即出油率降低。从图 4.10 中可以看出，出油率与纵波波速近似成反比，因此可以用纵波波速来定性表征油页岩在热解过程中的出油率，也可以用纵波波速的变化趋势来寻找最佳通气速率 V。

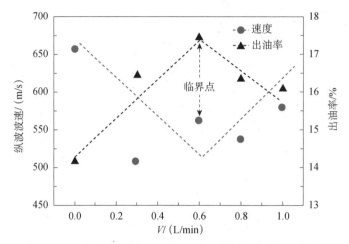

图4.10 不同通气速率 *V* 下的出油率、纵波波速变化曲线

上述研究表明，激光超声纵波波速与出油率随通气速率、升温速率、热解终温的变化分别呈正比或反比关系，利用此关系可以初步用超声纵波波速来表征油页岩在热解过程中的出油率，并用纵波波速的变化趋势来寻找最佳热解条件。

二、实验目的

(1) 熟悉激光超声技术对岩石样本的测试方法。
(2) 掌握激光超声测试数据的分析方法。
(3) 利用激光超声对油页岩半焦样品进行检测，寻找热解的最佳条件。

三、实验设备及实验材料

(1) 全光学激光超声检测系统。
(2) 油页岩热解装置。
(3) 铝甑干馏炉。
(4) 手动粉末压片机。
(5) 岩石粉碎机。
(6) 真空/鼓风干燥箱。
(7) 不同地区油页岩样品若干(新疆巴里坤、山东龙口、甘肃窑街、吉林桦甸、辽宁北票）。

四、实验内容

（一）油页岩热解过程的检测

首先要对油页岩进行切割和打磨，所用仪器如图4.11所示。实验前，先利用岩石切割机把油页岩切片 [图4.11(a)]，切割方向与油页岩层理方向平行。经岩石磨片机打磨处理后得到一定厚度和尺寸的实验样品 [图4.11(b)]，用游标卡尺测出打磨后的实验样品的厚度、尺寸（长和宽或直径等），记录样品的质量（样品的大小、形状、厚度没有严格要求，能够完全热解、适宜测量、测试安全的样品都可以）。

油页岩样品热解前，在室温下先对其进行激光超声检测，记录通过样品的超声纵波信息。为了尽可能减小样品不均匀带来的误差，每次在样品上选取5个不同的测试点（图4.12）进行检测，以这5个测试点测量结果的平均值作为最终的实验结果。

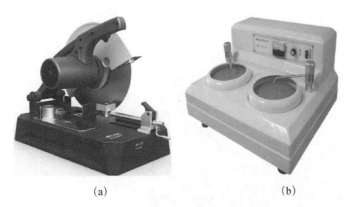

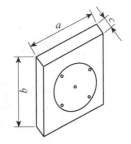

　　　　(a)　　　　　　　　　(b)

图4.11　岩石切割机(a)和岩石磨片机(b)

图4.12　油页岩样品测试
点示意图

a、b、c为样品架尺寸

由于油页岩样品比较小，实验过程中为了确保安全，需要根据实验情况自制样品架。样品架的要求：①使样品安全牢固地固定在样品架上，不会脱落；②样品架可以固定在光路中，使样品垂直光路放置；③样品架要足够大，以防止激励激光进入干涉仪，造成仪器损坏及测试误差。

实验测试原理如图 4.13 所示。调整激励激光与干涉仪探测光同轴等高且分别聚焦在被测样品的两个侧面。室温下的激光超声测试完成后，将样品放置在高温管式炉中进行加热。如图 4.14 所示，油页岩热解所使用的加热装置是高温管式炉，温度使用范围为 0～1200℃。该装置炉体使用双层耐火材料，加热效率比较高。另外，它能够实时控温，控温精度高，精度值可以达到±1℃。加热时样品应居中放置，需自制可耐高温、稳固的样品架。

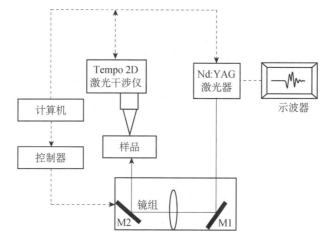

图 4.13 激光超声系统实验测试原理图

图 4.14 高温管式炉

样品加热和激光超声测试是交替进行的，即对油页岩样品进行分步热解。把样品放入高温管式炉中加热，对其进行分步热解：从 20℃开始，按一定温度间隔加热到 670℃，升温速率为 10℃/min，每次加热到一个温度点时，保持该温度 30min，然后冷却到 20℃，从高温管式中取出后再进行激光超声检测。加热的温度间隔设定在 10~20℃，在热解的主要温度范围内（270~420℃），温度间隔设定可以更密集一些。

在每个温度点对样品进行激光超声检测时，要记录检测前后样品的质量，要观察热解前后样品的形貌特点，如有异常，应讨论分析后再进行下一步操作。

（二）油页岩半焦样品的检测

如图 4.15(a)所示，将油页岩原样经粉碎机进行破碎、研磨，为了消除热解时的尺寸效应，筛选 100 目以下的样品，称取(50±0.5)g 样品后放入铝甑，并保证试样表面平整，用质量分数为 99.999%的高纯氮作为热解氛围，其中通气速率通过流量计来进行实时控制。

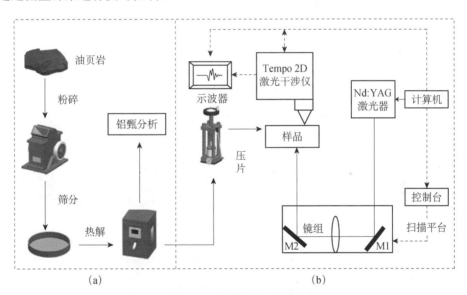

图 4.15 实验过程示意图

(a)基于热分析的传统热解方法工作示意图；(b)激光超声波激发与检测原理图

按照特定程序升温，严格控制加热过程中各段时间，实测温度不超过规定值的±5℃，控制反应参数，并在设定的加热终温下保持温度恒定 20min。

用冰水混合物将反应过程中产生的页岩油、气态产物进行冷凝，并用锥形瓶来收集，最终得到油水混合物。称量后再混合甲苯，用水分测定仪测量出水的体积，并假设水的密度为 1g/cm³，从而得到水分含量。然后用油水混合物的总体积减去水分含量，从而计算出页岩油的体积。

为了确定单一变量对油页岩热解所带来的影响，每次只调整一种参数进行实验。样品共分三组。

第一组：升温速率 β 保持为 15℃/min，热解终温 T 保持 550℃，而通气速率 V 从 0 改变到 1L/min；

第二组：通气速率 V 保持为 0.6L/min，热解终温 T 保持 550℃，升温速率 β 从 5℃/min 改变到 25℃/min；

第三组：通气速率 V 保持为 0.6L/min，升温速率 β 保持为 15℃/min，热解终温 T 从 400℃改变到 550℃。

分别按照以上分组重复进行热解实验，在每次实验后记录相应条件下的页岩油产量。

分别将每次实验所得的半焦产物称取 5g，用粉末压片机以 10MPa 的压力压制成直径为 20mm 的圆片用来进行激光超声检测。

实验五 油页岩含油率的光学
技术表征

一、研究背景及进展

油页岩是一种经过漫长历史时期形成的沉积岩,属于不可再生的非常规油气资源,通常呈灰色、褐色或黑色,具有片理状结构,骨架为无机矿物质,同时固体有机质包括油母质和少量沥青质。油页岩隔绝空气加热至500℃左右,其油母质热解生成页岩油、水、半焦和干馏气。热解产物页岩油类似天然石油,由于其富含烯烃、二烯烃,较原油不稳定。页岩油经过调和以后,可以作为船用燃料油使用,经过加氢精制等工艺,可以得到汽油、柴油等各类轻质油品。因此,油页岩可以作为传统石油资源的补充,通过加工获得石油工业的各类产品。

油页岩含油率(w)指油页岩中页岩油所占的质量分数,是油页岩品位评价的关键参数。一般油页岩含油率为3.5%～18%,世界上常将每吨能产出0.25 bbl(0.034t)以上页岩油的页岩称为油页岩,我国则将含油率5%以上的定位富矿计算储量,5%以下的称为贫矿。因此,油页岩的含油率是油页岩工业品位评价中最重要的参数之一。根据含油率可推算出页岩油的储量和油页岩资源的开采价值,制定科学合理的开采方案。

全世界油页岩的储量丰富、分布广泛,折算成页岩油达4000多亿t,超过世界探明原油储量(1700多亿t)及世界原油资源(约3000亿t),美国、俄罗斯、中国、爱沙尼亚、加拿大、巴西、澳大利亚、约旦等国都发现了丰富的油页岩资源。我国油页岩的地质年代主要集中在中生界、新生界,含油率中等偏好,主要分布在东部、中部的平原和黄土地区,覆盖了20个省、自治区和47个盆地,储量达到7199.37亿t,折合页岩油476.44亿t。但受含油率、埋深等因素的限制,我国油页岩资源未能得到充分利用,技术可采储量仅为30亿t。爱沙尼亚、巴西、俄罗斯等国家则充分利用了国内油页岩资源储量丰富、相关技术成熟的优势,在油页岩开发利用方面走在了世界前列，创造出巨大的经济价值和社会效益，不但缓解了本国紧张的石油资源、保障了自身能源安全，而且对世界能源格局起到了冲击。因此，油页岩广泛的用途、巨大的储量和巨大的潜在效益要求开发者全面深入地研究油页岩的性质，研发和升级相关技术，充分挖掘这种非常规油气资源的潜能。

在油气资源开发利用中，油页岩热解是获取页岩油、半焦的主要途径。油页岩的热解是把油页岩置于惰性气体或者隔绝空气的环境中，加热到一定温度而发生大量物理变化及化学变化的过程，包括脱水干燥、有机质裂解、矿物质分解等复杂的串行和并行反应。在此过程中大分子化学键会发生破裂，中间态产物会重新组合或进一步发生反应，使得有机质分解，从而生成页岩油、挥发性物质及半焦。通常认为这一过程主要分为以下两个阶段。

第一阶段通常是水分的析出，这些水分来自油页岩的表面水、吸附水和结晶水。此外，也会有干酪根去氧生成沥青、有机质大分子重新组合等物理变化和化学反应发生。同时，某些有机物质会在较低的温度就发生裂解反应，生成热解沥青、少量页岩油。

第二阶段是页岩油和挥发性产物的产生。此阶段主要是沥青继续分解生成页岩油、挥发性物质。另外，随着热解温度进一步升高，无机矿物骨架会分解，如具有碳酸根的无机矿物质会分解产生二氧化碳。

研究表明，油页岩油母质是以脂肪烃为主的结构复杂的高分子化合物，许多研究者通过对油母质热解产物机制的研究认为，油页岩热解实质上是干酪根和中间态产物的分解。干酪根受热形成中间态产物如沥青，中间态产物再裂解形成页岩油、气态产物和半焦等，同时也伴随无机矿物质的裂解。热解产物的形成包括：大分子断裂形成胶质体；胶质体分子再次断裂或者聚合形成初级挥发分；初级挥发分发生二次反应，最终形成页岩油、气体和残渣这三个过程。运用红外光谱技术对热解过程进行研究，发现当热解温度接近500℃时，油页岩有机质已经基本分解，继续提高热解温度，页岩油不再产出；而当温度升高至700℃时，碳酸盐等无机物开始分解。油页岩干馏后得到的固体成分称为半焦，该物质含有有机成分，但很少得到利用，而堆积油页岩半焦则对环境保护十分不利，因此研究油页岩半焦成分信息能够为改良油页岩半焦的处理方案提供依据。

（一）基于半焦太赫兹光谱的油页岩含油率表征

半焦是油页岩低微干馏后留下的固体产物，通常呈黑色或褐色，主要成分包括灰分和固定碳。在加热油页岩块体或粉末的过程中，内部的水分首先会气化，并在温度作用下产生局部高压，然后通过已有的孔道或破裂形成新的孔道排出固体外。当温度继续升高至 400℃ 左右时，脂肪烃、芳香烃中的碳链会断裂，断裂的位置与具体的分子结构、分子中共价键的活化能有关。继续升高温度至 600℃ 左右，能够发生分解的有机质基本都完成分解，有机质以气态或液态的形式排出矿物质形成的骨架外。有机质在脱离油页岩进入热解装置空间后还需要导出称重，需要向装置内通入一定的载气(如氮气)。无法生成烃类的有机化合物会形成固定碳，保留在固体残渣中。检测油页岩低温干馏生成的半焦实际上是对干馏过程的事后检验，能够评价干馏的效果，检验干馏是否充分挖掘了有机质中的挥发分。

太赫兹波段覆盖了众多有机大分子的转动频率，有利于获得有机物质的成分信息。利用太赫兹时域光谱技术测量油页岩半焦是油页岩半焦研究手段的创新，通过提取油页岩半焦在太赫兹波段的光学参数来研究半焦本身的特性，通过观测不同热解条件下油页岩半焦的太赫兹光学参数，可以判断热解条件对油页岩干酪根分解的影响。此外，半焦中存在着未能充分利用的有机质，这是热解不充分或产生副反应造成的，油页岩中的矿物质骨架在所研究的温度区间内不会发生变化，因此可以通过测量半焦在太赫兹波段的信息反映油页岩有机质经过干馏后的变化，检测残余的有机质。

在油页岩的热解过程中，热解条件的设定对热解反应的进行及产物都有较大影响：反应的最高温度决定了反应能否实现、一些中间产物能否存在、一些副反应能否发生；升温速率影响着反应室内的温度梯度和温度空间分布，对油页岩的传热过程有影响，从而影响着反应的进程；通入载气(氮气)能够驱走反应室中的氧气，防止油页岩发生燃烧，气流速率影响着逸出油气产物的接收，特别是冷凝过程也会对油页岩传热(对流)产生影响。

利用太赫兹光谱对不同热解条件排列组合得到的油页岩半焦样品进行测试，得到太赫兹光谱吸收系数随热解条件变化的规律，如图 5.1 所示，取 0.4THz、0.6THz、0.8THz、1.0THz 的油页岩半焦的吸收系数 α，分别与通气速率 V、升温速率 β、最高热解温度 T 进行对比。结果表明，半焦对高频太赫兹波的吸收都比低频大。图 5.1(a) 中，在所选频率的吸收系数大体随通气速率增加而降低。曲线暗示在通气速率增加的过程中有两个相关的效应影响了出油，对于第一个效应，存在一个较低的理想通气速率，在此条件下，不同频率的吸收差异最大化，而偏离此通气速率半焦对不同频率太赫兹波的吸收差异减小；对于第二个效应，则存在一个较高的理想通气速率，在此条件下不同频率的吸收差异最大化，偏离此通气速率后，半焦对不同频率太赫兹波的吸收差异减小。这两个理想通气速率存在显著差异，也使得两种效应相互制约，在 0.6L/min 可能出现临界点，此条件下出油出现最大化。

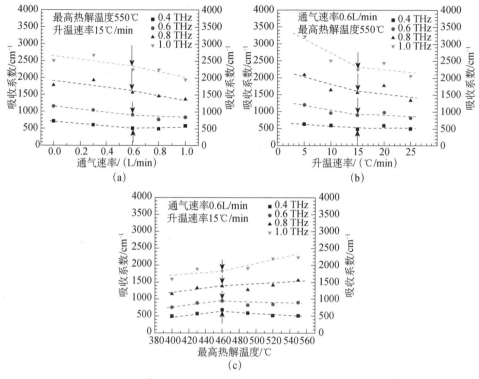

图 5.1　油页岩太赫兹吸收系数与热解条件之间的关系[10]

　　如图 5.1(b) 所示，在各所选频率下，半焦的吸收系数整体上都随着升温速率的提升而减低，其中高频的吸收系数变化更为显著。值得注意的是，当升温速率超过 15℃/min 后，各频率的吸收系数并不继续下降，而是在 20℃/min 出现了一个拐点，该现象表明存在着的两个竞争效应影响到了半焦的太赫兹响应。第一个效应使得半焦的吸收系数随升温速率的升高而降低；而第二个效应使半焦存在一个较高的理想升温速率，该条件下吸收系数最大，而偏离这个条件使得半焦吸收系数减小。在两者的共同作用下，吸收系数表现出了图中所示的状况。

　　在图 5.1(c) 中，在各所选频率下，半焦的吸收系数随着最高热解温度的增加而增加，但不同频率吸收随最高热解温度变化的吸收曲线存在差异，具体表现在当最高热解温度超过 460℃后，高频下的吸收系数随最高热解温度的增加而大幅增加，中频下的吸收系数随最高热解温度的增加而小幅增加或基本不变，而低频下的吸收系数随最高热解温度的增加而降低。当在温度低于 460℃时，半焦对各个频率太赫兹波吸收虽不同，但随最高热解温度的变化趋势是一致的。当最高热解温度在 400℃时，半焦在所述频率下的吸收系数分别为 485cm⁻¹、762cm⁻¹、

1148cm⁻¹ 和 1592cm⁻¹；当最高热解温度达到 460℃时，吸收系数有所增加，但半焦对各频率信号的吸收差异基本保持稳定；而当升温速率升高到 550℃时，不同频率处的吸收系数差异显著变大。因此，可以判定在升高最高热解温度的过程中，存在着两个不同的效应共同影响着吸收系数，第一个效应使吸收系数随最高热解温度的上升而上升，第二个效应使不同频率处吸收差异增大。且第一个效应在最高热解温度的全研究区间(400~550℃)内起作用，而第二个效应在最高热解温度超过某温度后才出现。

为验证上述结果，实验还通过铝甑测试研究了油页岩的出油量，并与太赫兹光谱测试结果相对应。如图 5.2 所示，在所述研究区间里，通气速率、升温速率对出油的影响不是单调的，在研究区间内存在着一个拐点，但最高热解温度对出油的影响是单调的，随着最高热解温度的升高，出油量不断增大。0.6L/min 下制备的半焦含油量最低，此条件下油页岩出油最高，随着通气速率偏离这一数值，出油量逐渐减小；15℃/min 的升温速率最有利于出油，随着升温速率偏离这一数值，出油流量减小而半焦的含油率升高；当最高热解温度升至 550℃时的出油量最大，在 400℃时出油量最小。但在 460℃时，出油量随最高热解温度的变化率存在着明显的拐点，第一个阶段(小于 460℃)通过提升最高热解温度可以显著地提升出油，而第二个阶段(高于 460℃)，提升单位最高热解温度对出油的贡献已经显著降低，体现在曲线的斜率明显减小。值得注意的是，实验确定的出油变化的临界热解条件与太赫兹光学参数确定的临界点是比较一致的，出油转折点发生在 0.6L/min、15℃/min 和 460℃，保持其他热解条件不变分别继续提升通气速率和升温速率，二者对出油的贡献由正转负；保持其他热解条件不变继续升高最终热解温度，出油的效果变差。

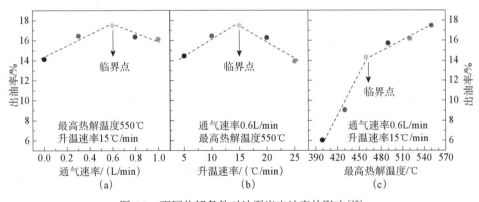

图 5.2　不同热解条件对油页岩出油率的影响[10]

综上所述，通气速率、升温速率、最高热解温度都会对半焦中的成分产生影响，体现在它们对太赫兹波的吸收特性上。所有半焦对高频信号的吸收都会高于其对低频信号的吸收，通过频域等间隔采样，吸收的变化规律更容易被观察到。在不同热解条件对应的三个研究区间里，都根据半焦吸收特征划分出规律不同的两个阶段。在所研究的区间内，半焦含油状况存在着临界点，该现象表明研究者可根据半焦在太赫兹波段的光学特性研究热解过程，分析不同热解条件带来的影响。

由于多种因素会对出油率产生影响，使单位质量的油页岩干馏产出的页岩油的质量不同。因此大部分条件下半焦中会含有潜在的、未能产出的页岩油，将这一部分页岩油的质量与干馏投入的油页岩质量之比定义为半焦的含油量。将所研究的太赫兹光谱吸收系数与半焦含油量联系起来，可以得到图5.3的关系。如图所示，吸收系数大体上都随着半焦中含油量的增加而降低，不同频率的下吸收系数与半焦含油率形成相似的规律。由于在不同的热解条件下，干酪根发生的分解状况也不同，在干酪根发生反应的过程中，分子结构、极性会发生变化，而分子极性的改变将显著影响半焦对太赫兹波的吸收。此外，干酪根往往存在于油页岩中矿物质的间隙中，当升温有机质发生热解时，挥发分的排出会因局部的高压而在岩石内部形成孔洞和排烃沟道，即油页岩的结构也发生了一些变化。上述几个因素都对半焦的吸收系数构成影响，使半焦的含油率与太赫兹吸收系数间呈现非线性的关系。

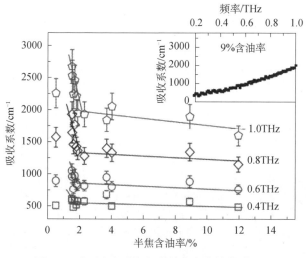

图5.3　油页岩含油率与太赫兹参数的关系[11]

（二）非热解条件下油页岩含油率的太赫兹光谱表征

油页岩含油率的常规标准测定方法(低温干馏法 SH/T 0508—92)需要在实验室进行，测量过程烦琐且效率低。针对这一问题，研究者们发展了一系列间接评价方法，如利用测井数据，有机质具有高自然伽马、高电阻率、高声波时差、低密度的特性，油页岩的有机质含量和含油量之间存在线性正相关，建立以上参数与有机碳含量(TOC)的数学关系，据此即可知含油率与这些参数的关系。该方法克服了低温干馏法取岩心测量引起的不连续性问题，但该方法需要对大量岩样数据进行统计分析，周期长、工作量大，且精度有待提高。

光谱分析法测试简单便捷，是常规分析中一种获得物质定量和定性信息的重要手段，其优势在于不引入化学反应，不对油页岩本身的结构和成分产生破坏；光与物质的相互作用时间短，出射光波能够载荷有效信息。其中，近红外光谱可反映含氢基团 X—H(如 C—H、N—H、O—H 等)振动的倍频和合频吸收，具有丰富的结构和组成信息，适用于含氢有机物质的物化参数测量，目前已被用于油页岩的含油率评价方面。在太赫兹波段，一些油气物质具有明显的特征响应，利用太赫兹光谱技术可以有效实现对干酪根演化成熟度的判别。此外，有机质在太赫兹波段往往具有较低的介电常数，使得利用折射率、吸收系数等光学参数就可以实现对油页岩含油特性的表征评价。

不同地区的油页岩由于地质环境各异，成分、结构上存在诸多差异，其含油率也有较大区别。吉林桦甸、新疆巴里坤、辽宁北票三个地区油页岩样品的含油率分别为10.0%、6.1%和5.0%。为了有效避免样本个体差异的影响，提升评价的准确性，通过太赫兹光谱批量测试并结合数据统计的方法评价上述三个地区油页岩的平均状况。此外，为探究不同的样本准备方式对含油率评价造成的影响，分别采用粉末压片法和机械切片法准备样品，并分别进行测试分析，结果如图5.4所示。

由于个体差异，光学参数分布在一个区间内，且每一个参数都是频率的函数，通过区间内积分、平均的方法可以得到折射率积分与含油率的关系，如图5.5所示，其中浅色和深色的线段分别表示压片、切片样本中折射率积分值的分布范围。图中不同地区样本的折射率大体随着含油率的升高而降低。对于北票、巴里坤油页岩而言，它们有较多的重叠，表明这两个地区折射率积分值对含油率的鉴别效果并不显著。而对于巴里坤和桦甸油页岩而言，由于它们的含油率差异较大，即使两地区的个体差异依然较大，但本身的重叠却较少，通

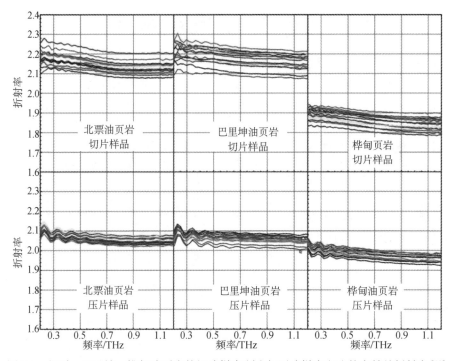

图 5.4　北票、巴里坤、桦甸油页岩的切片样本(上)与压片样本(下)的太赫兹折射率[12]

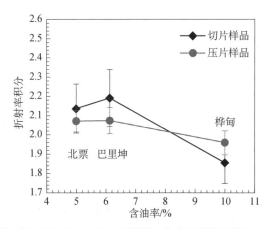

图 5.5　北票、巴里坤、桦甸的油页岩切片与压片样本的太赫兹波折射率积分与含油率的关系[12]

过积分太赫兹波段的折射率能显著区分开。另外，对比同地区样本的切片和压片测试结果可知，压片测量的折射率差异较小，差异在 0.1 以下，而切片的折射率差异较大，大约在 0.3。对于北票和巴里坤油页岩，压片测得的折射率积分值小于切片测得的折射率积分值，而桦甸油页岩则相反，压片测得的折射率积分值反而更高些，这一结果可能与油页岩本身的物理特性有关。油页岩在地下经过成岩作用，质地变得非常密实，但不同地区的埋藏条件不同，矿物、有机质的种类和结合程度也不相同，因此宏观表现出不同的硬度、密度等。压片改变了三个地区油页岩原始的沉积密实程度，而折射率与分子或颗粒的密实程度显著相关，因此造成了不同程度上折射率积分值的差异。从平均的角度看，含油状况差异是不同地区样本光学参数平均值差异的来源。桦甸、巴里坤和北票的油页岩在含油率的差异实际上是油页岩内部干酪根演化状况的差异，脂肪烃占主导的干酪根出油潜力高，而芳香烃占主导的干酪根出油潜力低。脂肪烃和芳香烃结构上有显著差异，主要原因就是苯的 π 键和碳-碳键中的 σ 键电子云分布有明显的差异，而双键中存在着一个 π 键和一个 σ 键。干酪根演化程度不同，苯环、单键和双键的数目就不同，最终影响到整个分子的极性及对太赫兹波的吸收。

（三）利用太赫兹光学参数的各向异性表征油页岩含油率

油页岩是一种富含有机质、具有细微层理的沉积岩。由于沉积过程中矿物颗粒的择优取向，油页岩具有明显的片理结构，如图 5.6 所示。油页岩在力学、声学、电学等性质上展现出一定程度的各向异性，利用太赫兹波所表征的光学参数的各向异性，分别对巴里坤、窑街、龙口地区油页岩水平及垂直层理方向进行太赫兹光谱测试，结果如图 5.7 所示。在图中所示频率范围内，所有样品的折射率 n 基本保持不变，而吸收系数 α 随频率的增加而不断增大，对比三个地区样本的光学参数可以看出，龙口地区油页岩样品的吸收系数 α 最大，窑街地区样本次之，巴里坤样本的 α 最小。三个地区折射率 n 之间的大小关系与之相反，巴里坤样本的折射率 n 在三个地区中是最大的。由于油页岩中有机质的介电常数较小，有机质含量高的油页岩样本往往折射率较低，样品的折射率与有机质含量整体呈现负相关的关系。

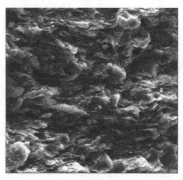

图 5.6 油页岩层理照片及断面层理的 SEM 图像

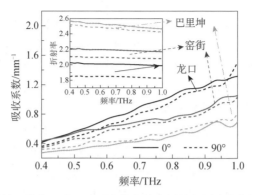

图 5.7　巴里坤、窑街、龙口油页岩的太赫兹折射率(内插图)与吸收谱[12]

基于油页岩的层理结构，将油页岩看作具有沿层理面方向各向同性的单轴双折射介质，光轴与层理面垂直。将光轴方向的介电常数定义为 ε_0，沿层理面方向的介电常数定义为 ε_{90}。样品的介电常数可表示为

$$\boldsymbol{\varepsilon} = \begin{bmatrix} \varepsilon_{90} & 0 & 0 \\ 0 & \varepsilon_{90} & 0 \\ 0 & 0 & \varepsilon_0 \end{bmatrix}$$

定义太赫兹波沿平行、垂直层理方向入射时的速度为

$$V_x = V_y = V_{90}, \quad V_z = V_0$$

因此，太赫兹波沿不同角度入射时的传播速度为

$$V_\theta = \sqrt{V_0^2 \cos^2 \theta + V_{90}^2 \sin^2 \theta}$$

式中，下角标 0 和 90 分别表示水平方向和垂直方向。因此，计算得到太赫兹波段油页岩样品的等效折射率 n_θ 随角度变化的关系式为

$$n_\theta = \frac{1}{\sqrt{\dfrac{\cos^2 \theta}{n_0^2} + \dfrac{\sin^2 \theta}{n_{90}^2}}}$$

为验证上述关系式，对三个地区的油页岩样品(龙口、窑街、巴里坤)沿不同角度切片，进行太赫兹测试，计算得到其等效折射率 n，结果如图 5.8 所示。样品的折射率 n 及吸收系数 α 都具有显著的各向异性特征，其变化周期为 $180°$，其中 n 在 $90°$ 范围内单调变化，垂直层理面方向的 n 大于平行层理面方向。利用测试值进行验证，所得测试结果与计算值较为相符，说明油页岩在太赫兹波段存在一定程度的光学参数的各向异性。

研究表明，页岩中的各向异性程度受有机质含量影响。通过计算不同地区样品的各向异性程度 $\Delta n'$，与其含油率相对应，如图 5.9 所示，太赫兹光学参数的各向异性程度与油页岩含油率之间呈线性关系，其关系式为 $y = 60.86x+3.72$，线

性相关系数为 0.9866。说明随样品的含油率增加，其各向异性程度也随之增加。利用这一结果，可以实现对油页岩含油率的快速测定。

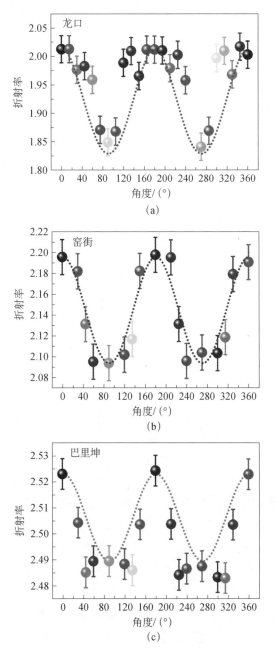

图 5.8　三个地区油页岩的折射率 n 与角度的关系[13]

虚线为计算值，点为测试值

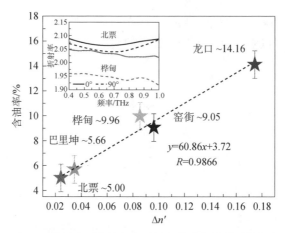

图 5.9　利用油页岩的各向异性程度表征其含油率[13]

　　总的来说，基于油页岩的各向异性程度与有机质含量的关系，可以利用油页岩光学参数的各向异性对其有机质含量的直接评价及对油页岩含油率的快速测定，实现非热解条件下油页岩含油状况的快速、精确检测，为提升油页岩的利用效率提供了新方法。

（四）基于光伏/光电导的油页岩含油率表征

　　通常情况下，通过干馏技术对油页岩的含油率进行测定。将油页岩放在空气隔绝的环境中，通过控制终温进行加热。干馏主要包括加热、碳氢化合物分解和导出页岩油及气态物质这三个过程。油页岩具有各种物理性质，包括外观颜色、密度、导电性、导热性、比热容、介电特性等，其中很多性质都与含油率有一定关系。当前测定油页岩含油率的常规方法多是应用热学和电学知识，各种方法在实用性和精确率上各有一定的可取之处和改进空间。从光学角度对油页岩含油率进行研究的方法相对较少，目前常用的主要有红外光谱分析和荧光检测两种方法。油页岩中的页岩油主要由液体烃类组成。烃类分子的 C—H 键在近红外光区有明显的吸收特征，利用近红外光谱分析仪测定的光谱信号通过数据处理，可建立与含油率相应的数学关系和校正模型。自 20 世纪 50 年代开始，荧光地质录井方法在我国一直沿用至今。研究表明岩心样品经氯仿(或乙烷)浸泡后抽提物的荧光浓度和荧光对比级别可反映岩心的含油饱满程度，据此可半定量地对含油储层进行评价。光学方法较于传统方法相比，具有测量精度高、速度快、非接触、信息容量大、便携、成本低等独特优点，越来越多的研究者正致力于将光学方法应用于石油领域。

光电检测技术通过激光、光纤、红外等当代光电器件检测载有被检测物体信息的光辐射，可以实现对各种物理量的检测、红外检测、激光检测、光纤检测、图像测量等。由于光电检测分析技术具有高精度、高速度、寿命长、远距离等优点，因此被广泛应用在很多领域中。

有机电子材料，尤其是有机半导体这一类导电材料，通常由具有 π-共轭结构的有机分子组成。有机半导体是一类重要的功能材料，在固态发光、太阳能电池等应用方面具有明显的优势。一般半导体材料的光电转换基本过程包括：吸收光子、生成激子、激子的迁移与解离、载流子的传输与收集。

有机半导体材料着眼于分子尺度角度，一般分为高分子和小分子材料，其中最典型的是有机共轭聚合物和有机分子晶体。有机共轭聚合物中的 π 电子之间彼此交叠并在碳链上构成共轭大 π 键，而这种共轭结构的 π 电子是自由电子，从而使材料产生导电性。一般情况下，有机分子晶体是具有 π 共轭结构的有机小分子构成的晶体材料。有机小分子的分子之间通过范德瓦耳斯力结合在一起，构成了具有一定有序结构的分子层，当分子层之间有序地堆砌在一起时就会形成晶体结构。分子之间通过耦合促使电子能够在邻近分子间跃迁，最终使整个晶体具有导电性。由于沿不同方向分子之间的耦合强度是不同的，因此有机分子晶体的导电性一般具有明显的各向异性的特点。

有机电子材料，尤其是有机半导体包含少量有机分子(多环芳香族化合物等)和共轭聚合物材料，这些共轭体系的重要物理性质多来自于 π 电子。当光子能量高于有机分子的光隙时，光子能量被有机分子吸收，使基态分子的状态变为激发态。分子中的电子从占据分子的最高轨道能级(HOMO)激发到未占据分子的最低轨道能级(LUMO)，产生了电子-空穴对，即激子。然后有机分子中的载流子会遵循不同于无机分子中载流子的能带运输机制，进行跳跃型运输。

研究表明，在紫外脉冲激光或稳态激光的照射下，油页岩中产生的光电压信号与样品的含油率存在一定关系，图 5.10 为三个地区的油页岩样品被稳态激光辐照产生的光致电压信号图。其中曲线①代表龙口油页岩样品信号，曲线②代表窑街油页岩样品信号，曲线③代表巴里坤油页岩样品信号，箭头代表打开和关闭激光器。在外加偏置电压的一瞬间，电压信号迅速上升，然后逐渐趋于稳定。在进行激光辐照时，三个地区油页岩的电压信号先是明显下降，然后较为稳定。关闭激光后，电压信号显示出约20min 的恢复状态。三个地区光致电压信号大小分别是 $\Delta U_1 \approx 467mV$、$\Delta U_2 \approx 341mV$ 和 $\Delta U_3 \approx 266mV$。信号的响应时间，即上升时间和下降时间分别是 4.69min 和 12.73min、5.13min 和 12.43min、5.38min 和

10.99min。龙口、窑街和巴里坤油页岩的含油率分别是 14.16%、9.05% 和 5.66%，其中含油率最高的龙口油页岩样品的光致电压最大，同时上升时间也最快，这说明含油率越高产生载流子越容易，并且产生得越多；而含油率最低的巴里坤油页岩下降时间最短，它的载流子复合最快。可以看出，不同地区油页岩通过激光探针检测技术得到的光致电压信号及响应时间都与含油率有明显的关系。

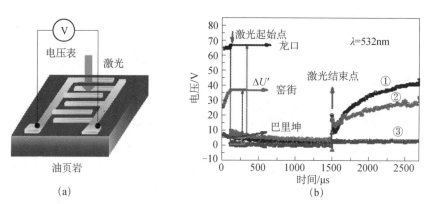

图 5.10　油页岩光电压开路电路图 (a) 及油页岩样品被波长 532nm 的激光辐照时产生的光电压信号图 (b) [14]

ΔU' 为电压变化

　　油页岩产生光致电压的微观机制如图 5.11 所示。当激光辐照油页岩样品时，样品中的有机分子吸收光子并激发电子-空穴对，在其复合和被分解之前扩散到金属/油页岩接触面的肖特基结处，被产生的内建电场分离成空穴和自由电子，在电极处聚集并在外电路中产生光电压。有机半导体表面产生肖特基接触的原因依赖于传统无机半导体的表面接触特性，这种有机物中典型的肖特基模型，尤其在有机电子器件中金属与有机物之间形成的肖特基接触具有重要的作用。银电极与复杂有机成分之间的不同功函数促使电子从有机成分向银电极流动，在肖特基结界面处达到热平衡，发生能带弯曲，使得两者的费米能级处于同一水平。

　　另外，从光致电压信号弛豫时间的量级上考虑，电压响应的来源有一部分可能来自于激光产生的热效应。随着油页岩样品表面光照时间的增加，样品表面的温度也会有所增加，它的自发极化导致表面电荷数量发生变化，并产生一定的热电流，此时产生的一部分电压信号可能与样品和系统的等效阻抗产生的热电流有关。这种光照下产生的典型的电压信号较符合 $A\left[\exp\left(-t/\tau_{e}\right)-\exp\left(-t/\tau_{th}\right)\right]$ 的规律，其中，A 为振幅；τ_{e} 和 τ_{th} 分别是电压信号上升和下降的时间常数。上升时间常数被解释为通过样品和测量系统的等效电路测定的电时间常数 τ_{e}，而下

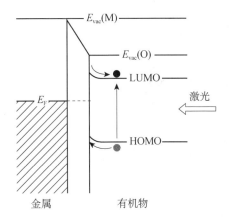

图 5.11　油页岩内载流子的转移过程[14]

E_F 为费米能级；$E_{vac}(M)$ 为金属真空能级；$E_{vac}(O)$ 为有机物真空能级

降时间常数被解释为热时间常数 τ_{th}。因此，热激发可能是产生电压信号的另一个原因，即油页岩光致电压信号的产生是光激发与热激发共同作用的结果。

　　总之，光致电压信号与含油率具有一定的关系：含油率越高的油页岩产生的光致电压响应越大。产生这个现象的原因可能在于油页岩包含有机质（酯类和芳烃类）含量的不同，当它们被激光辐照时产生了不同数量的激子。龙口地区油页岩样品的光致电压最大，说明其具有更高效的载流子转移率，这可能是因为样品中移动载流子的产生效率及其寿命较高。根据有机半导体理论，油页岩中的电子和空穴都是可以移动的，这是通过在不同分子中间的跳跃过程来完成的。但是离域电子的传输会受到声子散射、杂质和陷阱的影响，这些也可能是影响实验中光致电压幅值的原因。

二、实验目的

　　(1) 了解油页岩及其干馏过程，掌握油页岩切片、粉末压片处理方法。

　　(2) 掌握油页岩含油特性的太赫兹光谱表征方法。

　　(3) 基于太赫兹光学参数，对不同地区油页岩的含油情况进行判定。

　　(4) 基于太赫兹光谱测试结果，对油页岩的各向异性及其影响因素进行分析。

　　(5) 了解光电导测试的原理，掌握叉指电极的制备方法及光电导测试方法。

　　(6) 掌握对光电导信号的数据处理，能够从信号中提取油页岩含油特性的有效信息。

三、实验设备及实验材料

(1) 透射式太赫兹时域光谱仪 1 台。

(2) 铝甑装置 1 台。

(3) 测试样品架 1 个。

(4) 螺旋测微器/游标卡尺 1 个。

(5) 高精度电子天平 1 台。

(6) 鼓风/真空干燥箱 1 台。

(7) 粉末压片机 1 台、模具 1 个。

(8) SC-1B 型匀胶机。

(9) URE-2000/35 型紫外深度光刻机。

(10) EH20A plus 加热台。

(11) 磁控溅射仪。

(12) KrF 准分子脉冲激光器。

(13) 532nm 稳态激光器。

(14) DOP4032 数字示波器。

(15) Keithley 2400 数字源表。

(16) 铜质导线若干。

(17) 不同地区油页岩块体及粉末样品若干(新疆巴里坤、山东龙口、甘肃窑街、吉林桦甸、辽宁北票)。

四、实验内容

（一）基于半焦太赫兹光谱的油页岩含油率表征

实验流程如图 5.12 所示,首先将油页岩进行粉碎和筛选,使之符合热解的需要;然后通过设置不同的干馏条件,获得剩余碳含量不同的半焦;进而将半焦粉末压片后测量半焦片剂的太赫兹时域光谱;最后通过提取油页岩半焦在太赫兹波段的光学参数来研究半焦本身的特性。具体步骤如下。

1. 油页岩半焦样品的制备

制备油页岩半焦时,依据标准 SH/T 0508—92 进行低温干馏实验。该标准中实验的热解装置包括铝甄，有效容积为(170 ± 10)mL，辅助设备包括加热装置（自行组装电炉，内含热电偶测量温度）、烧瓶、天平、冷却装置等。

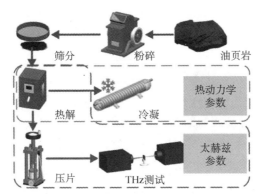

筛分　　粉碎　　油页岩

热解　　冷凝

热动力学参数

压片　　THz测试

太赫兹参数

图 5.12　油页岩的干馏过程及太赫兹光谱测试示意图

首先检查铝甄的气密性，将铝甄浸入水中并向铝甄充气，若无气泡产生即视气密性满足要求。如气密性不满足要求，则利用金刚砂和凡士林打磨铝甄甄口，直至气密性满足要求。将样本粉碎，粒径小于 3mm，均匀取 500g 称量并干燥 24h，置于广口瓶中备用；再从准备好的试样中取(50 ± 0.5)g 放入已知质量的称量瓶中，精确称重至 0.001g。盖上甄盖并敲紧，用胶塞和导管连接各气体收集装置。冷却槽中放入冰水混合物，并将接收装置放在冷却槽中，同时保证接口在水面以上以防止回流。装置全部组装完毕后，以一定升温速率通电加热装置至 520℃，保持恒温 20min，加热停止。

打开加热装置，依次取下热电偶、铝甄和接收器，从导管处断开铝甄和接收器。擦干接收器外壁的水，并静止约 5min，称量接收器质量，通过与空瓶质量比较得到油水质量之和。再通过溶剂抽出法测量得到的水的质量，油水质量和减去水的质量即为页岩油的质量。铝甄冷却后可打开甄盖，把全部的半焦取出并称量。总质量(50g)减去页岩油、水、半焦的质量，即得到热解气的质量。

本次实验考虑到调控实验条件、收集热解产物等，自行组装了固定床热解装置。实验按照四分法进行取样，并将投料设为 100g，固定床床体网孔目数为 200，可在承载粉末的同时保证气流通畅，由热电偶监控反应装置温度。将带有固定床的热解装置放置在电炉内，并与气瓶、冷凝装置连接。反应过程中气态的挥发分可以导出热解装置，并有效地实现冷凝和收集。

在上述基础上，选取最高热解温度、升温速率和通气速率作为独立变量，实验研究不同热解条件对半焦的影响。通过三类热解条件的不同组合，对半焦的成分进行调控。

2. 制作半焦压片样品

样品粉末经过压片机压制处理，制作成厚度均一、表面平整的圆形薄片。圆形薄片的直径为 30mm，由压片机模具决定；厚度则由粉末类型、单次压片粉末填充量、压片机工作压强、压片时长等因素共同决定，其中前三者影响较大，最后因素影响较小。

正式实验之前，取少量样品进行试制，摸索压片制作的较优方案：该方案的具体目标是用尽可能经济的投料、温和的实验条件（较低的工作压力，有利于保持压片机稳定、可靠）和较短的时间（有利于加快实验进度）制作比较理想的压片样品。该压片样品的太赫兹光谱透过性良好，并且具有一定的机械强度，在夹具稳定夹持的情况下不会出现破碎。经过压片实验和光谱测量发现，在单次投量为 2g、工作压强为 28MPa、压片时间为 5min 左右取得较好效果，此时压片厚度约为 2mm，太赫兹光谱仪可以测量得到足够强度的太赫兹光谱，同时样品可以承受样品夹和人手、镊子的小心夹持。

正式实验前的粉末经过烘干处理，以免粉末含水对实验造成不良影响。各种半焦样品均在同一时间放入鼓风干燥箱，设置温度为 105℃，时间 2h。达到工作时间后等待温度降低，然后将样品粉末取出，分类放在密封样品袋内，并贴附标签记录。最终获得各类干燥粉末若干，满足实验需求（移取过程会有少量的粉末黏附损失）。

按照试制过程中摸索的较优实验条件（单次投量为 2g，工作压强为 28MPa，压片时间为 5min），进行压片制作。整个样品制作阶段，单个压片时间制作周期为 10~12min，包括称量、粉末填入模具、摇匀、组装模具、放入压片机压片、取出压片、样本收集、脱模具、清洁模具内表面等步骤。压片制作完成后共获得压片样本 14 个，包括 3 个单一变量分组，其控制的变量分别是终温、升温速率、通气率。

3. 测量样本的太赫兹透射光谱

使用太赫兹时域光谱仪测量所制作的油页岩半焦压片太赫兹透射光谱，获得太赫兹时域光谱信息。通过数学方法计算获得频域信息和相应的光学参数。

将太赫兹时域光谱仪测量的数据进行处理，分别得到每个样本的时域、频域信息。计算吸收系数、折射率等光学参数。寻找特定频率（0.6THz、0.8THz、1.0THz）的光学参数，与实验测得的含油率联系作图，得到油页岩含油率与太赫兹光学参数间的关系。

（二）非热解条件下油页岩含油率的太赫兹光谱表征

本实验中制备的油页岩样本分为片状块体和粉末压片两种：块状样本相当于直接从大块油页岩中进行取样，能够保证油页岩内部的结构，而不改变油页岩各组分的空间分布，比较能够反映油页岩的固有信息。由于块状样本的测量受个体因素影响较大，同地区样本的不同切片之间存在差异。采用粉末压片的方式能够消除油页岩成分空间分布不均的特性。两种样品的测试结果互为补充。具体操作步骤如下。

(1)制备油页岩切片样品时，首先取可观察到沉积方向的油页岩块体，沿平行于层理的方向进行切割，得到平行块状的油页岩；然后利用磨样机对样品进行减薄，同时随样品厚度减小，不断增加砂纸的目数，最后完成磨样时，选用的砂纸目数为200目；得到轮廓规整、厚度一致的样品30片(三个地区各10片)。

(2)制备油页岩粉末压片样品时，首先利用岩石粉碎机将块体粉碎成80～100目的粉末，然后按需要进行特定目数(200目以上)的研钵研磨、过筛分选。筛选完成后，选取一定质量的油页岩粉末按照一定比例(质量比为1∶1)与高密度聚乙烯混合均匀，然后放入手动压片机模具。压强20MPa，压片时间2min。重复上述步骤，得到大小、厚度一致的压片样本30片(三个地区各10片)。

(3)进行太赫兹光谱测试时，将片剂或油页岩块体固定在样本架上，然后将样本架从顶部的窗口向下插入，直到样本架底部接触光谱仪底座，此时样品架定位良好。保证入射太赫兹波能够正入射到样本的表面平整处，不会有部分光从边缘漏过。通过操作仪器软件，完成样本测量、数据记录。

利用每个油页岩切片、粉末压片样本的太赫兹时域光谱及其分别对应的参考信号，求得每个样品在太赫兹波段的折射率并作图，计算出每个样品在有效频段内的折射率平均值，得到每个地区所有样本的折射率最大值及最小值，进而计算出每个地区所有样本的折射率平均值。在此基础上，根据每个地区油页岩样本的含油率与折射率作图，建立油页岩含油率与太赫兹波段样品折射率的关系。

（三）利用太赫兹光学参数的各向异性表征油页岩含油率

分别获得不同地区(新疆巴里坤、山东龙口、甘肃窑街、吉林桦甸、辽宁北票)油页岩样本，首先进行粗加工，以层理面为基准面，将油页岩块体加工成规整的长方体形状。其次以太赫兹波入射面作为基面进行不同层理角度的斜切切割，以15°为间隔，角度包括0°、15°、30°、45°、60°、75°、90°共7个角度，随后将样品加工成 2cm×2cm、厚度为 1mm 的标准块体。为了避免切割过程中及油页岩孔隙中的水分对太赫兹测试结果的影响，测试前将所有切片在 90℃条件下真空干燥 10h。

将样品依次放置于太赫兹测试样品架上，如图 5.13(a) 所示。为测得 360°周期内样品的光学各向异性特征，对于每个角度的切片样品，其测量过程分为四个步骤 [图 5.13(b)]：①首先将样品放置于太赫兹光斑焦点位置，记录太赫兹波入射方向与样品层理法线方向的夹角 θ，测试得到样品的时域光谱；②沿太赫兹波传播方向(定义为 X 轴)旋转 180°，此时 $\theta'=180°-\theta$，进行测试；③绕图中 Z 轴及④X 轴旋转 180°并分别进行光谱测试，此时太赫兹波的入射方向与样品层理法线方向的夹角分别为 $\theta''=360°-\theta$ 和 $\theta'''=180°+\theta$。测试在氮气环境下进行，环境温度稳定在 (21.0 ± 1.0)℃，光谱仪内湿度在 2%以下。

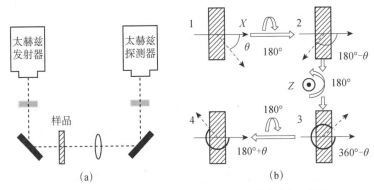

图 5.13　太赫兹光谱测试(a)及样品层理角度(b)示意图

利用油页岩不同层理角度切片样本的太赫兹时域光谱及其分别对应的参考信号，求得每个样品的不同切角在太赫兹波段的等效折射率并作图，观察油页岩的光学参数各向异性。分别计算每个地区油页岩各向异性程度 Δn，取垂直层理面方向样本的平均折射率 n_{90} 与平行层理面方向样本的平均折射率 n_0 做差值。在此基础上，根据每个地区油页岩样本的含油率与折射率的各向异性程度 Δn 作图，实现对不同地区油页岩含油率的表征评价。

（四）基于光伏/光电导的油页岩含油率表征

1. 样品制备

实验中电极制作采用叉指形式。叉指电极的制备过程中使用的实验试剂包括无水乙醇、丙酮、S1813 光刻胶、AZ300 显影液，设备包括 SC-1B 型匀胶机、URE-2000/35 型紫外深度光刻机、EH20A plus 加热台、磁控溅射仪。叉指电极的制备过程主要包括以下步骤。

通过 SC-1B 型匀胶机将大小为 0.8cm×0.8cm 的样品吸附在匀胶台上，设置 (100~600r/min)15s 左右的低甩胶速度，滴加几滴光刻胶，并依据所需光刻胶的厚度设置(2000~8000r/min)30~60s 的高速甩胶速度。然后将甩胶处理后的样品放置在加热台上，设置 105℃，时间 1min 来烘干光刻胶。光刻是整个制备过程中最为重要的步骤，光刻机的分辨率能够决定叉指的尺寸。这里使用的光刻技术基于掩模版的接触式光学光刻。光刻之后需要再次将样品放置在加热台上，设置温度 105℃，加热时长 1min 来烘干光刻胶。最后是将烘干后的样品自然冷却至室温，浸入装有显影液的烧杯中进行显影，并在显微镜下观察叉指电极的完整程度。经过上述各步骤的制备即可得到所需的叉指电极(图 5.14)。

图 5.14 叉指电极油页岩样品

在样品上制备好叉指电极后，需要对其可用性进行测试。首先在光学显微镜下观察叉指电极的完整程度，重点观察叉指图案的连接情况，因为叉指间某段的连接会导致电极短路，则此叉指电极不可用；其次用数字万用表测试叉指电极的电阻情况，显示几十兆欧甚至断路，说明叉指电极可用。

2. 实验测试

光电测试方法示意图如图 5.15 所示，主要应用于岩石光电特性的测量。该光电测试系统主要有激光器、样品台和电压测试仪。激光器用于发出激光作用于待测样品；电压测试仪通过导线与实验岩石样品相连，用于接收实验岩石样品在激光辐照下所产生的电信号，当电压测试仪为示波器时，会将电信号转换为波形信号，以便于分析光电信号的典型特征；样品台用于放置实验岩石样品，并用于对岩石样品的位置进行调整。样品台包括样品架、支架和位移台，其中支架固定于位移台上，用于支撑样品架，而位移台用于控制样品架并带动岩石样品转动。实验过程中为了保证光路准直，在校准光路时，使激光同时通过 2 个光阑小孔再入射到样品表面，以保证激光的准直正入射。

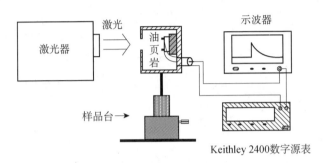

图 5.15　光电测试方法示意图

将样品安装于样品架正中突起的平台，与激光入射窗口正对。使用时将样品架安装在样品台上，样品台包括支架和位移台，能够保证探头高度和方向可调，使激光通过样品架正中的圆形窗口入射到样品上即可。在激光入射到样品之前如果外加光学衰减片，可以降低激光能量，防止脉冲激光的瞬态功率过高而损坏样品。

响应时间和响应灵敏度是评价样品光电响应特性的两个重要指标。通常选取信号波形上升沿的 10%～90%的时间作为响应时间，同时选取波形的半高宽反映样品光电信号的整体响应速度和恢复时间。光电效应的响应时间主要取决于样品本身的光电特性(载流子的迁移时间)，此外测量电路的充放电时间，即 RC 效应对其也有一定影响(其中 R 为串联电阻，C 为器件电容)。通常可以采取减小电路输入阻抗的方法有效减小 RC 效应，从而获得较快的响应时间。单位入射光功率下所产生的光电压 U 和光电流 I 定义为光电响应灵敏度，其表达式为 U_p/E，其中 U_p 为开路光伏信号的峰值，E 为入射到样品上的入射光能量。通过 Keithley 2400 数字源表加偏压是提高光电响应灵敏度常用的方法。

实验六　高含水率原油的光学技术检测

一、研究背景及进展

我国的地质条件相对复杂，油田的开发多以注水为技术手段，经过几十年的勘探开发，原油产量已达到中华人民共和国成立初年产量的近 2000 倍。但社会经济的高速发展带动了更大的能源需求，而近年来，中国油田开发无论在产量还是技术上都面临着严峻的考验，新探明油田的原油储量已经有所降低，与此同时对勘探开发技术有着更高要求的低渗、特低渗油田的占比日益增加。经过近 70 年的开采，中国目前开发的油田绝大多数都已经进入高含水阶段，部分已经达到高含水后期。高含水油田很难达到高效稳产，尤其是以胜利油田为代表的东部油田，近年来出产总量迅速衰减，但总体上看，全国原油总产量中高含水油田的原油出产仍占较高比例，而在这其中，80%的产量来自于已开发近 30 年的老油田。因此在我国已探明可采储量的主要开采期为高含水阶段，并且逐年向特高含水阶段发展，油田的二次开发受到技术和认知的限制，因此重新构建地下的认识体系成为稳定国内油田总体产量和提高高含水油田采收率的重要基础。与低含水期不同，油田进入高含水后期会引发地下油水分布的显著变化，针对性的开发方案也与传统方法有着明显区别，因此为设计和规划合理高效的开发方案，引入新技术、新方法对高含水油品进行表征评价已刻不容缓。

（一）原油含水率的激光超声表征

原油的含水率是原油生产过程中一个很重要的参数指标，这个参数对原油的开采、运输、脱水等方面至关重要，含水率的高精度测量可以优化生产参数，提高采收率。液体中激发超声波的方式有很多，例如，极化液体在光激发下产生电致伸缩，液体吸收光能发生热膨胀及液体发生光击穿形成等离子体等。因此，利用全光学激光超声检测系统可以实现对液体某些物理性质的检测。实验室中经常利用在液体中产生超声波的方法来检测液体的流速、声速及温度等参数。

图 6.1 是利用全光学激光超声技术对辽河油田的原油含水率进行的测试。由于纵波传播速度最快，检测得到的第一个峰是纵波的波峰，如图中短竖线所示的位置。图中仅选取含水率为 0%、20.19%、40.12%、59.34%、89.99% 和 100% 的六个样品为例进行说明，其中含水率 0% 即为纯原油，含水率 100% 即为水。从图中可以看出，随着含水率的增加，纵波的传播时间逐渐减少，分别为 8.11s、8.05s、7.64s、7.50s、7.34s 及 7.21s，通过计算可知其纵波波速逐渐增大，分别为 1289m/s、1299m/s、1372m/s、1399m/s、1431m/s 及 1458m/s。

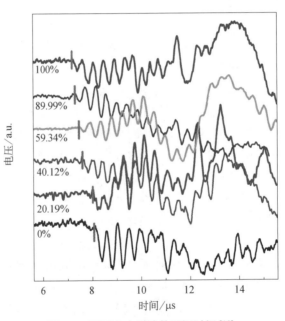

图 6.1　不同含水原油的延迟时间 [15]

图 6.2 为大港油田、辽河油田的三种原油 A、B、C 的超声纵波延迟时间、波速与原油含水率的关系。由图中可以看出，超声波在液体中的传播时间随着含水率的增加逐渐减少，根据 $V=d/t$（d 为超声传播距离），可求出相应的纵波波速。图 6.2 中，超声波的传播速度随着原油含水率的增加而不断增大。根据这一关系，可以通过测量含水原油的超声波波速，进而判断原油的含水率。

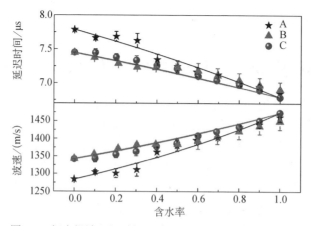

图 6.2　超声纵波延迟时间及波速与原油含水率的关系[15]

引入等效介质模型可以对上述实验结果进行理论解释。等效介质模型认为油水混合物的体积等于油和水未混合前的体积之和，因此含水原油、油和水在容器中的厚度满足关系 $d = d_1 + d_2$，如图 6.3 所示，纵波在样品中的传播时间为

$$t = d_1/V_1 + d_2/V_2$$

且

$$d_1/d_2 = \rho_2 c_m / [\rho_1(1-c_m)]$$

式中，c_m 为含水率；ρ_1 为水的密度；ρ_2 为原油 A、B、C 的密度，分别为 0.8455g/cm³、0.8987g/cm³ 和 0.8742g/cm³；$V_1 = 1458$m/s 为超声波在水中的传播速度；V_2 为超声波在原油 A、B 和 C 中的传播速度，分别为 1289m/s、1342m/s 和 1343m/s。图 6.2 中的实线是利用有效介质模型计算得到的结果，由图中可以看出，理论计算结果与实验结果吻合得很好。

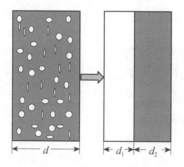

图 6.3　等效介质模型[15]

综上所述，利用全光学激光超声检测可以对标准样品的含水率进行从 0% 到 100% 的检测，从而建立标准数据库，并通过对未知含水率样品的检测进一步检

验这一方法的准确性。

（二）结合 3D 打印技术的高含水原油含水率的太赫兹光谱表征

太赫兹光谱技术是一种非破坏性和非接触式的方法，极性分子(水)和非极性分子(石油烃类)对太赫兹波的吸收呈现出显著差异，这一性质决定了利用太赫兹波进行原油含水率测量具有很高的精度，而且可以实现快速在线测量，可以作为一个高度敏感的水含量检测手段。然而，受限于水分子对太赫兹波的强烈吸收，太赫兹光谱信号随水含量的增加而骤减，这使太赫兹技术在含水样品尤其是高含水样品的研究中十分受限(图 6.4 为低含水原油的太赫兹光谱检测结果，具体可参考实验七的内容)。因此，要将太赫兹光谱技术顺利引入高含水油品的表征评价需要创新方法和思路。

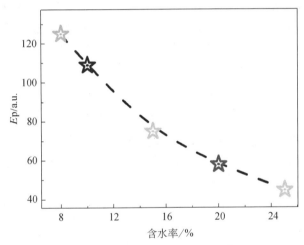

图 6.4　油水混合物含水率(0%~25%)与吸收系数的线性关系[16]

解决这一问题的简单方法就是缩小样品尺度，从而减少样品总量，最终降低样品对太赫兹波的吸收以提高信噪比，这样就能保证检测信号的可信度。新型的增材制造技术已经初步兴起，俗称 3D 打印技术。由于其革新的"分层制造，逐层叠加"的制造方式，可实现复杂结构一体成型，与传统制造技术相比，其制造周期大大减小，制造精度有所提高，制造成本明显降低，尤其适用于小批量个性化生产。因此 3D 打印技术的引进是解决高含水油品太赫兹光谱技术表征评价问题的有效途径。

为了提高太赫兹光谱检测精度，基于 Pro Engineering 软件设计了测量区域厚度为 500μm、壁厚为 1000μm 的 3D 打印样品池三维数字模型，如图 6.5 所示。模型的顶部设计有两个与样品池测试区连通的小孔，用于注射液体样品和排出样品池中原有的空气。

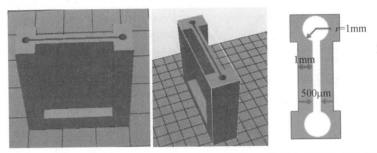

图 6.5　利用 Pro Engineering 设计的 3D 打印样品池三维数字模型示意图[17]

不同含水量的原油乳状液具有不同的太赫兹时域光谱。如图 6.6 所示，信号峰值（E_p）随含水量的增加而减小，时间延迟（τ，信号峰值的横坐标）则逐渐增加。插图中高含水率的原油乳状液样品的太赫兹信号强度相比低含水率明显减小。由于油水混合物的强吸收，有效频率范围减少到 0.7THz，同一样品的折射率（n）和吸收系数（α）随频率的变化较小，没有明显的吸收峰（图 6.7）。

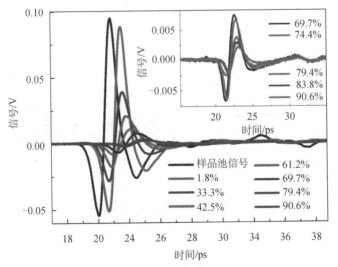

图 6.6　不同含水率样品的时域光谱[17]（文后附彩图）

图 6.8 为原油乳状液样品的太赫兹光学参数与样品含水率之间的关系图。可以看出，时间延迟 τ、信号幅值 E_p 可以与样品含水率之间建立指数关系；随着油水混合物中含水率的增加，样品折射率指数、吸收系数线性增加。结果表明，太赫兹光谱技术和 3D 打印技术的结合可以应用于原油表征中并且可以扩大含水率

的太赫兹光谱检测范围。

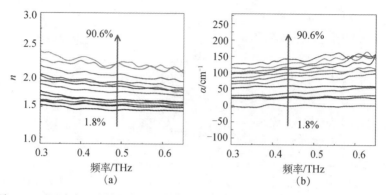

图 6.7　不同油水混合物的折射率 n(a) 和不同油水混合物的吸收系数 α(b) [17]

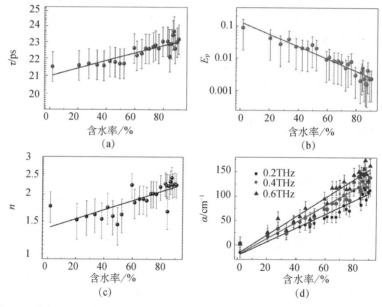

图 6.8　油水混合物的延迟时间 (a)、信号峰值 (b)、折射率 (c)、吸收系数 (d) 与
含水率的关系[17]

二、实验目的

(1) 了解原油乳状液的配制方法。

(2) 熟悉 3D 打印样品的设计、制作。

(3) 理解原油含水率的测量原理，掌握其测量方法。

三、实验设备及实验材料

(1) 透射式太赫兹时域光谱仪。

(2) 太赫兹测试样品架 1 个。

(3) 3D 打印机 1 台。

(4) 全光学激光超声检测系统。

(5) 移液器 1 个。

(6) 高精度电子天平 1 个。

(7) 透明石英样品池。

(8) 原油含水率为从 0~100% 的标准样品。

(9) 原油含水率未知的待测样品。

四、实验内容

(一)原油含水率的激光超声表征

配制出稳定、均匀的乳状液对于保证测量的精度和可靠性而言十分重要。首先将一定比例的原油和水装在一个带有刻度的容量为 250mL 的烧杯中,利用高速搅拌器对其进行充分搅拌使其配制成均匀的油水混合物,含水率为 0、10%、20%、30%、40%、50%、60%、70%、80%、90%、100%。将乳状液放入样品池(壁厚为 1mm、容积为 10mm×20mm×40mm 的石英器皿)中,记录室温。

将样品池放在实验装置中(图 6.9)。激光脉冲被样品表面吸收,通过热弹效应在样品内部产生超声波,干涉仪在样品另一侧检测超声波。由于样品池透明,所以切记在样品池的激发面和接收面贴铜膜和铝膜,以保证实验的安全性!

图 6.9 激光超声检测原油含水率的装置[15]

检查铜膜、铝膜，确定实验条件安全后再开始调节光路，对 11 个标准样品分别进行超声纵波检测。切记实验顺序：检查光路安全→打开激光→开始检测→保存结果→关闭激光→更换样品→重新检查安全。

对 11 个标准样品的实验结果进行汇总，绘图表征通过样品的纵波波速与原油含水率之间的关系，绘制参考曲线。

对含水率未知的待测原油样品进行检测，将检测结果与标准样品的参考曲线对比，检验这一方法的准确性。

（二）结合 3D 打印技术的高含水原油含水率的太赫兹光谱表征

本实验使用打印机精度为 100μm 的 Da Vinci 2.0 Duo 桌面 3D 打印机。首先，利用 Pro Engineering 设计 3D 打印样品池的三维数字模型，模型参数如图 6.5 所示，其中测量区域厚度为 500μm，壁厚为 1000μm。将设计好的图形文件转换为 STL 格式文件。将 STL 格式的模型文件导入 3D 打印机控制软件中，对模型进行分层处理，在控制软件中设置相关打印参数，其中打印速度设置为低速以便于材料凝固，打印层厚设置为 100μm。制备具备相同 3D 打印参数的试件共 20 个，编号 1~20。

将乳状液放入样品池，采用透射式太赫兹时域光谱系统进行测量。为了提高太赫兹光谱测量时的信噪比，在每一次测量中，均保证太赫兹波垂直入射在样品上并在另一侧进行探测。

补充实验 1：设计适用于太赫兹光谱检测的 3D 打印样品池

一、三维模型设计及打印参数设置

适用于 3D 打印的三维数字模型设计主要有两种方法。第一种是采用"逆向建模"的方式，即利用扫描设备扫描实物，得到网格化的数据，再导入逆向建模处理软件进行处理，软件会根据所得数据点对空白区域自行填充，对多余离散数据点进行删除，并且进行降噪处理，将扫描到的散点数据进行三维数据还原，即可得到目标的三维数字模型（图 6.10）。常用的软件有 Geomagic Studio、3D Studio Max、Imageware 以及 RapidForm 等。这种建模方式首先需要增加扫描设备，其次设备的扫描数据的获取过程必然伴随着系统误差的产生，而从逆向建模软件数据的还原方式上看，离散点的数据可信度的判断过程也会在一定程度上产生误差，影响建模的准确度。第二种则是直接采用 Auto CAD 软件进行三维模型设计，众多软件可以实现该功能，常用的有 Blender、Pro Engineering、Art of Illusion、Wings3D 等，AutoDesk 公司推出的 AutoCAD 是工程制图的基本工具，也是功能最强大的、最基本的 3D 打印设计软件，设计的基本方法是基于一个固定的三维坐标，图形中每一个点的位置的描述方法均基于这个坐标原点，而 Pro Engineering 多用于工程零部件的设计，图形的描述则是采用随机原点、相对位置和相对坐标，在使用过程中相较于 AutoCAD 更加灵活。

3D 打印的数字模型设计要遵循一定的原则：模型必须为封闭的，这种特性通常被称为"模型水密闭"，即模型不能存在单独的点、线、面或者缺损，该问题可以通过 3D-cp 等软件进行检查；不能存在多于两个面共享一条边，若存在此种情况，设计软件会直接弹出错误提示；模型厚度不能为零；面的法线方向正确，法线方向是打印控制软件辨别是模型内部还是外部的基础；另外还要基于打印机的自身分辨率考虑，其最小壁厚是否大于打印机分辨率、模型尺寸是否小于打印机限制等问题。

数字模型设计完成后，要想顺利被打印机读取还需要将其转换为 STL 格式的文件(图 6.10)。STL 文件格式是美国 3D System 公司最先创建的一种接口文件格式，是一种专门适用于增材制造的三维模型文件格式。STL 格式的文件基于采用无限多个三角形来近似描述整个立体结构的方法，不同的三角形则通过三个顶点的坐标及三角形的法线向量唯一确定，近似的描述会带来误差，而模型误差的控制则是基于弦度和角度控制两个参数的设置。弦度指的是用于逼近曲线边的弦的长度，可见，在格式转换时，弦度设置得越小，STL 格式的模型就越接近原始设计意图，而对计算机的计算量也提出了更高的要求。在软件的实际操作中，多设置弦度为零，系统会默认计算该三维模型可以采用的最小弦度，从而达到较小误差的目的。角度控制参数相当于传统制造中电机控制制造粗糙度的步距角。STL 模型转换时，角度控制越大，进行分层制造时机器打印喷头的三向位移就越小，则模型的光滑度就越高。但在实际应用中，角度控制对光滑度的影响还受到 3D 打印机的精度也就是打印喷头的最小三向步长的限制。

将 STL 格式的文件导入控制软件可以对模型进行二次处理，模型的大小和方向均可在此阶段进行调整，但模型的大小设置只能根据原模型按照一定比例缩放，模型的整体外形不能改变。模型的方向调整需要仔细观察，镂空的部分不能置于实体的下方，如果存在这种情况打印附着则会出现问题。打印参数的设置能够显著影响打印时间，同时也是控制打印误差和影响打印质量的关键。

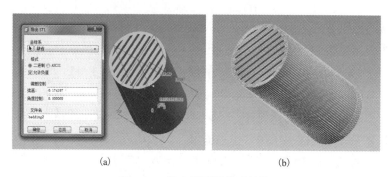

图 6.10　数字模型的格式转换

(a) 导出 STL 格式文件时的相关参数；(b) 以小三角形描述模型表面的 STL 三维数字模型

二、3D 打印样品的制备方法

（一）岩石各向异性模型的 3D 打印制备方法

传统的模型制造工艺不能满足准确制作岩石模型内部缺陷、表征不同密度、组成颗粒、颗粒岩石定向排列的复杂构造要求，并且存在制作模型周期长、成本高的问题。利用 3D 打印技术对岩石层理结构进行模型的分岩层快速制作，将代表不同密度、不同组成颗粒、不同颗粒排列方式的岩层集成到一个模型中，准确打印出岩层内部存在的缺陷，并且可以根据研究需要对需要模拟的岩石原型做出调整，降低小数量制作模型的时间和经济成本。

基于 3D 打印技术制作岩石层理结构模型的方法，包括以下步骤。

步骤 1：使用 AutoCAD 软件设计 N 个同种性质的岩层三维模型。

步骤 2：将得到的三维模型保存为 STL 格式并进行分层处理。

步骤 3：数据传输至计算机并选择 N 种打印参数和打印原料。

步骤 4：3D 打印机连续打印 N 个模型，控制软件根据分层信息，控制打印机喷头的熔化材料，逐点喷涂完成一层的打印，打印机控制软件控制 Z 轴上升，继续后面打印层的固化直至模型完成。

岩层模型的下表面是水平的，第 $n+1$ 个模型的上表面与第 n 个模型的下表面完全一致。其中，n 是大于 1 的整数，代表 N 个岩层从下到上的编号。岩层模型设计的实施流程如图 6.11 所示。

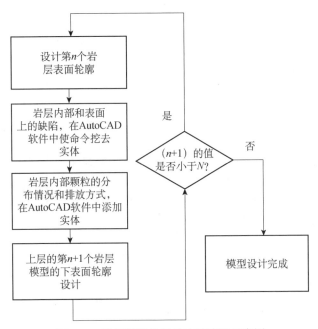

图 6.11　岩层模型设计的实施流程示意图

（二）可燃冰笼状结构模型的 3D 打印制作方法

可燃冰即为天然气水合物，是在低温高压的条件形成的。CH_4、C_2H_6 等天然气主要成分和水的富集，以及 CO_2、N_2 和 H_2S 等其他气体成分的附着，可形成单种或多种可燃冰。可燃冰中水分子形成一种空间笼状结构，CH_4 和少量的 N_2、CO_2 等分子填入笼内的孔隙中，常见的结构是 H 型与 I 型、II 型，其区别在于其中 H 型的水分子在笼内能填充多个气体分子，而 I 型和 II 型最多只能容纳一个气体分子。形成可燃冰的主要气体为甲烷，气体分子中甲烷分子含量在 80%～99%（体积分数）。

可燃冰笼状结构的构成复杂，可能是单个常见结构（如 H 型）的复杂结合，也可能是多种结构的结合，键合的方式复杂多变，因而可燃冰的笼状结构不是单一的，其存在方式是多种多样的。采用传统球棍法拼接分子模型的结构稳定性不好，传统制造工艺制作笼状结构模型达到一体成型的目的需要针对每一种具体结构进行开模，费用昂贵、加工流程复杂，不能适应多样的模型制作需求。

基于 3D 打印制作可燃冰笼状结构模型的方法则应适应多样的、复杂可燃冰笼状结构的快速制作要求，保证模型设计过程产生的错误不影响打印结果，实现在节约时间和经济成本的基础上正确、快速地制作可燃冰笼状结构模型。

基于 3D 打印技术制作的模型，包括以下步骤。

步骤 1：使用计算机辅助设计软件设计可燃冰笼状结构模型，具体包括以下步骤，首先设计单个气体分子模型；其次在气体分子模型外围设计代表水分子构成的笼，最后将多个包含气体分子的笼状结构进行组合，分子模型之间不重合，互相不接触。各分子模型均由分子包含的原子模型之间及原子间的化学键模型构成。

步骤 2：检查设计的模型是否满足 3D 打印模型设计原则，即满足模型封闭、不存在多个面共享一条边、模型壁厚不为零且大于打印机分辨率、模型尺寸小于打印机尺寸限制(图 6.12)。若不满足，则重复步骤 1 和步骤 2 的操作，若满足，则进行步骤 3。

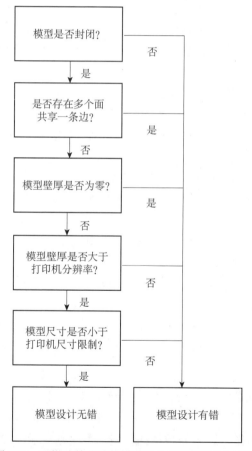

图 6.12 可燃冰笼状结构模型设计的实施流程示意图

步骤 3：模型输入计算机，进行切片处理，并保存为 STL 格式。

步骤 4：选择打印参数，3D 打印机根据 STL 文件对模型进行打印。

步骤 5：模型后期处理。

（三）适用于太赫兹光谱检测的样品池及其制作方法

水分子是一种极性分子，相比于非极性分子对太赫兹波的吸收明显增强，经过厚度较大的高含水油品会导致透射太赫兹波信号急剧下降，难以进行太赫兹光谱的检测，并且在探测不同样品时需要的厚度不同，因此需要样品池的个性化定制。厚度在 500μm 以下的样品池在实际生产中成本是很高的，工厂加工样品池时流程复杂，由于精度的要求，针对太赫兹波探测高含水油品的实验对这种样品池的需求不是批量化的，工厂进行加工时需要针对特定厚度的样品池进行开模，这大大增加了样品池的制作成本和制作流程的复杂度。

高含水油品在进行太赫兹光谱检测前必须进行油水均匀混合，而传统实验样品池结构简单，需要在注入样品前在其他容器中完成混合，再加入样品池中。由于油水随时间增加呈现逐渐分离的现象，混合后到加入样品池之间的时间差会影响样品的油水混合均匀程度，对实验结果造成影响。

FDM 技术的原理简单，将聚合物原料经过加热，通过打印喷头涂敷在平台上堆积凝固，从而打印三维实体。基于 FDM 的 3D 打印机发展较早，FDM 工艺流程所需设备成本较低，无须配备高功率激光器，成型原料也易于获取，因此该成型技术的性价比较高，也是众多开源桌面 3D 打印机主要采用的技术方案。

使用一种样品池进行含水样品检测能否获得高强度的有效太赫兹信号决定了该样品池能否适用于含水样品的太赫兹光谱检测，归根结底还是要减少样品池和检测样本对太赫兹波的吸收，行之有效的方法就是优化样品池的设计，在 3D 打印机可以达到的精度范围内减小检测物质的总量及样品池本身对太赫兹波的吸收。

为此，分三批设计制作 3D 打印样品池，分别针对样品池测试区壁厚、样品池打印填充度、样品池测试区厚度(内壁)、样品池的形状设计进行一系列优化，制作 15 个不同设计方案的 3D 打印样品池。为检验所有样品池在实际测试中的适用度，分别在太赫兹时域光谱系统中测试样品池的太赫兹信号，最后将去离子水注入样品池，进行纯水样品的信号测试。所使用的样品池在注水的情况下仍能获取有效信号就意味着含水样品的测试也能够顺利进行，测试参考信号、样品池信号的目的是比较各个样品池本身对太赫兹信号的吸收。

首先，对可打印样品池厚度进行优化。按照如图 6.13 所示的设计方案分别打印四组样品池，每组打印 3 枚，以保证打印结果的代表性。表 6.1 中的数据结果为每组的三个样品池数据的平均值。

编号	长/mm	宽/mm	高/mm	测试区壁厚/mm	测试区内壁距离/mm
样品池 1	20	20	30	5	10
样品池 2	10	10	30	2.5	5
样品池 3	7	7	25	2	3
样品池 4	10	5	20	1.5	2

图 6.13　样品池 1～4 的设计方案

表 6.1　样品池 1～4 的测试结果

编号	打印时间/h	参考信号峰值/mV	样品池信号峰值/mV	信号强度下降率/%
样品池 1	1.0	262.94	10.21	96.12
样品池 2	0.4	269.31	33.33	87.62
样品池 3	0.31	259.87	39.72	83.56
样品池 4	0.12	261.12	43.57	83.31

四组样品池均能顺利打印，壁厚越小的样品池打印时间越短，壁厚为 5mm 的样品池打印过程耗时约 60min，而壁厚为 1.5mm 的样品池打印过程仅用时 7min，在打印时间上差距明显。而从表中也可以看出，样品池 1 引起的信号强度下降率高达 96.12%，而样品池 4 相比样品池 1 减小了 3.5mm 的壁厚，信号强度提升了 33.36mV，信号强度的下降率则减小了 12.81%，这将对样品测试的结果产生明显的影响。由此可见，在该批次的样品池中测试区内壁距离为 2mm 的样品池设计方案最有利于含水样品的太赫兹光谱检测，这也就意味着在打印机的精度和性能范围内，样品池壁厚越小打印时间越短，样品池内壁距离越小越能有效提高检测的准确度。与此同时，也打印了四组壁厚为 1.5mm，内壁距离分别为 1mm、800μm、500μm 和 400μm 的样品池，内壁距离为 400μm 的样品池出现了缝隙粘连，说明该打印机不能打印小于 400μm 的缝隙，因此后续实验涉及的所有样品池的内壁距离均为 500μm。

然后，在保证稳定打印的基础上，按照对样品池的可打印壁厚的极小值进行了设计，方案如图 6.14 所示。为了验证壁厚对太赫兹光谱测试的影响程度，对三组样品池的太赫兹光谱测试结果进行了比较。从图 6.15 中可以看出，在参考信号差距较小的情况下，样品池测试区壁厚的差距对太赫兹光谱信号峰值产生了具有规律性的影响：样品池 5～7 的信号相对于参考信号分别衰减了 248.36mV、212.80mV 和 208.51mV，由此可见随着样品池壁厚的增加，样品池信号峰值逐渐减小，这与之前的实验结果吻合；除此之外，信号峰值所对应的时间延时显现出了逐渐增加的趋势。

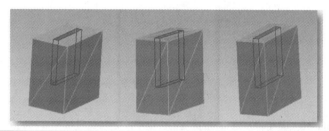

编号	长/mm	宽/mm	高/mm	测试区壁厚/mm	测试区内壁距离/mm
样品池 5	6	3.5	6	0.5	1.5
样品池 6	6	3	6	0.5	1.25
样品池 7	6	3.5	6	0.5	1

图 6.14　样品池 5～7 的设计方案

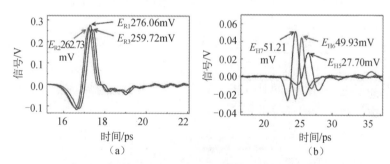

图 6.15　样品池 5～7 的太赫兹光谱检测结果

(a) 参考信号 (E_R)；(b) 样品池信号 (E_H)

为了验证样品池 5 的设计相对于其他方案是否真正适宜高含水液体样品的太赫兹光谱检测，同时对分别使用这三种样品池测试得到的去离子水太赫兹时域光谱测试结果进行比较，如图 6.16 所示。利用壁厚分别为 1.5mm、1.25mm、1mm 的样品池检测得到的去离子水的太赫兹时域光谱信号峰值分别为 3.417mV、3.091mV 和 1.513mV，也就是说样品池检测区的壁厚越小，得到的液体样品的时域信号强度越高，也就意味着信号的信噪比得到了提升，从而直接影响检测的准确度和可靠性。

由上述两组样品池的设计和测试，得到了使用 3D 打印机制作的适用于太赫兹光谱检测高含水样品的样品池的最优检测区壁厚和最优内壁距离，分别为 1mm 和 0.5mm，以下实验中所使用的 3D 打印样品池均按照该参数进行设计制作。

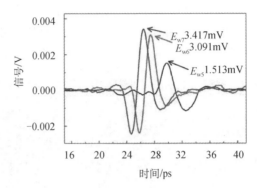

图 6.16　使用样品池 5～7 检测的去离子水太赫兹时域光谱测试结果

为了方便液体样品的注入，考虑到样品池在实际使用中的样品注入问题，在样品池 7 的基础上，分别在内壁的左右两侧设计了两个与检测区等深的圆柱孔隙，一端方便注射器注射样品，另一端用于排空样品池内部的气体，防止油水混合物中混入气体，影响检测结果；同时为了使样品池在光谱仪中能够稳定放置，避免出现样品倾倒污染内部精密光学镜片、损坏仪器的情况，对样品池的底部进行了尺寸放大；出于 3D 打印为逐层打印的考虑，为保证打印质量，在非检测区也进行了材料的加厚。最终的设计方案如图 6.17 所示，该设计方案不仅有利于测试也缩短了制作时间，同时打印 5 个该尺寸的样品池仅需 30min，相对于前期的设计方案样品池打印耗时明显缩短。

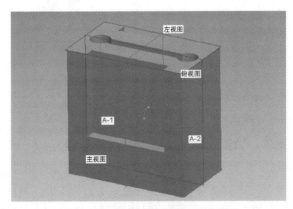

图 6.17　样品池最终的设计方案

补充实验 2：3D 打印样品池精度的太赫兹光谱检测

目前，市面上 3D 打印机的材料成型工艺大多都基于 FDM 技术。该技术需要将三维数字造型转换为二维轮廓信息后再进行分层造型，在此过程中往往会造成误差。造成误差的主要原因有三点：首先，在前期模型构建阶段，设计的模型文件通常被转换为大多数 3D 打印机都能够识别的 STL 格式，这是一种使用三角形单元来表述模型外观的文件格式，其实质为利用众多空间三角形面来近似还原三维实体数字模型，在生成 STL 格式文件对数字模型进行近似描述的过程中，所设置的角度控制、弦高等参数将直接影响文件的精确度；其次，在加工成型阶段，在 X、Y、Z 三个方向均会产生不同的凝结延迟；另外，热熔头在轨迹轮廓的往复运动过程中也存在一定的机械运动误差。

3D 打印在文物复刻、手术辅助导板定制及地下气层重现指导能源开发等众多领域得到了广泛应用，在应用过程中，过大的误差可能会产生威胁人身安全、造成资源浪费等重大影响，因此对 3D 打印精度提出了较高的要求。然而，现有的 3D 打印误差分析多基于对打印成型件进行尺度的直接测量，统一的规范方法还没有完全建立。FDM 技术常采用的 ABS 和 PLA 材料在太赫兹波段均存在明显吸收，在太赫兹波段具有明显的响应，不同厚度或外形的 FDM 成型件可通过太赫兹光谱信号加以区分。因此，太赫兹技术可作为 3D 打印误差分析的有效手段。

在本实验中，利用太赫兹光谱对 3D 打印样品进行误差分析与标定，采用样本内部注水测量的方式，放大打印误差对样品太赫兹波谱的影响，做到同时检测实体误差和非实体误差。将太赫兹技术引入 3D 打印技术的评价当中，成为 3D 打印误差分析有力的补充手段。

本实验使用的是打印机精度为 100μm 的 Da Vinci 2.0 Duo 桌面 3D 打印机。所设计的试件为长 30mm、宽 2.5mm、高 25mm 的实体，实体内部人为设置了长 20mm、宽 500μm、高 25mm 的长方体缺陷。在 3D 打印的过程中，打印试件与打印平台的接触面积越大，越有利于底层材料凝固，因此模型底端增加了长 30mm、宽 7mm、高 5mm 的底座，用于避免底面接触面积过小导致的试件翘边现象。首先，利用 Pro Engineering 设计 3D 打印试件的三维数字模型，并将其转换为 STL 格式文件，其中，弦度设定为系统允许的最小值，以减少 STL 文件对设计模型描述的偏差。然后，将 STL 格式的模型文件导入 3D 打印机控制软件中，并对模型进行分层处理，并在控制软件中设置相关打印参数，其中，打印速度设置为低速以便于材料凝固，打印层厚设置为 100μm。基于上述三维数字模型，首先制备具备相同 3D 打印参数的 40 个试件，编号 1~40，并对 40 个试件分别进行了透射式太赫兹时域光谱检测，检测结果作为参考信号用于后续光谱分析。

将每一个试件内注满去离子水，利用太赫兹波对空样品池及装满样品的样品池分别进行透射式扫描，每个试件测试两次，作为样本信号，通过分析太赫兹光谱评价 3D 打印精度。采用注水检测的原因是水分子是一种极性分子，对太赫兹波的吸收很大，水含量的微量增加就能够引起太赫兹信号的明显降低，所以样品池的细微差异在注水之后将引起太赫兹光谱的明显变化，这降低了光谱分析的难度，使结果更加直观，同时提高分析的准确性。因此，采用样本注水的方式可以放大 3D 打印误差对太赫兹光谱的影响，从而方便波谱分析，有利于对 3D 打印精度的准确评估。

参考试件和中空试件的太赫兹时域信号表现出了明显区别，如图 6.18(a)所示，参考时域信号的峰值为 0.24V，40 个试件的信号虽不尽相同，但从整体的太赫兹波形上看，信号峰值均大致在 21ps 处出现，峰值的大小在 0.096V 上下浮动。图 6.18(b)为随机选取的 5 个注水试件的太赫兹光谱时域信号，由于水分子对太赫兹波的吸收显著，注水后信号出现了明显衰减。

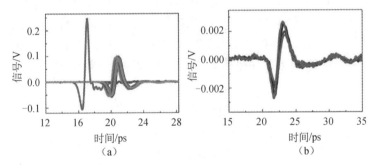

图 6.18　参考试件及中空试件的太赫兹时域谱(a)及随机选取的 5 个注水试件的太赫兹时域谱(b)[18]

对所有试件的太赫兹时域信号峰值进行分析(图 6.19)，如图 6.20 所示，空样品池的信号峰值分布中心为 0.096V，而注水样品池峰值则以 0.0025V 为中心上下分布。因此综合空样品池信号峰值及注水样品池信号峰值信息，与二者差距最小的是 14 号样品池，E_{p-cell} 为 0.09415V，$E_{p-water}$ 为 0.00273V。在假定其检测区缝隙厚度恰好为 500μm 的前提下，将 14 号样品池注水前后的太赫兹时域信号分别作为参考信号和样品信号，分别经过傅里叶变换求得参考信号的频域信号和样品的频域信号，则基于二者之比可求得样本折射率，从而计算样本吸收系数。

在参考信号与样本信号确定的情况下，吸收系数与样本厚度存在一一对应的关系。

基于上述假设，最终求得纯水的吸收系数如图 6.21 所示，与水的标准吸收完全一致，证明了对 14 号样品池的实际厚度为 500μm 的假设是正确的，因此后续误差分析均利用 14 号试件作为基准。

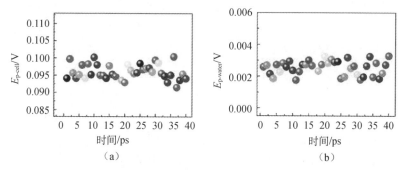

图 6.19 40 个试件的太赫兹时域信号峰值(a)及注水试件的太赫兹时域信号峰值(b)[18]

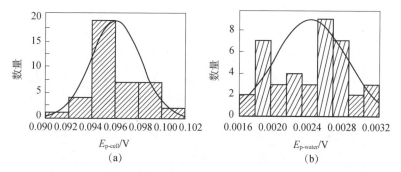

图 6.20 40 个试件的太赫兹时域信号峰值的正态分布分析结果(a)及注水试件的太赫兹时域信号峰值正态分布分析结果(b)[18]

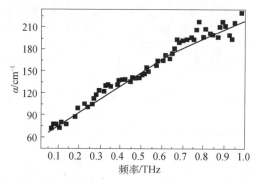

图 6.21 基于 14 号样品池缝隙厚度与原始设计一致的前提下计算纯水的吸收系数图[18]

误差分析的计算方法是首先以空载信号作为参考信号，使用快速傅里叶变换的数值可得到信号的频域谱。利用吸光度的定义 $A = \lg(I_{sam}/I_{ref})$ 计算吸收光谱，其中，I_{ref} 和 I_{sam} 分别是参考信号和样品信号的频域谱值（FDS），得到的吸收光谱即为仅由样品池壁引起的吸收在各个频率处的变化情况，频率有效范围是 $0.1\sim1$THz。计算各个样品池在 0.1THz、0.2THz、0.3THz、0.4THz、0.5THz、0.6THz、0.7THz、0.8THz、0.9THz、1THz 处的吸光度与 14 号样品池在对应频率处的吸收的比值，得到的 10 个倍数取平均得到各个样品池的吸光度相对于 14 号样品池的平均倍数 m，则各样品池壁厚为 $D = m \times 1000\mu m$。

如图 6.22(a)所示，40 个样品池的平均壁厚为 1024.656μm，整体偏大，其中 4 号样品池壁厚最大达到 1166.382μm，10 号样品池的壁厚最小，只有 952.235μm。误差大于 10%的有 3 件，占总体的 0.75%；误差在 5%～10%的有 9 件，占总体的 22.5%；大多数的试件实体误差小于 5%，共计 28 件，占总体的 70%，其中误差小于 3%的有 26 件，占总体的 65%，平均误差为 2.47%。

以同样的方法计算各试件测得的水的吸光度与 14 号测得的水的吸光度的比值 n，则各试件的缝隙厚度可由公式 $d = n \times 500\mu m$ 计算得到，最终结果如图 6.22(b)所示，40 个样品池的测试取平均厚度为 499.5163μm，整体偏小，其中 31 号样品池的测试区厚度最大达到了 547.6968μm，34 号样品池的测试区厚度最小，只有 459.8909μm。所有试件误差均小于 10%，并且大多数试件的误差小于 5%，共有 26 件，占总体的 65%，其中误差小于 3%的有 12 件，占比为 24%，平均误差为 0.96%。

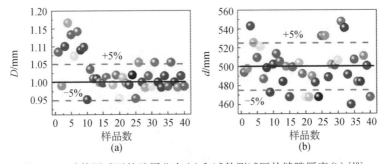

图 6.22　试件测试区的壁厚分布(a)和试件测试区的缝隙厚度(b)[18]

综上所述，在本实验中，ABS 实体打印误差为 2.47%，非实体打印误差为 0.96%。利用透射式太赫兹光谱可分辨 3D 打印试件的微米级误差，证明了太赫兹技术表征 FDM 3D 打印精度的可行性，太赫兹光谱检测技术的分析精度水平与其他方法基本持平。相比之下，太赫兹技术的应用具备两大优势：①安全度高，太赫兹光子的能量低，只有几毫电子伏特，不会对被检测物或人体造成任何破坏；②可同时对实体与非实体的误差进行高精度分析。因此，在 3D 打印机生产校准、试件精度要求高的情况下，太赫兹光谱检测技术可以作为一种安全高效的 3D 打印精度评价手段。

实验七　原油乳状液的太赫兹光谱表征

一、研究背景及进展

原油乳状液是原油和水混合在一起所形成的一种热力学不稳定的二元体系，它存在于石油生产的各个主要生产环节中。比如在地下石油开采过程中，常常需要用乳状液将残留在岩石孔隙或微隙中的原油驱替出来，从而提高油田的采收率。而当地下原油被开采到地面之后，则需要采用有效的方法和技术将乳状液进行油水分离以脱去其中的水分，脱水越彻底，越有利于降低原油运输和加工的成本。

原油乳状液的稳定和破乳对于原油的生产、运输和加工都是一个十分复杂的问题。界面膜的强度大小直接决定了分散相液滴的聚并速度。原油中通常含有的沥青质、胶质等极性化合物在油水分界面构成的界面膜具有一定的强度，可以阻止水滴的聚并，从而增加原油乳状液的稳定性。原油乳状液越稳定，原油中的水越不容易分离。在这种情况下，则必须借助加热、加入电场、加破乳剂等方式使油水更好地分离。采用哪种脱水方法更多地取决于原油乳状液的稳定类型和机制，而这往往以原油乳状液的稳定性评价作为前提和基础。

对于原油乳状液稳定性的评价，目前主要采用的方法有目测法、电导率法、临界电场法和近红外法。目测法是实验室配制和研究乳状液稳定性的一种常用的简单方法。然而，当原油颜色较深或需要进行局部观察时，该方法的实用性往往受到限制；电导率法、临界电场法和红外方法能够对乳状液的稳定性进行在线评价，但却容易受其他因素如地层水矿化度、温度、原油颜色等的影响。本实验通过将原油乳状液稳定性评价与太赫兹时域光谱技术进行结合，证明将太赫兹时域光谱方法和技术用于乳状液稳定性评价的可行性。同时，通过对乳状液破乳过程中太赫兹光谱振幅的分析，揭示太赫兹时域光谱方法的快速、简单和定量化的特点。

（一）原油乳状液稳定性的评价

原油乳状液从油水含量的多少及油水分布形态上可分为油包水（W/O）乳状液和水包油（O/W）乳状液两大基本类型，对于这两种乳状液的太赫兹波吸收特性的研究有助于深化对乳状液与太赫兹波相互作用的微观机制的认识。

图 7.1 给出了 10h 以内渤海原油乳状液的太赫兹时域光谱变化，图 7.2 为乳状液在破乳过程中太赫兹时域光谱峰值与破乳时间之间的关系。该乳状液的初始太赫兹信号峰值为 8.1mV，经过 56 min 后，振幅上升至 13.55mV，上升速率为 0.0973mV/min；经过 173 min 后，振幅上升至 41mV，上升速率为 0.2346mV/min；经过 581 min 后，振幅上升至 53mV，上升速率为 0.0294mV/min。在 10 h 的时间中，乳状液的太赫兹光谱峰值增加经历了从慢到快、再从快到慢的变化过程。

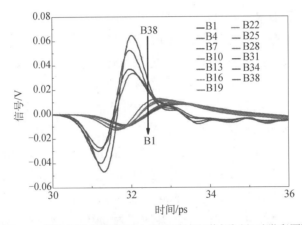

图 7.1　渤海原油乳状液的太赫兹时域光谱[19]（文后附彩图）

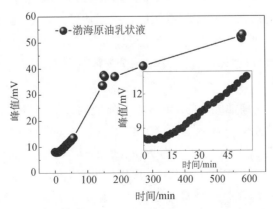

图 7.2　渤海原油乳状液在破乳过程中的太赫兹时域光谱峰值随破乳时间的变化[19]

　　由此可知，乳状液的破乳过程实际上经历了两个阶段。第一阶段：破乳速率从初始值逐渐增大至最大值，开始时，原油乳状液中的水分以微小液滴的形式均匀分布在连续油相之中，液滴颗粒之间在分子热运动作用下需要克服水滴边界上的界面张力才能发生碰撞、聚集作用，这时破乳过程发生缓慢。随着时间的推移，一些界面膜强度较小的油水边界被水滴冲破，从而发生了分散相液滴的聚并。当局部小液滴间发生合并变成较大液滴后，其重力显著增大，随即在发生沉降的过程中对周围其他小液滴的吸纳能力随之增大，这时油水分界面处的界面膜对水滴与水滴之间聚并的阻挡作用相对减弱，原油乳状液的破乳过程加速，油水分离的进程加快，即体现在图中破乳的第一阶段。第二阶段：破乳速率到达最大值之后逐渐减小并趋于稳定，这个过程发生在较大液滴发生聚并、沉降作用之后，剩下的微小液滴由于体积很小、质量很轻，几乎完全被连续的油相原油物质所包围，很难克服油水分界面处界面膜的束缚，因此破乳过程发生趋于缓慢，体现在太赫兹时域光谱中幅值上升速率的明显降低。

　　采用与渤海原油相同的乳状液配制方法和观测方式，对中东原油乳状液的稳定性进行太赫兹时域光谱观测。如图7.3所示，从第1次扫描至第11次扫描结束共历时42min，在这段时间内，中东原油乳状液经历了缓慢的破乳过程，乳状液的太赫兹时域光谱峰值从6.80mV缓慢上升至7.05mV，上升速率为0.0060mV/min。第12次扫描与第11扫描之间的时间间隔为230min，在这期间太赫兹时域光谱的峰值由7.05mV上升至10.0mV，上升速率为0.0128mV/min。第14次扫描与第12次扫描之间的时间间隔为120min，在这期间太赫兹时域光谱振幅由10.0mV上升至11.7mV，上升速率为0.0142mV/min。对于中东原油乳状液，整个观察记录时间段392min内太赫兹时域光谱峰值上升速率为0.0125mV/min。与渤海原油乳状液相比，中东原油乳状液的破乳过程缓慢，整个扫描时间段内，其太赫兹峰值的上升速率比渤海原油大约小一个数量级。这在一定程度上反映出中东原油乳状液中油水分界面的界面膜强度比渤海原油乳状液的要大。

　　最后，选用辽河原油配制与之前两种原油具有相同含水率的乳状液进行相同方式的太赫兹时域光谱观测。图7.4给出了27h之内的太赫兹光谱实验结果，其中第1次扫描至第20次扫描结束为70min内的连续观测，第21次扫描至第23次扫描为5h后的扫描结果，第24、25次扫描为之后20h的观测结果。由于所选用的辽河原油沥青质和胶质含量较高、加之黏度较大，所配制的乳状液十分稳定，在整个扫描时间内太赫兹时域光谱峰值上升幅度很小，从第1次扫描到5h

之后的扫描，峰值从 6.35mV 上升到 7.50mV，上升速率仅为 0.0029mV/min。与之前渤海、中东原油两种原油乳状液观测结果不同的是，辽河原油乳状液在经过 26h 的静置后，其太赫兹时域光谱峰值反而出现了微小的下降，从 7.50mV 下降至 7.30mV。这种下降现象与辽河原油乳状液可能发生的老化过程有关，即在辽河原油乳状液静置的过程中，乳状液向老化过程转化，原油中含有的天然表面活性剂充分吸附到油水分界面上，导致乳状液比之前更加稳定，反映出太赫兹时域光谱峰值的下降。

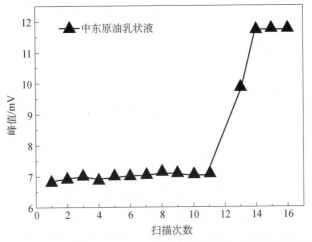

图 7.3　中东原油乳状液的太赫兹时域光谱峰值随扫描次数的变化[19]

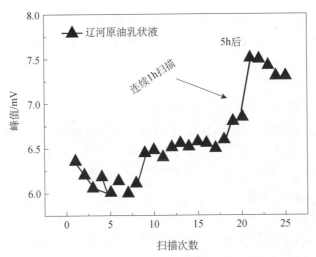

图 7.4　辽河原油乳状液的太赫兹时域光谱峰值随扫描次数的变化[19]

上述数据对比从定量上给出了相同时间段内三种不同产地的原油乳状液的破乳快慢程度及稳定性差异。尽管由渤海原油、中东原油、辽河原油这三种不同产地的原油所配制的乳状液具有相同的颜色，但三者却呈现出显著不同的热力学稳定性，这通过太赫兹时域光谱的实时变化得到了证明和体现。究其原因，最主要是由于三种原油的产地不同，并具有不同含量的沥青质、胶质等天然乳化剂。在沥青质和胶质含量方面，辽河原油最多，中东原油其次，渤海原油最少。如前所述，沥青质和胶质作为天然活性剂能吸附在油水分界面处形成具有一定强度和厚度的界面膜，沥青质和胶质含量越高，所形成的界面膜厚度越大、强度也越大。界面膜的存在在一定程度上阻碍了乳状液中作为分散相的水滴之间所发生的聚并作用，从而降低了液滴的聚并速率，有利于原油乳状液的稳定。此外，原油乳状液中沥青质和胶质含量增大还能增加原油乳状液外相的黏度，外相黏度的增加将导致液滴扩散系数的减小，从而导致分散相水滴碰撞频率和聚合速率的降低，与此同时，液滴的布朗运动也受到阻碍，这些都有利于形成更稳定的乳状液。

（二）原油乳状液类型的识别

原油产地、开采方式、温度、压力、水相性质(盐度、pH)等因素使原油乳状液性质千变万化。按照油和水在油水混合体系中连续性的不同，可将原油乳状液分为油包水和水包油两种基本类型。例如，在油包水乳状液中，原油为连续相(也称外相)介质，水为分散相(内相)介质；在水包油乳状液中则与之相反。在形成稳定的油包水或水包油乳状液的过程中，乳化剂在其中起到关键作用。原油乳状液的稳定性主要取决于沥青质、胶质等天然乳化剂吸附在油水分界面上形成的界面膜的性质，这种界面膜有界面张力较大和膜强度较大两个特点。

在注水开发和提高采收率的技术中，储层岩石润湿性的研究十分重要和关键。在石油勘探和开发领域，通常将储层岩石颗粒分为亲水性、中间性和亲油性三种。当储层岩石的润湿性不同时，孔隙中流体的分布形态也呈现出截然不同的分布差异。当储层岩石为亲油性时，开发过程中岩石孔隙空间内的残余油将普遍存在。通常需要根据储层岩石润湿性的不同及储层孔隙性和孔隙结构差异来选择对应类型的乳状液以对储层中原油进行驱替。因此，在实际原油开采过程中，乳状液的类型及稳定性对于储层原油的驱替效果有着重要影响。研究表明，利用乳状液对经过水驱后的储层再次进行驱替，能够将储层中的各类残余油有效地驱替出来，从而大幅度提高了油田的采收率。

在油田进入开发阶段后，由于受到岩石润湿性、储层微观孔隙结构及采油驱替过程中所选用的驱替物质的影响，孔隙中的流体既能形成油包水乳状液，也能形成水包油乳状液。如何对这两种乳状液类型进行快速判别从而选择合适类型的驱替液体便成为摆在石油开发人员面前的一个重要难题。基于对上述实际生产课题的思考，本节考察油包水和水包油两种类型乳状液太赫兹时域光谱的响应差别，从而为太赫兹光谱方法判断原油乳状液的类型提供依据，也为今后利用太赫兹光谱指示储层岩石润湿性及其变化提供可能性。

　　图7.5给出了乳状液注入透明聚乙烯薄膜之后所呈现的形态。不同含水率和不同类型的乳状液其太赫兹脉冲振幅和时间延迟呈现出不同的差异（图7.6）。为了进一步寻找不同乳状液的太赫兹响应规律，将时域谱转换至频域谱，得到如图7.7所示的不同含水乳状液的吸收谱。随着含水率的增加，乳状液对太赫兹波的吸收衰减作用增强。进一步对比油包水乳状液和水包油乳状液的太赫兹吸收特征，不难发现，e1～e9这九种乳状液（油包水型）与e12～e20九种乳状液（水包油型）呈现出不同的吸收特征，即油包水型乳状液不存在特征吸收峰，而水包油型乳状液却出现了一致的吸收峰，该吸收峰的存在反映了水包油乳状液和油包水乳状液在油相和水相分布特征上的差异。在油包水型乳状液中，油为连续相，水为分散相，当太赫兹脉冲照射在装有油包水型乳状液的薄膜中时，连续相的油相为太赫兹波的向前传播提供了便捷通道，此时太赫兹波会选择性地避开油水分界面和分散相水滴而尽可能地在油相中传播，其绝大部分能量从连续相的原油中透过从而被另一侧的太赫兹波接收器探测接收。与此不同的是，当太赫兹波照射在水包油型乳状液中时，此时油变为分散相，水成为连续相，这时太赫兹波无法在原油中进行连续传播，而需要反复经过多个油水分界面向前传播且被衰减。由于分界面处聚集了大量的沥青质、胶质等极性物质和分子量较大的烃类物质，且这些物质在太赫兹波段存在特征吸收峰，该吸收峰即为本实验中所有的水包油型乳状液所观察到的特征吸收峰。

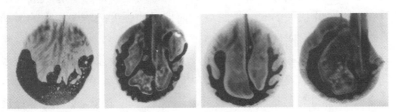

图7.5　乳状液注入透明聚乙烯薄膜中的形态（文后附彩图）

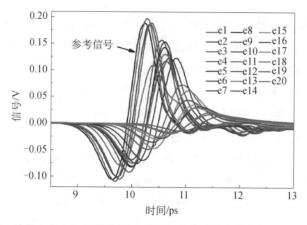

图 7.6　油包水和水包油乳状液系列的太赫兹时域光谱[19]（文后附彩图）

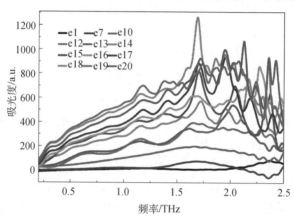

图 7.7　油包水和水包油两种类型乳状液的吸收特性[19]（文后附彩图）

（三）低含水率原油的太赫兹光谱检测

图 7.8 为不同含水率原油乳状液的太赫兹时域光谱，由于乳状液中水对太赫兹波的吸收，透过乳状液的太赫兹时域光谱信号的强度随着含水率的增加呈现依次降低的趋势。因此，太赫兹时域光谱技术可通过振幅大小的改变来反映乳状液的含水信息。此外，随着含水率的增加，乳状液的太赫兹时域波形也出现了时间上的不同延迟，与振幅变化不同的是，相位延迟与含水率之间呈现出不同的规律，并与含水率之间有着某种密切联系。当含水率低于 8% 时，随着含水率的增加，透过乳状液的太赫兹时域波形的相位延迟也相应增加，当含水率从 8% 增加至 25% 时，太赫兹时域波形的相位延迟出现了跳跃。

太赫兹时域光谱的相位延迟是由太赫兹光在介质中的传播距离和传播速度共同决定的，对于含水率为 8%、10%、15%、20%、25% 这五种原油乳状液，由

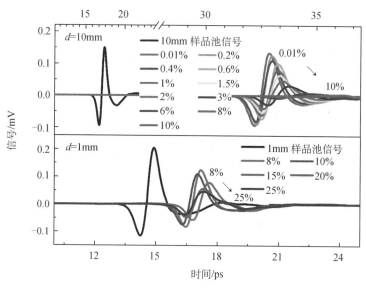

图 7.8　10mm 厚和 1mm 厚乳状液样品的太赫兹时域光谱[16]

于采用的是相同厚度的样品池，故太赫兹波在样品池中的传播距离是相同的，但是由于散射效应的存在(本实验中，太赫兹脉冲的有效频率范围为 0.2～1.5THz，对应波长为 1.5～0.2mm，而乳状液中的水滴颗粒大小范围处于0.001～0.1mm，且随着含水率的增大，液滴颗粒也随之增大)，太赫兹波在乳状液中的实际传播距离发生了变化。如图 7.9 所示，当含水率较低时(低于 8%)，随着乳状液含水率的增大，太赫兹波在传播过程中与乳状液中的水滴颗粒发生散射的概率增大，导致实际传播距离的增加。而当含水率进一步提高时(超过8%)，由于乳状液中的水滴颗粒不断接近于太赫兹波的波长，这时散射作用相应减弱，而水滴对太赫兹波的吸收作用显著增强，太赫兹波在乳状液中的实际传播距离反而减小，体现在太赫兹时域波形中的相位延迟的相应减小，即含水率为20%和25%的这两种原油乳状液的太赫兹时域光谱的相位延迟小于 15%。

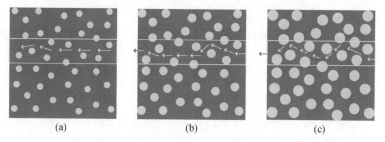

图 7.9　太赫兹波在乳状液中的传播距离与乳状液中液滴大小的关系

(a)含水率为 2%；(b)含水率为 4%；(c)含水率为 8%；图中箭头方向为太赫兹波在乳状液中经过
液滴散射作用后的传播轨迹

图 7.10 给出了两种不同厚度石英样品池所测量的不同含水率乳状液的透射太赫兹脉冲的峰值改变。对于 10mm 厚的样品池，乳状液的太赫兹峰值和含水率之间表现出良好的指数衰减关系。但需指出的是，当含水率超过 5%时，透射太赫兹脉冲信号强度的降低使测量的信噪比有所下降。这时，1mm 厚的石英样品池可用于提高较高含水率测量的精度，并扩展含水率的测量范围。总体来说，10mm 厚的样品池适合于测量含水率在 5%之下的乳状液，而当含水率超过 8%时，1mm 厚的样品池是更好的选择。

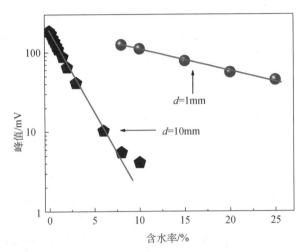

图 7.10　1mm 和 10mm 厚原油乳状液的太赫兹光谱峰值强度与含水率的依赖关系[16]

乳状液含水率的不同导致了吸收强度的不同。图 7.11 给出了两种不同厚度的石英样品池测量得到的含水率(质量分数)从 0.01%～25%的原油乳状液的太赫兹吸收系数。乳状液的吸收系数与太赫兹波的频率有关并随着频率的增加而增大。由于吸收系数随太赫兹频率存在一定的波动，将吸收系数进行了线性拟合以对原油含水率进行精确标定，拟合结果如图 7.11 中的黑色点线。

图 7.12 给出了四个特定频率下乳状液的吸收系数与含水率之间的关系，线性拟合公式为 $y = ax+b$，相关拟合参数如表 7.1 所示。可以看到二者之间的线性度很好(内插图给出了含水率为 0.01%～0.6%的几种乳状液吸收系数的放大细节，左侧四个数值表示的数值为四种频率下完全不含水的原油的吸收系数)。研究结果表明太赫兹时域光谱不仅可用来精确确定原油乳状液的含水率，还可以通过测量乳状液不同位置处的含水率以对乳状液的稳定性和均质性进行评价。

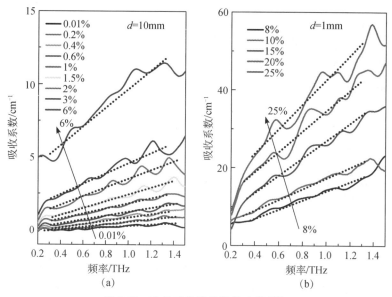

图 7.11　乳状液样品的吸收光谱 [16]

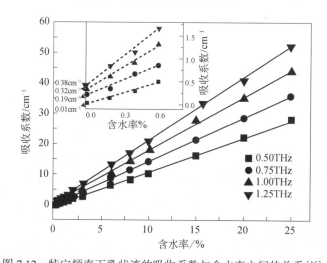

图 7.12　特定频率下乳状液的吸收系数与含水率之间的关系 [16]

表 7.1　四个特定频率下含水率与吸收系数的线性拟合参数比较

参数	频率			
	0.5THz	0.75THz	1.0THz	1.25THz
点数	14	14	14	14
自由度	12	12	12	12
残差平方和	0.95569	0.5918	1.88424	4.74171
相关系数	0.99955	0.99983	0.99964	0.99936
拟合相似度	0.99902	0.99963	0.99923	0.9986

综上所述，通过引入不同厚度的样品池，含水率从 0.01%～25% 的原油乳状液可以通过太赫兹时域光谱系统进行测量。实验结果表明，通过太赫兹脉冲峰值和吸收系数均可计算出乳状液的含水率值，而且测量精度很高，测量误差低于 0.2%。在研究的频率范围内，太赫兹吸收系数与含水率之间存在良好的线性关系，这种线性关系有利于减小测量仪器刻度的复杂性。对于含水超过 25% 的乳状液，则需要用到更薄的样品池，或更高功率的太赫兹波发射器来提高测量信号的信噪比。

二、实验目的

(1) 了解原油乳状液的分类及破乳机制。

(2) 结合太赫兹时域光谱，对原油乳状液的破乳过程进行判定。

(3) 掌握低含水率原油的太赫兹光谱表征。

三、实验设备及实验材料

(1) 透射式太赫兹时域光谱仪 1 台。

(2) 太赫兹测试样品架 1 个。

(3) 高精度电子天平 1 个。

(4) 移液器 1 个。

(5) 烧杯、标准高纯度石英样品池、聚乙烯薄膜若干。

(6) 多地原油若干。

(7) 原油含水率未知的待测样品。

四、实验内容

（一）演示原油乳状液的油水分层过程

将 40mL 的原油和 160mL 的水装在一个有刻度的、容量为 250mL 的烧杯中，并对其进行充分搅拌，配制成均匀的油水混合物，随后将油水混合物静置，观察油水分离过程。由于油水混合物的不稳定性及油水之间密度的差异，混合液体在静置后不久便逐渐发生分离，5min 后在烧杯底部便出现了一定厚度的水层，10min 后水层进一步增多，随着时间的推移，在 1h 后基本完成了油水分离。图 7.13 给出的是一种不稳定的原油乳状液情形，当乳状液颜色较深时，显然用肉眼不能观察到乳状液破乳过程细节，此外这种观测也不能给出乳状液某一时刻破乳过程的快慢程度，即无法给出破乳过程的定量信息。

图 7.13　油水混合物静置过程中的破乳分离

(a) 开始；(b) 5min；(c) 10min；(d) 1h 后

（二）原油乳状液稳定性的评价

尽管影响原油乳状液稳定性的因素众多，但是在这些诸多因素中，原油的组分在其中起到了主要作用。原油组分中的沥青质、胶质等天然乳化剂的存在，不仅决定了油水分界面膜的强度和界面张力，还能影响到乳状液的黏度等，界面膜和黏度通常直接决定了乳状液中液滴的聚并速率，进而影响到乳状液的稳定性。不同产地的原油由于其形成的地质条件和运移聚集环境的不同，其组成成分和性质往往差别很大。图 7.14 给出了原油乳状液的测量方式及太赫兹光斑范围内液滴的分布示意图。

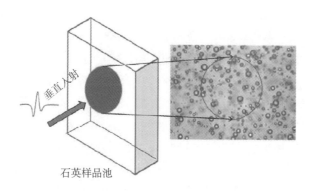

石英样品池

图 7.14　原油乳状液的测量方式及太赫兹光斑范围内液滴的分布示意图

　　配制出稳定、均匀的乳状液对于保证测量的精度和可靠性而言十分重要。基于这点考虑，每种不同含水率的乳状液都是通过在高速搅拌器中搅拌 10min 来使乳状液混合均匀，随后将油水混合物转移到石英样品池内，密封并将其固定在样品架上。透明石英样品池高 4.5cm、宽 2.1cm、壁厚 1mm，光程 4mm。图 7.15 给出了经过充分搅拌后原油乳状液中水滴的分布示意图，乳状液的这种分布可以保证取出的用于测量的乳状液样品能够代表样品瓶中配制好的每一种不同含水率的样品。为了提高太赫兹光谱测量时的信噪比，在每一次测量中，均保证太赫兹波垂直入射在样品上并在另一侧进行探测接收。

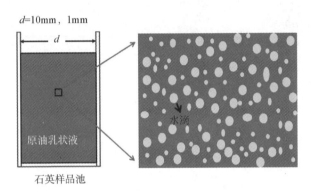

图 7.15　石英样品池及原油乳状液中水滴的分布

实验中的乳状液为油包水型乳状液，该乳状液中原油为连续相（外相），水为分散相（内相），图中的右半部分给出了原油中水滴的分布，灰白色区域为水滴，深灰色区域为连续相原油

（三）原油乳状液类型的识别

　　本节原油乳状液采用中东原油加水并通过在高速搅拌器中进行搅拌的方式进行配制，所采用的中东原油的沥青质、胶质和石蜡含量分别为 0.44%、11.51% 和 8.29%。原油密度、黏度和 API 比重分别为 0.8968g/cm³（20℃）、245.22cP[①]（20℃）和 26.99。配制的方式为不断向初始原油中加入确定含量的蒸馏水的方式进行，每一种乳状液均需要搅拌 5min 使其混合均匀。表 7.2 给出了所配制的 20 种原油乳状液的含水率信息，根据油和水在混合物中所占体积的相对含量多少，可将其划分为油包水型乳状液和水包油型乳状液两种基本类型。其中乳状液 e1～e9 为油包水型乳状液，e12～e20 为水包油型乳状液，中间两种 e10 和 e11 为过渡型乳状液（或称为中间型乳状液）。

　　为了提高太赫兹光谱测量的信噪比，同时考虑到水包油型乳状液对太赫兹波

① $1P=10^{-1}Pa \cdot s$。

的强吸收，将配好的乳状液通过注射器注入透明聚乙烯薄膜中进行测量，由于薄膜厚度很小，能保证水包油型乳状液中太赫兹时域脉冲信号的透过。保证每次注入乳状液的体积为1.0mL，注入结束后随即进行太赫兹时域光谱测量，测量时保证太赫兹光斑垂直照射在乳状液中心区域。

表7.2 20种原油乳状液样品的含水率值

乳状液编号	含水率(质量分数)/%	乳状液编号	含水率/%
e1	9.07	e11	58.50
e2	16.71	e12	62.31
e3	23.28	e13	65.47
e4	28.91	e14	68.18
e5	33.79	e15	70.55
e6	38.10	e16	72.65
e7	42.01	e17	74.51
e8	45.50	e18	76.19
e9	48.65	e19	77.69
e10	54.08	e20	79.21

（四）低含水率原油的太赫兹光谱检测

对中东原油进行充分的脱水处理。脱水之后，采用卡尔·费歇尔滴定法对其进行水分含量的测量，测量结果表明经过脱水后原油的含水率为0.01%。通过高精度的电子天平在10mL容积的玻璃样品瓶中分别配制含水率从0.01%到25%的原油乳状液。

实验中所有乳状液都通过样品池的方式进行测量。为了减小样品池本身对太赫兹脉冲信号的吸收，采用对太赫兹波吸收很小的高纯度石英样品池。此外，考虑到水对太赫兹波的强吸收，样品池厚度的选择对于太赫兹时域光谱的测量和分析十分重要。实验中选择10mm和1mm两种厚度的石英样品池，对含水率从0.01%到25%共14种原油乳状液的太赫兹时域光谱进行探测。为保证太赫兹波既能穿过油水乳状液又具有较好的信噪比，对于含水率较低的乳状液(含水率为0.01%~10%)，采用10mm厚的石英样品池，对于含水率较高的原油乳状液(含水率为8%~25%)，采用1mm厚的石英样品池。

实验八 原油蜡沉积与磁化降黏的 太赫兹光谱表征

一、研究背景及进展

溶液中的结晶现象，特别是石蜡和沥青从碳氢系统中析出，是非常普遍而且长期困扰石油工业的一个难题。在石油生产和管道输运的过程中，原油内部存在的蜡和沥青质会随着温度的变化在管道内壁出现析出和沉积，这将会引起管道及装置的堵塞，对安全经济的原油开采和输运带了极大的不便。而相对于大分子量的碳氢化合物，比如原油中的蜡和沥青质，结晶过程对温度非常敏感。原油及其提炼后的油品中正构烷烃的溶解状态对油品的低温流动性有非常大的影响。

原油中的石蜡随着温度的降低会逐渐析出，使原油的流动性变差，因此在原油的输运过程中会对原油进行相关处理，来防止原油中的石蜡沉积而增加原油黏度。正构烷烃作为油品燃料中的重要组成部分，并不能直接去除，只能通过添加各类添加剂和外场处理来进行改进。相关研究表明超声处理、微波处理、加热处理、微生物处理和磁化处理都能够降低原油黏度。各种外场主要是对原油内部蜡晶的形态和聚集状态起作用，由此来改变原油本身的物性。而原油中易出现沉积的大分子石蜡是一种饱和烷烃的混合物，其中包含了不同链长的烷烃，碳原子数从 18 延伸至 65 整个区间，而且相变温度也不是一个确定值，链长与相变温度等性质都非常复杂。烷烃的结晶行为与温度密切相关，涉及相转变的相关研究。其中旋转相是具有碳氢链相关结构的物质会出现的一种特殊凝聚态，比如烷烃、醇类等。这种特性已经受到了广泛的研究，在实验上如使用红外光谱、差示热扫描法(DSC)、拉曼光谱、X射线等对其进行观察，在理论上也使用各种软件进行计算和模拟。

在油田的开采和运输过程中，磁化处理可以简单便捷地在一定时间内改变原油的黏度，因此具有良好的经济效应。磁化处理在石油采输领域中有许多具体应用，在原油的防蜡、降黏和脱水等方面都有优异的表现。例如，磁化可以有效改善原油乳状液的流变性和相应的脱水性能，特别是能够解决原油脱水时的问题，提高脱水率。管道中蜡沉积现象会严重影响原油的输运效率，磁化处理能够有效减轻蜡沉积现象。而原油磁化处理降低黏度提高管道吞吐率的研究早在 20 世纪 80 年代已在大庆油田进行实验研究，并获得了良好的经济效应。而对相应的磁化处理作用机制却缺乏深入研究和认识，还需要做尝试性的探讨，为相关新产品及新工艺的研发提供理论依据和设计方向的指导。

（一）烷烃冷凝相变过程的太赫兹光谱表征

本实验对原油中常见烷烃的相变过程的影响进行研究，选取结构较为简单的直链正构烷烃，相变温度区间从 25℃过渡到 80℃。采用太赫兹时域光谱手段对这 6 组不同相变温度直链烷烃自然冷凝相变的全过程进行原位监测，通过对比不同碳数纯净烷烃的相变过程来分析在这个过程中不同烷烃的结构变化。烷烃相变过程中微观分子间的振动模式通常在皮秒量级尺度，烷烃分子间的作用力一般包括范德瓦耳斯力和氢键的结合力，分子间的作用力对于分子间振动模式的改变也有重要影响，这种弱相互作用力影响的振动模式特征正好落在太赫兹范围，因此非常适合使用太赫兹光谱进行研究。

图 8.1(a)～(f) 为十八烷到二十五烷自然冷凝相变过程的原位太赫兹时域光谱数据。随着冷凝时间的推迟，扫描得到的太赫兹时域光谱信号不仅振幅发生了明显的衰减，而且相位上也出现了明显的延迟。对 6 种烷烃冷凝过程的太赫兹时域光谱整体进行对比，可看到不同的烷烃其变化的过程也明显不同，随着碳数的增加，时域信号的变化趋势也更剧烈。

图 8.1(g) 给出了 6 种烷烃样品冷凝过程中时域谱峰值 E_p 的变化趋势，以二十五烷的变化趋势为例，整个相变过程的变化分为三个阶段。在测试的前 4min，随着测试时间的变化，样品的时域信号强度出现了轻微的变化；第二阶段为下降阶段，在随后的 16min 内，信号的强度出现迅速下降，从 0.148V 最终下降到 0.023V 左右；第三阶段又为一个平缓期，随着时间的变化，信号的强度基本保持在 0.023V 左右。峰值强度出现三个阶段的变化与样品本身存在状态有着直接关系。虽然烷烃样品温度在下降，但是依然为液体状态时，信号强度的变化不明显；当烷烃样品的温度下降到凝点附近，内部晶粒开始析出，样品成为固体和液体同时存在的中间态，这种状态下样品对太赫兹波的吸收开始加强，信号强度出现明显的下降；当烷烃样品完全成为固体状态时，样品对太赫兹波的吸收趋于稳定，信号强度最终也趋于稳定状态。图中每个小点均代表一个信号的强度大小，例如，从十八烷的数据中可以看到样品为液体状态时小点组成的截面面积明显要大于十九烷数据中第一阶段小点组成的截面面积，而且随着碳数的增加，冷凝过程第一阶段信号组成的截面面积在不断减小；第三阶段的平台期越来越长，这与随着碳数的增加，烷烃的凝点升高有着重要关系。

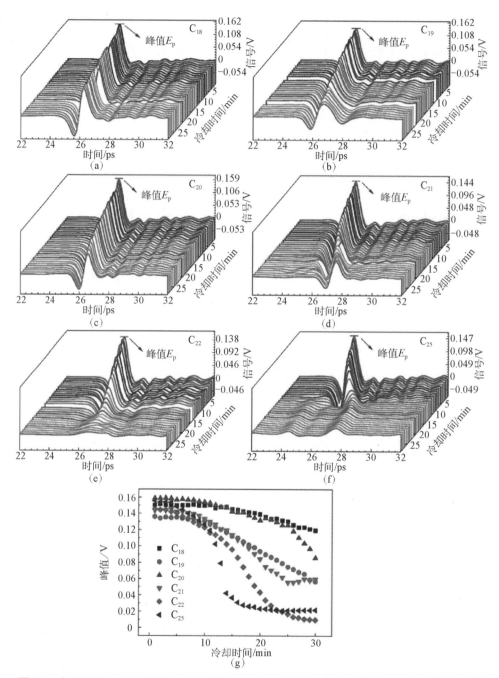

图 8.1　十八烷 (a)、十九烷 (b)、二十烷 (c)、二十一烷 (d)、二十二烷 (e)、二十五烷 (f) 冷凝相变过程的原位 THz 时域光谱图及不同碳数冷却时间与 THz 峰值的关系变化图 (g)[20]

　　6 种烷烃样品随着冷却时间的温度变化如图 8.2 所示。温度测量的结果表明冷却速率对直链烷烃的链长非常敏感。对于十八烷，在冷却过程的前 10min，温度由初始的 52.2℃迅速下降至 27.2℃。为对比相同冷却过程中六种烷烃样品的温度变化，将整个冷却过程以 10min 的间隔分为三个阶段。所有烷烃的温度在测试的第一阶段即测试前 10min 内均出现了剧烈的下降，在随后的 10min 内温度变化范围较第一阶段小。例如，二十二烷的温度经过第一阶段的冷却从 51.5℃变化到 38.2℃，温度降低了 13.3℃，而在第二阶段，二十二烷的温度降低了 5.3℃。在最后一个阶段，即冷却过程的最后 10min，十八烷、十九烷、二十烷、二十一烷、二十二烷和二十五烷的温度变化分别为 0.9℃、2.1℃、3.3℃、2.0℃、3.3℃和 5.3℃，即 6 种正构烷烃的温度变化非常缓慢。由此可知，高碳数烷烃与低碳数烷烃相比，具有更高的放热速率。

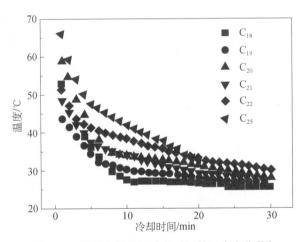

图 8.2　6 种烷烃样品随冷却时间的温度变化[20]

　　为进一步分析烷烃冷凝过程的变化，绘制了烷烃样本的太赫兹时域峰值随温度的变化曲线，从图 8.3 中可以看出随着温度的降低，不同碳数的烷烃在相变过程中对应的太赫兹时域信号强度的变化规律。图中 6 条曲线由外向内随着碳数的增加而排列，图中标注了用传统方法测试得到的 6 种烷烃样品的熔点在温度轴上对应的位置，可以看到随着碳数的增加，熔点呈现出增大的趋势，如十八烷的熔点为 28.18℃，而二十五烷的熔点为 53.3℃。随着样品温度的降低，携带对应相变信息的太赫兹波信号强度可分为三个阶段：第一个阶段，温度降低但是未达到样品熔点，样品信号强度变化不大，对应的是样品的液相过程；第二个阶段，样品温度降低到样品熔点范围，内部粒子开始处于相变的中间态，对应旋转相过程；第三个阶段，整个样品的相变结束，对应固相过程。而对应这三个过程，样品携带的太赫兹波信号幅值变化规律都是不同的，第一个阶段样品的温度虽然在降低，但依然保持为无序的液体状态，太赫兹信号透过这种液体状态下的烷烃样品幅值衰减较小。第二个阶段样品温度降低到熔点附近，热量的丧失使粒子的平均动能减小，分子的自由能也将降低，邻近排列的分子形成分子链，也就是晶核，随着温度的继续降低，其他分子也将覆盖在晶核表面长大成为晶粒。实验中所有碳数的样品都是以薄片链状扩展的方式生长的。第二阶段主要对应的是液体分子中开始析出晶核并逐渐生长的过程，样品的太赫兹时域信号峰值在这个阶段出现剧烈变化。第三个阶段，整个样品温度稳定在熔点之下的室温，整个结晶过程完成，样品分子全部以蜡晶体颗粒的固体状态存在，这时对应的太赫兹信号幅值也趋于稳定。

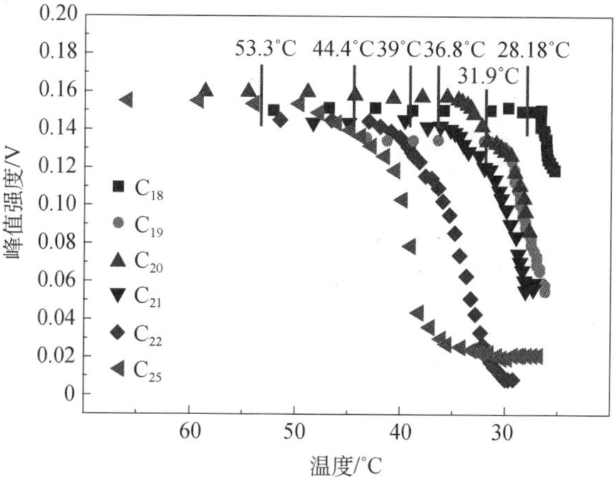

图 8.3　6 种烷烃样本冷凝相变过程中峰值强度 E_p 随温度的变化[20]

结合烷烃样品 THz 信号与温度变化的结果，对烷烃冷凝相变过程的信号衰减(SA)方程进行初步探讨，该方程表示为 $SA=|E_p^2/E_{p0}^2|\times 100\%$，其中，$E_p$ 是样品在冷却过程中的 THz 信号的时域峰值，而 E_{p0} 是同一样品在冷却之前测量的信号峰值。图 8.4 给出了自然冷凝作用下的 6 组烷烃样品在相变过程中信号衰减系数随温度的变化，当温度高于烷烃样品各自的熔点时，样品处于完全无序状态，信号的衰减系数曲线基本在 100%附近形成稳定的台阶；当温度低于熔点后，SA 曲线出现下降趋势，样品最终处于有序状态因而 SA 曲线最后又会趋于一个稳定的平台期。十八烷、十九烷、二十烷、二十一烷、二十二烷和二十五烷的熔点分别为 28.18℃、31.9℃、36.8℃、39℃、44.4℃和 53.3℃。经过 30min 的冷却后，最

终温度分别达到 25.6℃、26.2℃、27.9℃、27.1℃、29.6℃和 26.9℃，熔点和最终温度之间的差异被定义为 ΔT。图 8.4 还表明，受太赫兹时域光谱系统监测的温度范围的限制，并非所有样品的 SA 曲线最终都达到 0。例如，对于二十五烷，当 SA 值接近于 0 时，ΔT 为 26.4℃，能够实现二十五烷的完美结晶。而对于十八烷，由于放热过程较为缓慢，只有部分液体样品能够结晶为固态，因此其 SA 值不能降到 0%。

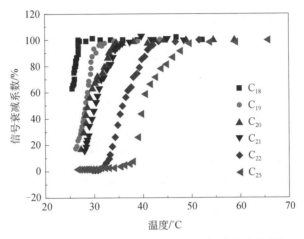

图 8.4　6 种烷烃样本信号衰减系数随温度的变化[20]

本实验利用太赫兹时域光谱系统对 6 种不同烷烃样品的结晶过程进行表征，所有烷烃样品的 THz 时域峰值信号的突变都对应于样品的熔点，也就是相转变开始的时候。相转变之外的过程中样品的 THz 时域信号随温度呈现较为规律的变化。研究说明，太赫兹时域光谱系统用于检测烷烃温度变化及相转变过程是可行的，可以用于原油输运过程中石蜡析出等问题的在线分析。

（二）模拟油中蜡晶形态结构的太赫兹光谱检测

原油是一种复杂的混合物，包含芳烃、链烷烃、环烷烃、沥青质、树脂等。原油中结晶蜡的含量及蜡晶的形态结构都是可以直接决定原油流变性的重要影响因素之一，因此含蜡原油的常规改性主要是通过改变其内部的蜡晶形态和大小来改变最终的宏观流变性，如对含蜡原油进行热处理和添加降凝剂，这些方式主要改变蜡晶的尺寸或者蜡晶的聚合状态。为了减少系统变量，便于直观了解原油中的沥青质和蜡状簇合物的结构，本实验使用人工油配置的不同蜡含量的柴油作为模拟含蜡原油。在模拟原油样品显微图像的基础上，确定沥青质和蜡晶组成的团簇的分形维数，并对模拟油中蜡晶团簇的形貌和结构进行表征。

光学显微镜能够提供关于颗粒聚集动力学、分形性质和团簇聚集等信息。因而实验中采用偏光显微镜来获得样品在室温下的显微图像。图 8.5 为某种模拟油样的显微照片，其中长灰色物体为玻片表面的微小划痕。

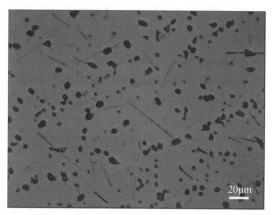

图 8.5　模拟油样的显微照片(放大倍数 400×)[21]

所有的显微照片均用 Image J 软件进行处理和分析，同时计算了粒子的分形维数 F 和平均直径 D。F 是根据框大小(或标度)和数量的对数-对数图的回归线的斜率来确定的。图 8.6 和 8.7 显示了 F 和 D 与模拟油样蜡含量(C_W)的关系。分形维数 F 能够准确地反映粒子的形态及结构的变化。当 C_W<0.2%(本节蜡含量均指质量分数)时，粒子均匀地分散在样品中，其相应的分形维数较小。随着蜡含量的增加，粒子聚集为复杂的结构，并具有较高的分形维数。当 C_W 为 0.4027%时，F 最大增加至 1.19767。此后，当 C_W 由 0.491%增长到 0.976%时，F 由 1.16233 下降到 1.11679。粒子平均直径 D 介于 3～6μm，当蜡含量在 0～1.19767%时，能够明显地观察到 D 的增加。当蜡含量为 0.976%时，D 值最大，为 5.493μm。纯柴油的析蜡点为 0.63℃，然而当模拟原油中蜡含量增加到 0.1082%时，析蜡点下降到最低，为−0.04℃，析蜡点在蜡含量大于 0.1082%时逐渐增大，当蜡含量增大至 1.9157%时，析蜡点温度达到最大值 16.27℃。这表明当样品中的蜡含量发生变化时，蜡晶颗粒的尺寸和聚集状态也随之发生了变化。

测量几种不同蜡含量样品的 THz 波形，对比发现不同蜡含量的光谱波形除振幅存在差异外，其时间延迟同样也存在差异。与参考信号相比较，样品信号的振幅衰减为 0.02～0.05V，时间延迟大约为 15ps。利用快速傅里叶变换得到太赫兹频域谱。由频域谱可知其有效频率范围为 0.2～1.5THz。图 8.8 为提取的不同蜡含量样品的 THz 时域峰值，发现时域峰值首先由纯柴油的 0.126V 增大到蜡含量为 0.4% 的模拟油的 0.147V，随后下降到蜡含量为 0.9% 的模拟油的 0.135V，最后随着蜡含量的增加，样品的时域峰值继续增大。

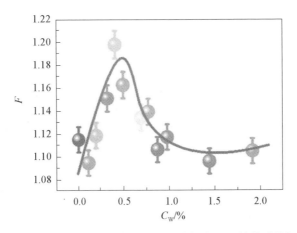

图 8.6　蜡质油样的分形维数 F 与蜡含量（C_W）的关系[21]

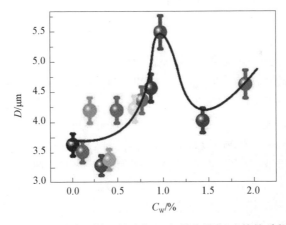

图 8.7　蜡质油中颗粒平均直径 D 与蜡含量（C_W）的关系[21]

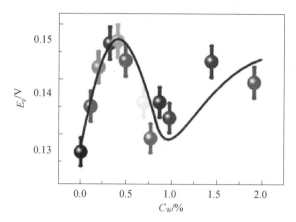

图 8.8　不同蜡含量的模拟油的太赫兹时域峰值[21]

如图 8.9(a)所示，所有样品的吸收系数(α)曲线的变化趋势是非常相似的。吸收系数曲线在 0.4~1.5THz 时没有明显的吸收峰，都呈现一种上升的趋势。不同蜡含量样品的 THz 吸收系数的大小不同。在室温下，大部分的振动峰展宽不均匀，并且振动峰的叠加导致了复杂的光谱特征，而这些特征往往难以分辨。

样品吸收系数的大小并不是随着蜡含量的变化而单调变化，而是呈现一种如图 8.9(b)的波动变化。首先，样品的 THz 吸收系数随着样品蜡含量的增加而减小，直到最小值。然后 THz 吸收系数又随着样品蜡含量的增加，到一个高点后又开始降低。以 1THz 处的吸收系数为例，当蜡含量从 0.19%增加到 0.77%时模拟油的吸收系数由 1.48 cm^{-1} 增加到 1.85 cm^{-1}，而当蜡含量为 1.91%时则下降到 1.61 cm^{-1}。

消光系数 κ 的减小可以作为磁场诱导悬浮胶体颗粒解聚的定性证据。在本实验中，除了由吸收引起的透射光的衰减，样品中由粒子聚集引起的光散射在光衰减中同样起着重要作用。在满足 $A=2\pi D/\lambda \ll 1$ 的条件下会发生瑞利散射，其中，D 为粒子的直径，而 λ 为波长。本实验中蜡晶粒子的平均直径为 3~6μm，因而在 1THz 时，A 大约为 0.06~0.12。在瑞利极限下，消光截面是吸收截面和散射截面的总和，由于散射截面正比于 D^6，散射的影响随着颗粒直径的增加而明显增加。消光系数可表示为 $\kappa=c\alpha/4\pi\upsilon$，其中，$c$ 为光速，υ 为频率。图 8.10 为选定频率处模拟油样品的消光系数随蜡含量的变化曲线，结果表明随着蜡含量的增加，蜡晶颗粒经历了解聚、聚合及最终解聚的过程。

这项实验利用太赫兹时域光谱技术研究不同蜡含量的模拟油样品，得到样品的吸收光谱和消光光谱。基于对这些参数的进一步分析，获得原油内粒子在磁化作用下的运动特性。随着磁场强度的增大消光系数减小，胶体悬浮液中粒子的磁化作用导致的解集可由消光系数的减小来证明。

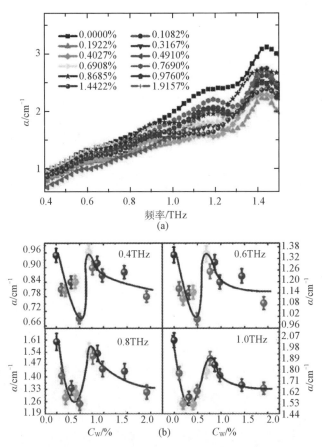

图 8.9　不同蜡含量模拟油的吸收系数(a)及选定频率处模拟油的吸收系数与
蜡含量(C_W)的关系(b) [21] (文后附彩图)

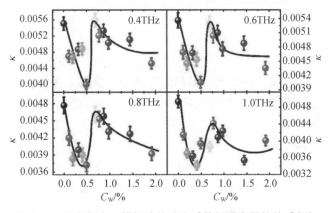

图 8.10　选定频率处模拟油的消光系数与蜡含量的关系 [21]

（三）原油磁化降黏的太赫兹光谱表征

原油的磁化处理就是使用电磁铁或者永磁体产生一个磁场与原油内部粒子相互作用，从而改变原油内部粒子的运动状态，达到改善原油的流动性，降低原油黏度的目的。由于磁处理简单易实施，成本也较为低廉，对工作环境要求较低，所以很快成为原油降黏中一个具有极大发展潜力的方法。尤其进入21世纪后，世界各国的环境保护意识增强，对油气资源开采输运过程中的环境污染问题更加关注，而原油的磁化降黏技术正是一项无污染的绿色节能技术；另外，海底油气资源的开采输运已经成为各国经济发展的重要契机，磁化降黏技术对低温的耐受性或许会给海底管道原油输运带来机遇与挑战。

在高性能的永磁材料出现之前，苏联在1964年已经开始尝试进行原油磁化处理的研究，并且发现磁场可以有效降低输油管道中盐类污垢的沉积，延长了管道清垢周期。但是受限于磁性材料性能的问题，并不能长时间得到可以在低温环境下工作的稳定高磁场，原油的磁处理研究进入了困境。1984年我国大庆油田率先引进磁处理技术，1985～1987年在全油田684口油井上进行了磁处理现场试验研究，研究结果表明原油的磁化防蜡技术效果远远优于热洗防蜡，平均的防蜡周期增长为4个月。实验数据表明，磁处理可有效抑制蜡晶在管壁的沉积，降低原油的析蜡点，作用在低含水率原油上的磁化防蜡效果较好，随着含水率的增加防蜡效果降低。大庆油田磁处理技术取得了显著成效，发现降低原油的凝固点2～7℃，蜡晶析出温度也下降1～3℃，这些有益效果给油田带来了巨大的经济效益，这促使了磁处理技术在全国油田上的推广。大庆油田在磁化降黏技术上又进行了一系列系统研究，讨论了磁处理降黏技术效果与磁场强度和原油本身含水率的关系，实验表明100mT的磁场作用在含水率高于70%的原油上效果较好，含水率低于70%的原油则需要将磁场强度提高至150～250mT。磁处理后原油输运过程中温度可降低5～10℃，有些油井甚至不加热就可以进行输送，大幅度节约了油田的输运成本。

随着油气资源开发战略部署方向指向海底油气资源，通过深水管道对海上原油输运势在必行，未来将生产越来越多的重质原油，而深水管道存在一个常规降黏方法难以实行的低温情况，即在海底将原油加热到地面输运的常规温度非常困难，因此需要一种简单易实施而又不受低温影响的降黏方法。在2006年，研究人员使用脉冲磁场和电场对不同品种的原油进行了降黏实验，发现使用脉冲磁场可有效降低石蜡基原油的黏度，而针对沥青基和混合基原油则更适用于脉冲电场降黏。研究结果证明了这种降黏方法并不需要改变原油的温度，他们认为脉冲磁场或电场将原油中的石蜡颗粒或者沥青质颗粒临时聚集成较大的颗粒，这些颗粒的团聚效果改变了原油本身的流变特性使得黏度降低。但是这种降黏效果并不是永久的，可以持续几个小时后再重复处理。这项研究被认为给深水管道石油输运提供了新的解决方案。各种实验研究证明对原油进行磁化处理确实能够产生有益效果，表明磁场作用力与原油内部粒子产生了相互作用，这种相互作用就是磁化降凝降黏作用的机制。原油的磁化处理在实际生产中表现出了优良性能和具体的经济效应，因此为了使这项技术更加成熟，针对磁处理技术的作用机制也有大量报道，出现了多种理论模型，甚至产生了争议，但是由于原油成分的复杂性，仍然没有得到一个统一的结论。

影响原油降黏效益的因素众多，主要有油品本身的组分、温度、蜡晶形态和结构沥青质和胶质及含水率等因素。具体体现为以下几个方面。

(1)原油的黏度与内部这些组分分子的大小和存在的结构直接相关，降黏处理一般也是通过不同的手段改变原油中组分分布及形态，如大组分裂解成为小组分、优化蜡颗粒在油品内部形态和机构，因此降黏处理的效果与油品本身的组分有直接关系。

(2)由于高凝高黏原油中含有较高含量的蜡和沥青质，随着温度的降低达到蜡析出温度后原油内部开始析出细小蜡晶，这些小蜡晶与原油内部其他粒子相互团聚吸附长大成较大的颗粒，这些大的颗粒物与胶质、沥青质相互胶连可形成三维网格结构降低原油流动性。

(3)蜡是不同碳数和结构的烃类组成的一种混合物，原油内的蜡含量及蜡晶分子在原油内部的形态和结构可直接影响原油的黏度。在分析高含蜡的高黏原油流变特性时，一般将蜡组分视为溶质，其余的液体组分视为溶剂，常温下存在的高黏原油被默认为二元平衡的状态。在原油的生产和输运过程中，随着温度降低到溶质蜡的析出温度，固体的小蜡晶不断从原油中析出，这些蜡晶颗粒的数量增加到一定程度就会直接由分散状态形成连续状态，相互连接的蜡晶网格结构会将一部分油包裹进网格中，最终使原油丧失流动性成为凝固状态。

(4)沥青质是目前尚未研究清楚的原油组分，这是由于它们分子量较大而且结构非常复杂，在分析研究过程中由于不同的提取手段会出现不同的成分因而表现出的性质也会不同，总的来说是一种复杂结构混合形成的缔合体。这两种物质都具有表面活性，因此可以直接影响油品中蜡结晶的特征和形态。其中胶质可以与蜡晶共晶从而吸附在蜡晶颗粒表面，同时胶质的极性基团具有亲油性质可以阻碍蜡晶长大。絮凝状态的沥青质可以作为蜡结晶的成核位点，增加了原油的蜡析出温度点，干扰了结晶抑制机制，当在原油中添加少量的沥青质时可降低原油的蜡析出温度点和凝胶化温度点。

(5)原油含水量的高低可以直接改变原油的黏度，含水原油的流变规律与不含水原油的流变规律完全不同。在从低含水率向高含水量变化的过程中，原油乳状液会出现一个乳化拐点，不同类型的原油乳化拐点并不相同。在拐点之前原油含水率增加，黏度相应增大，到达乳化拐点之后含水率增加，黏度反而出现减小的现象。

原位太赫兹光谱实验监测到的不同磁场强度作用下的原油的时域信号如图 8.11 所示，可看出随着磁场的增大时域信号的峰值强度整体出现了减小的趋势。图 8.11(a)为在磁场作用下的空样品池的时域光谱，作为参考信号，注入原油进行磁化后得到图 8.11(b)中的样品时域信号。参考信号的峰值用 E_0 表示，如图所示，随着磁场强度的变化，其最大峰值基本保持在 0.175V。样品时域信号的最大峰值 E_s 随着磁场强度的变化表现出依赖性，如在 13.6mT 时 E_s 从 0.069V 迅速变为 0.082V。通过快速傅里叶变换后的频域谱如图 8.11(c)所示，不同的光程导致样品信号发生了延迟，同时太赫兹脉冲在样品中不同的损耗使得振幅有不同的衰减及展宽。图 8.11(d)给出了随磁场强度变化样品信号变化值 $\Delta E(\Delta E = E_s - E_0)$ 的变化曲线。磁化之前的 $\Delta E = -0.106$V，在 13.6mT 磁场下 ΔE 的数值减小到 0.081V，33.0mT 时为 0.067V，而在 118.5mT 时为 0.052V。

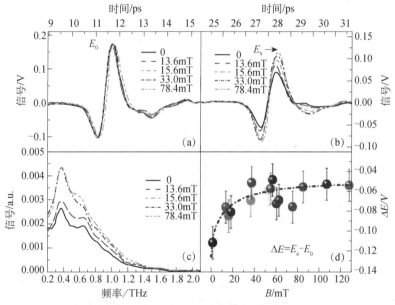

图 8.11 太赫兹光谱实验监测在不同磁场 B 作用下的原油样品及空样品池[22]（文后附彩图）

(a)空样品池的时域光谱；(b)原油样品的时域光谱；(c)原油样品的频率谱；(d)ΔE 随磁场强度 B 的变化曲线

随着频率的变化，样品的吸收与消光特性也出现了改变（图 8.12）。当实验样品中大分子有机物所带基团的振动频率与太赫兹波的振动频率一致时，太赫兹波会与基团一起共振，当振幅相同时能量会被吸收，形成吸收谱带。图 8.12(a) 和 (b) 给出了原油样品从 0.2～2.0THz 频域的吸收系数和消光系数。内插图给出了在 0.5THz、0.7THz、0.9THz 和 1.1THz 下，随磁场强度变化的吸收系数和消光系数的变化曲线。可明显看出在 0.2～1.5THz 时，吸收系数和消光系数都随着磁场强度 B 的增大而减小。比如，在 0.5THz 时，吸收系数从 1.99 减小到 0.0095，而消光系数从 0.3 减小到 0.0025。

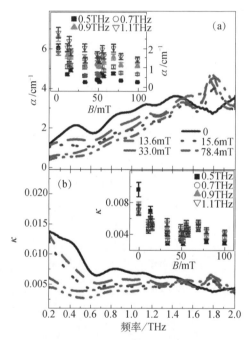

图 8.12　原油样品在不同磁场强度 B 作用下的吸收系数谱和消光系数谱[22]（文后附彩图）

(a) 吸收系数谱；(b) 消光系数谱。内插图为在特定频率下吸收系数 (a) 和消光系数 (b) 随磁场强度的变化规律

除了样品的吸收会使透射光发生衰减，原油样品中粒子的聚集也会发生光散射从而导致光的衰减。当太赫兹波通过原油样品时，探测波穿过样品时强度会减弱，这种太赫兹波的衰减就是消光。原油内部颗粒对探测太赫兹波的散射和吸收决定了最后的消光系数，这与内部颗粒本身的物理性质相关。在瑞利极限下，光的衰减由吸收和散射两部分组成。消光截面 σ_{ext} 可以认为是吸收截面 σ_{abs} 和散射截面的 σ_{scat} 的总和。而散射截面与原油中胶质粒子聚集体的直径 r 存在正比关

系，$\sigma_{scat}=2^7\pi^5\left[(\eta^2-1)/(\eta^2+2)\right]^2r^6v^4/3c^4\propto r^6$，其中，$\eta$为粒子与连续相折射率的比值。已有的相关研究表明在未稀释过的原油中出现的聚合效应中沥青质聚集特性对吸光度的影响可忽略不计。根据图8.12（b）中的消光系数随磁场强度变化的曲线可以看出，随着磁场强度的增大，消光系数反而是减小的。因此，消光系数的减小可以被认为是一个有利的证据，可以证明磁场导致胶体悬浮液中粒子出现了解集现象。假设指数η的大小约为1.2，则通过估算粒子的半径在没有磁化作用下约为1.01μm，在78.4mT用频率0.5THz处数据估算后约为0.64μm。

磁场作用在原油上是否促进其内部粒子的聚集或者解集是存在争议的。例如，有的科研工作提出，经过磁化处理的原油内部的沥青质或者石蜡颗粒在磁力的作用下聚集成较大的颗粒，这些大的颗粒聚集体可以降低原油的黏度。相反，也有相关研究表明，通过沉积物的微观显微照片认为磁化处理后的原油内部粒子反而出现了解集，磁化作用使原油内部的带电物质产生洛伦兹力，从而可能破坏分子聚集体的聚合状态。也有人从沥青质和胶质的固有磁特性出发，认为出现解集现象的原因是磁处理效应对团簇的抑制作用。

另外，在磁化处理中原油内部的蜡晶与胶质、沥青质吸附形成凝絮体的形状变化也可能对原油内部粒子的聚集或者解集状态有所影响。比如较大的聚集体如胶束的形状是受到相互作用力影响的，包括疏水效应、头基的相互作用（如电荷与电荷的相互作用）、packing约束和混合熵。针对表面集聚，起主要作用的分子间相互作用力为静电相互作用和氢键。原油中的沥青质和胶体具有表面活性，因此沥青质可以吸附蜡晶颗粒使其聚集最后形成胶束，而这些胶束最终能够聚集形成凝絮物。当原油受到足够强的磁场作用时，沥青质分子之间的氢键容易断裂，这可能会导致凝絮物骨架结构断裂。另外，石蜡分子倾向于沿着磁场方向排列，弱偶极子将在分子间产生一个排斥力，这个斥力会扰乱晶体团聚过程并且改变其形态特征。因此，在一定的磁场作用下，聚集的凝絮物出现分散并且形状更容易为球状。但是，至今为止依然缺乏确切的数据来证明磁场对原油相行为的影响。

含蜡原油高黏度的原因在于一定条件下内部石蜡会析出并且沉积形成网状结构。随着温度变化，蜡结晶的析出、生长及结晶的相互作用会直接改变含蜡原油的流变特性，严重时可直接丧失流动性。而磁场作用可以使含蜡原油中的胶体聚合物发生破碎，表现在其直径的减小上，因此改变了原油内粒子的聚集状态，从而影响了原油的物性，比如说黏度变化。

本次实验中使用的原油为含蜡原油，二十烷以上的烷烃的熔点一般都高于实验温度20℃，因此，原油中一部分蜡晶颗粒将从原油中析出，并与原油中的其他组分聚合，并且随着温度的变化聚合成更大的团簇并且沉积。然而磁化作用可以产生一个诱导磁矩，改变分子的聚集状态，使得蜡晶出现破碎分散。也有相关工作认为沥青质分子之间氢键的断裂也促进了石油内胶体团簇的解集。如图8.13所示，原始原油中的粒子相互交缠，如沥青粒子、石蜡粒子等。在磁场作用下，原油内部的粒子出现了分散和解集现象，所以悬浮液中粒子的平均直径减小了，从而对流变特性有所影响。但是这些机制的解释依然需要更多深入的研究来提供更加确凿的证据。

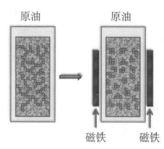

图8.13　磁化效应对原油内粒子特性影响的示意图[22]

二、实验目的

(1) 了解原油磁化降黏的影响因素。

(2) 了解烷烃的冷凝相变过程。

(3) 理解不同磁场强度下的原油在太赫兹波段的性质及差异。

(4) 理解不同结构及状态的蜡晶粒子的太赫兹光谱的特征及差异。

三、实验设备及实验材料

(1) 透射式太赫兹时域光谱仪1台。

(2) 原油样品、不同碳数固体烷烃。

(3) 聚苯乙烯样品池、石英样品池、亚克力样品池架。

(4) 电脱水器、NdFeB永磁体、水浴锅、热电偶测温仪。

四、实验内容

（一）烷烃冷凝相变过程的太赫兹光谱表征

纯净烷烃都来自 Aladdin（阿拉丁），分别保存在避光玻璃瓶中。样品池为特殊定制的石英样品池，长、宽、高分别为 20mm、5mm、45mm。为了便于样品在水浴锅中进行加热和时域光谱仪中的放置，对应定制相应大小的镂空样品池，如图 8.14 所示，采用亚克力材质，中间镂空处为探测光束透射方向。

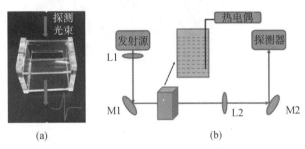

(a)   (b)

图 8.14　样品固定架实物(a)和实验操作示意图(b)

称取一定量的固体烷烃，放入干净的小烧杯中，在水浴锅中进行热处理。当固体粉末融化成为液体时，用滴管将液体状态的烷烃滴入固定在支架中的石英样品池，放入热电偶固定好后连带特制支架继续在水浴锅中进行热处理。水浴锅的温度设定为 100℃，当样品池内的固体烷烃被加热到 99℃时，除去样品池表面的水滴后，快速放置在太赫兹时域光谱仪中固定好的样品架中进行自然冷却下的相变监测，通过热电偶进行实时的温度数据读取。

进行太赫兹时域光谱测试时，选取空的石英样品池的时域信号为参考信号，先在测试区进行信号采集之后，再装入液体烷烃进行加热。对样品加热完成后立刻放入测试区进行时域测试，完成一次测试需要 1.5min，整个相变过程测试 25次。当进行磁化相变实验准备时，在样品池的两侧固定上永磁体，样品池中心磁场强度约为 100mT，内部同样固定好热电偶，然后放入翻转放置的样品架中并在水浴锅中进行加热，内部样品温度加热到 99℃，用棉签去掉样品池表面的水滴，快速放入光谱仪内部测试区进行测试，与自然冷凝实验过程一致，整个磁化冷凝过程进行 25 次测试，最终进行数据对比分析。各碳数烷烃的自然冷凝和磁化冷凝实验都是如此重复操作的。

（二）模拟油中蜡晶形态结构的太赫兹光谱检测

实验所用柴油是由中国石化生产的 0#柴油，纯净二十八烷来自 Aladdin，样品纯度均超过 97%。首先将沥青质和柴油分离开，根据国家标准石油试验方法 SH/T 0509—92 测定沥青质含量为 0.32%。采用称重法，通过在柴油中溶解不同质量的正二十八烷制备了不同蜡含量 C_W 的模拟油样品。为得到单一的模拟油样品(略带黄色透明液体)，注意配置样品过程中需保证溶液未达到饱和状态。每个样品需在密闭容器中以 80℃恒温持续加热 1h，然后剧烈摇动，以使蜡完全溶解在柴油中。测量前需将样品在室温下静置至少 24h。

基于比尔-朗伯定律，样品对电磁波的吸收量与样品厚度成正比，样品池太厚会导致样品对 THz 信号的全吸收，而样品池太薄，信噪比又会降低。由于石蜡属于非极性材料，对 THz 的吸收较弱，所以需要更长的太赫兹光路来提高信噪比。经过测试，10mm 为样品池的最佳厚度，因此为了提高信噪比，实验中选用对 THz 波吸收较小的聚苯乙烯塑料样品池，其厚度为 1mm，尺寸为 40mm×10mm×45mm。

将模拟油封装于塑料样品池中，并将样品池放入太赫兹时域光谱系统(图 8.15)，以空的聚苯乙烯塑料样品池作为参考。为提高信噪比，实验过程中需充入氮气以减小水蒸气的影响，并控制相对湿度保持在 3%以下。

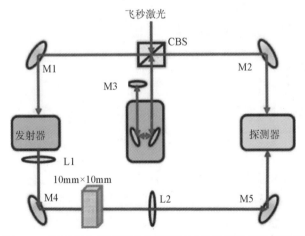

图 8.15　不同蜡含量模拟油太赫兹时域光谱实验装置示意图

（三）原油磁化降黏的太赫兹光谱表征

实验中所用样品池为聚乙烯材质样品池。样品池厚度为 10mm，每侧单壁为 1mm，所以原油样品厚度为 8mm。将原始原油样品利用电脱水法进行干燥脱水，利用卡尔·费歇尔滴定对脱水后的样品进行含水率检测并记录。

如图 8.16 所示，将 NdFeB 永磁体放置在样品池两侧，选取 14 组不同的磁场强度，首先测量空聚乙烯样品池的太赫兹光谱信号并作为参照，随后将原油样品转移到聚乙烯样品池内，密封并将其固定在样品架上。然后将对原油样品进行磁化，30min 后再进行原位太赫兹透射光谱检测。为了提高太赫兹光谱测量时的信噪比，要求太赫兹光斑垂直照射在管道的中心区域，并保证整个实验过程中温度恒定。

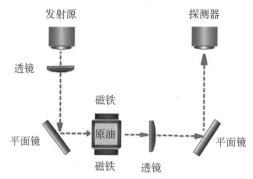

图 8.16　磁化作用下原油太赫兹时域光谱系统实验装置示意图

（四）SEM 图像的分形维数计算

分形理论是 1975 年法国数学家芒德布罗（Mandelbrot）提出的一种新的探索研究对象复杂性的方法，迄今仅有三十几年的历史。它以自然界和非线性系统中的不规则和不光滑的几何形体为研究对象，以分形几何学为数学基础，使人们得以用新的概念和理论来处理众多复杂无序的混乱现象。

分形分为规则分形和不规则分形，如 Cantor 集、Sierpinski 垫片等都是按一定的数学法则生成的有规分形，它们具有严格的自相似性，它的分维值可直接计算得出。而通常我们所接触到的自然界中的许多事物都是具有不规则性的复杂的几何构形，如星云的分布、地震、湍流等，其局域经放大或缩小操作后可能得到与整体完全不同的形态，也就是它们只有统计意义下的自相似性，但表征其自相似结构的量化参数如分形维数却不随之改变。

一般认为，分形体应具有以下两个特性。

(1)自相似性。从不同的时间尺度和空间尺度看分形体的局部和整体都是相似的。如上所述，有规图形的整体结构不随几何尺寸的缩小或放大而改变，具有严格的自相似特性，而广泛存在的无规几何形体则只具有一定统计意义下的自相似性。自相似性作为分形的根本属性之一，是自然界中普遍存在的一个客观规律。

(2)标度不变性。一般而言，具有自相似特性的物体都满足标度不变性。改变放大倍数对任一局部区域进行观察时，都会看到相同或相似的复杂结构。但对于实际的分形体来说，只在无标度区间内才具有这种标度不变性。超过这个区域的尺度后，自相似性就不复存在。

分形理论的一个主要概念是分维，即维数可以是分数。Hausdorff 关于维数定义的基本思路是以比率 δ 来度量某个集合，忽略尺寸小于 δ 的不规则性，然后考察 $\delta \to 0$ 的过程中度量的变化行为。若测量结果 $M_\delta(F)$ 是用比率 δ 度量某一待测量 F 所需的总数目，则 F 的维数取决于当 $\delta \to 0$ 时 $M_\delta(F)$ 所遵循的指数定律，即计算分形维数的公式为 $M_\delta(F) = M_0(F)\delta^{-D}$，两边取对数并当 $\delta \to 0$ 时即可求得 D_H，D_H 为 F 的 Hausdorff 维数，它可以是整数也可以是分数，叫做分维。

针对含蜡原油微观结构的显微图像进行分形研究时，根据分形维数的意义和构造方式，可用盒维数、粒径分布分维和基于面积–周长法的形态分维三种模型计算对应的分形维数，下面将分别介绍这三种分形模型在含蜡原油微观结构研究中的构造方法。

1)基于盒维数的蜡晶分布分形

Mandelbrot 认为如果 n 维空间内的集合 F(有界)可以由互不覆盖的 N_r 个子集的并进行表示，则认为 F 是自相似的。这时集合 F 的分形相似维数 D 可用如下的关系式表示：

$$D = \frac{\lg N_r}{\lg(1/r)}$$

式中，尺度因子 r 在所有坐标方向上都是成立的，子集个数 N_r 在有界集合 F 下是互不覆盖的。除 Mandelbrot 给出的定义外，至今数学家们已经发展出了十几种维数，如拓扑维、相似维、盒子维、容量维、信息维等，大多数定义都是基于"尺度 r 下的度量"这一思想。盒维数因具有易于编程计算的优点而得到了学者们的广泛应用，其定义式如下：

$$D = \lim_{k \to \infty} \frac{\ln N\delta_k(F)}{-\ln \delta_k}$$

实际上，存储在计算中的数字图像是由一系列的像素点组成的。将蜡晶图像进行二值化处理后，图像上每一点的像素值要么等于 1，要么等于 0(1 代表蜡晶，0 表示背景)。图 8.5 拍摄的蜡晶图像大小为 1024×768(单位为像素)，所得位图文件就是 1024×768 的二维矩阵。盒维数的具体计算步骤如下。

(1)矩阵分块。把矩阵分成若干块，每块的行数和列数均为 k，$k = 1, 2, 4, \cdots, 2i$。每个块的边长 $d_k = kd^*$，d^* 为一个像素点的长度，$d^* = 0.320342\mu m$。

(2)计算盒子数。计算图像矩阵中包含 1 的块的个数，并记做 N_k，从而对应不同的块边长 d_k 就得到一系列的盒子数 $N_1, N_2, N_4, \cdots, N_{2i}$。

(3)曲线拟合。用最小二乘法对数据点 $(-\lg d_k, \lg N_k)$ 进行直线拟合。

(4)计算分形维数。拟合得到的直线的斜率就是表征蜡晶分布的盒维数。

2)基于粒径分布法的蜡晶图像的分形描述

粒径及其分布是表征岩土、粉体和悬浮液等颗粒体系的重要指标，其对试样的力学性能、流变性等均有影响。由于颗粒的不规则性，通常所说的粒径指的是某种平均粒径，而且由于体系中颗粒尺寸不完全相同，一般而言，存在一定的分布特性。对于给定的含蜡原油，处理条件不同，蜡晶的大小及分布会有明显的不同，其流变性也表现出显著的差别，因此蜡晶的大小及其分布等是衡量含蜡原油加剂改性效果的重要技术指标。

分形维数可以用来表征颗粒的随机分散行为，并且在相当宽广的粒度范围内，除颗粒形状的自相似外，其个数也具有自相似性。根据分形几何理论，若大于粒径 d_i 的蜡晶颗粒总数 $N(\delta > d_i)$ 与 d_i 服从以下幂定律关系：

$$N(\delta > d_i) = \int_{d_i}^{d_{max}} P(\delta)\mathrm{d}\delta = c d_i^{-D_d}$$

式中，c 为与析蜡过程有关的常量；D_d 为基于粒径分布的分形维数；d_{max} 为颗粒的最大粒径。则称蜡晶颗粒的粒径分布具有分形特征。设参与统计的蜡晶颗粒总数为 N_T，d_{min} 为颗粒的最小粒径。根据分形的定义可得

$$c = N_T D_{min}{}^{D_d}$$

结合以上两式，可得 $D_d = \dfrac{\lg[N_T / N(\delta > d_i)]}{\lg(d_i / d_{min})}$，即为基于粒径分布的含蜡原油的

分形模型。绘制 $\lg[N_T / N(\delta > d_i)] - \lg(d_i / d_{min})$ 曲线，并线性拟合各测量数据点，所得直线的斜率即为式中的 D_d。对于一定条件下拍摄的蜡晶图像而言，其蜡晶颗粒总数是一定的，用大于粒径 d_i 的颗粒总数 $N(\delta > d_i)$ 的分布特征来刻画蜡晶颗粒数目的变化，亦以 N-d_i 曲线的形态特征来加以表征，不失为描述蜡晶形态和结构的新方法。

3) 基于面积-周长法的蜡晶形态分形

定量描述微观结构中颗粒体形态的参数通常采用长宽比、椭圆长短轴比、圆度和面积-周长分维值。长宽比、椭圆长短轴比和圆度都是针对单个颗粒而言的，我们拍摄的蜡晶图片中的颗粒个数少则几十个，多达几千个，而且颗粒体之间的差异甚大，因而如果采用长宽比、圆度等参数的平均值来描述图片中颗粒体形态的整体特征，误差太大。由于分形几何利用颗粒体之间的统计自相似性为我们提供了描述蜡晶形态的新方法，我们将面积-周长分维值定义为形态分形维数。

当研究对象为封闭的粗糙曲线时，Mandelbrot 提出可以用周长-面积关系求分维值。对于规则图形，周长 $P \propto \varepsilon$，面积 $A \propto \varepsilon^2$，ε 为测量尺寸，P-A 的关系式可以简单地表达为：$P \propto A^{1/2}$。对于二维空间内的不规则图形，Mandelbrot 提出用分形周长来代替上式的光滑周长，表达式为

$$[P(\varepsilon)]^{1/D} = a_0 \varepsilon^{(1-D)D}[A(\varepsilon)]^{1/2} = a_0 \varepsilon^{1/D} \varepsilon^{-1}[A(\varepsilon)]^{1/2}$$

式中，$A(\varepsilon)$ 为多边形面积；$P(\varepsilon)$ 为多边形周长；a_0 为常数；D 为分维数。对上式取对数得

$$\frac{\lg[P(\varepsilon) / \varepsilon]}{D} = \lg a_0 + \lg\left[A(\varepsilon)^{1/2} / \varepsilon\right]$$

作 $\lg\left[P(\varepsilon)/\varepsilon\right]$ -$\lg\left[A(\varepsilon)^{1/2}/\varepsilon\right]$ 图，如果存在直线关系，则表明该图形具有分形特征，分维值为该直线斜率的倒数。

实验九 流体的太赫兹光谱检测

一、研究背景及进展

在油田的开采过程中，尤其是油田开发的中后期，开采出的生产液多为油水混合物，油水两相流广泛存在于石油化工领域。油水两相流，顾名思义是油和水的混合流动。由于油水物理化学性质的差异，油水混合物间存在明显的分界面，其在流动过程中各自的分布方式和流动结构称为油水两相流流型，流型是影响生产测井、油量准确测量及石油管道输运的重要因素。深入研究油水两相流的流型规律，能够解决油气生产过程中的技术难题，具有重要的经济和社会意义。

在水平管研究中，流型通常可划分为分层流(ST)、混合界面分层流(ST-MI)、三层流(3L)、连续油层和分散油滴层分层流(O & DO/W)、油滴分层流(ODST)、油-油滴分散分层流(OOD)、水包油分散流(DO/W)等。分层流主要发生在油水混合物流速较低的工况，此时油、水两相都是连续相。混合界面分层流发生在入口体积含水率较低时，在进一步增大油水混合流速的情况下，流速的增大使得油水分界面的波动大到足以克服油水分界面张力，在界面附近的油相和水相中分别出现了分散水滴和油滴。随着流量的进一步增大，水对油的扰动增强，导致油水分界面处的油滴增多而成为层，带油滴的分层流就会转变为三层流，连续的油相和水相分别在管道的上部和底部，而中间则是油滴分散层。连续油层和分散油滴层分层流型发生在油水混合流速较高且含油率较大的情况下。而油滴分层流则可能出现在含水率较高且油水混合速度较高的情况下，在该流型中，油相以离散液滴的形态存在于连续水相中，同时由于水相对油滴的浮力作用，油滴聚集在管道偏上部流动。若两相流油相体积含量较高，管道下部会形成油滴分散区域，而管道上部为单相油层。进一步增大混合物的流速，油相均匀地分布在连续的水相中，会形成水包油流型。太赫兹波能够敏感地捕捉到水的变化，充分分析不同流型的太赫兹响应特征，可实现流体中油水两相流流型的太赫兹光谱探测。

（一）水平方形管油水两相流

本实验针对油水两相流系统，以太赫兹时域光谱技术为基础，对水平方形管内不同含水率（水的体积分数为0.03%～2.3%）、不同流速（0.1～0.36m³/h）的油水两相流进行测量分析。图9.1给出了流量为0.28m³/h时不同含水率的柴油-水混合物的太赫兹时域波形，可知THz时域光谱的信号随混合物含水率的增加而降低，测量的THz脉冲的峰值信号从67mV下降至19mV。

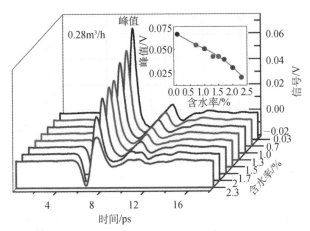

图9.1　流量为0.28m³/h时，不同含水率的柴油-水混合物的THz时域光谱[23]
插图为不同含水率的油水混合物的时域峰值

对于水平管道油水两相流，其流型即分层流和分散流，分散流可以是水为连续相或油为连续相，水为连续相包括上层水包油下层水的分散流（DO/W&W）、水包油（O/W）；油为连续相包括上层油包水、下层水包油的分散流（DW/O&O/W）及油包水（W/O）流型。本实验中0＃柴油属于轻质油，在含水率较低的情况下，柴油-水两相流的流型为油包水分散流，水相作为分散相以水泡的形式存在于连续的油相中。对于不同含水率的柴油-水两相流，其时域峰值强度在流速由0.1m³/h增加至0.36m³/h的过程中均出现了转折点，如图9.2（a）～（h）所示，这些时域峰值转折点处的流速被称为临界流速Q_C。如图9.3所示，当含水率从0.03%增加到2.3%时，Q_C从0.32m³/h降低至0.18m³/h。

在流体力学中，雷诺数（Re）是一个用于表征不同流型的无量纲的量。对于管道中流体的流动，雷诺数一般定义为：$Re= QD_H/(vA)$，其中D_H是管道的水力直径（$D_H=0.01m$）；Q是体积流量（m³/s）；A是管道截面积（m²）；而v是流体的运动黏度（m²/s）。对于油水两相流，其运动黏度也被定义为

$$v =(\varepsilon_o\mu_o+\varepsilon_w\mu_w)/(\rho_o\varepsilon_o+\rho_w\varepsilon_w)$$

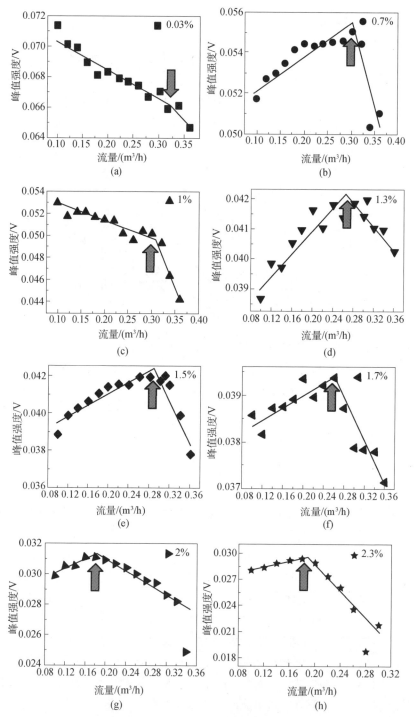

图 9.2　不同含水率的油水混合物在流量由 0.1m³/h 增至 0.36m³/h 的 THz 时域光谱峰值[23]

式中，ε_o 为油的体积分数；μ_o=2.73mPa·s；μ_w=1.01mPa·s；ρ_o=852kg/m³；ρ_w=998kg/m³。本实验中，当含水率从 0.03% 增加到 2.3% 时，其相应的雷诺数由 2775 降低至 1586。一般来说，当 Re＜2300 时出现层流，当 Re＞4000 时出现湍流。在 2000～4000 的区间内，受管道粗糙度和流动均匀性等因素的影响，可能出现层流或紊流的流型，称为过渡流。在 2300～4000 的过渡流的雷诺数也被称为临界雷诺数。由图 9.3 可知，雷诺数与含水率间有强烈的依赖关系，说明黏度并不是影响流型的唯一因素，分散相在连续相间的分布形式、分散相的形状和粒径大小及分散相和管壁之间的接触形式等均可能影响流型的转变。

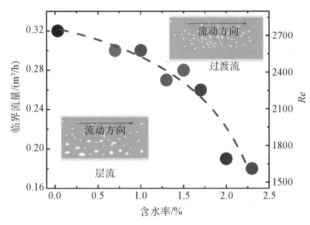

图 9.3　含水率和雷诺数的关系[23]

　　当流速小于临界流速时，管道内油水两相流流型为层流，剪切应力不足以使水相分散为液滴，水相随油相规律地流动。随着流速增大，剪切应力相应增大，但其增加量是有限的，仍不能使水相分散为液滴；当流速大于临界流速时，流型由层流变为过渡流，油水之间的作用力增强，剪切应力增大到足以使水相分散为更小的液滴，在管道中心，小水滴的量比管壁处更多，即测试区的水含量增大（图 9.4），对太赫兹波的吸收增强，太赫兹波信号呈现下降的趋势；此外，随着水滴尺寸的减小，散射效应增强，进一步增大了样品对 THz 波的吸收。因此，太赫兹波信号变化的转折点即对应流型转变的临界流速。

　　这一研究结果表明了太赫兹技术在研究水平管内油水两相流方面具有可行性，该研究奠定了以太赫兹技术为测量手段的两相流动力学过程的研究基础，为原油储运过程中油水流动系统的研究提供了一种快速、原位的检测方法，显示了太赫兹技术在油水两相流领域的应用潜力。

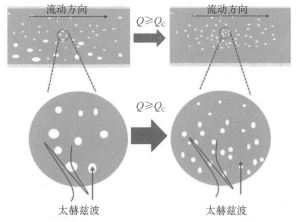

图 9.4 $Q \geqslant Q_C$ 时的流型转变示意图[23]

（二）水平圆管油水两相流

油水两相流的流动参数，如流型、压降及滑移等对输油管道的合理设计和经济管理有着重要的影响。本实验基于太赫兹时域光谱对入口含水率为 0.5%～5.0% 的水平圆管油水两相流进行研究分析。

图 9.5 为水平圆管内不同流速（0.1～0.36m³/h）的油水两相流的太赫兹时域光谱。由于实验中水含量较低，只观察到了水滴分散层-油层流和油包水两种流型。当在不同的含水率时，不同流速下的太赫兹峰值信号显示出相似的变化规律（图 9.6）。在流速较低时，流动主要受重力的影响，油水两相分层，但由于水的含量较低，水相分散在油层中形成水滴分散层-油层流（O&DW/O）。随着流

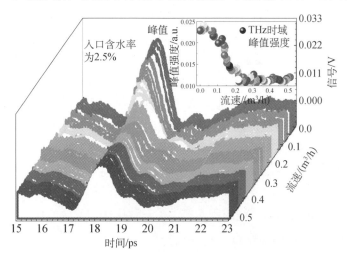

图 9.5   水平管内不同流速时油水两相流的太赫兹时域光谱[23]

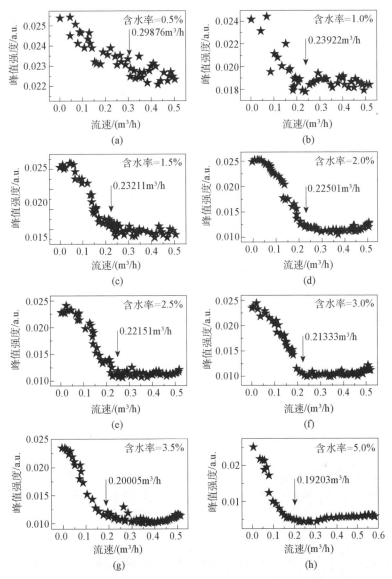

图 9.6　水平管油水两相流的太赫兹时域峰值随流速的变化[24]

速的增大，界面处开始形成波动，水滴数量的增多和尺寸的减少使测试区水含量增加，对太赫兹脉冲的吸收率增大。随着流速的进一步增大，水滴逐渐均匀分散在油相中，同时管道内的湍流强度很大，使水滴纵向分布于整个管道形成油包水分散流，测试区含水量基本不变，对太赫兹波的吸收保持稳定。由此可提取出油水两相流流型变化的转折流速。根据提取的转折流速及相对应的含水率可以绘制流型图(图 9.7)，根据该图可直观判断油水两相流的流动状态。

当流型由层流转为湍流时的雷诺数称为临界雷诺数。一般来说，管流中的临界雷诺数范围在 2000～2600。结合两相流不同流型的特点，可以得知根据太赫兹参数得到的临界雷诺数范围在 2238～3342，与理论范围基本一致（水和柴油的密度分别为 998kg/m³ 和 830.6kg/m³、动力黏度为 1.01mPa·s 和 3.30mPa·s）（图 9.7）。

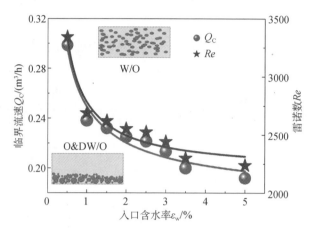

图 9.7　不同入口含水率的油水两相流的临界流速及临界雷诺数[24]

另外，当流量大于临界流量，即油水两相流流型为 W/O 时，测量的 THz 信号的时域峰值保持不变。为了确定 W/O 型乳状液太赫兹响应与入口含水率之间的关系，通过对测量信号求取平均值得到了其稳定信号，如图 9.8 所示，对其进行线性拟合，发现拟合方程的相关系数约为 0.952。不同入口含水率的油水两相流在流量为 0.5m³/h 时的太赫兹时域光谱如图 9.8 插图所示，随着入口含水率的增加，时域信号的峰值出现了明显的下降，然而其时间延迟则出现了增大的趋势，说明 THz 时域光谱可从峰值及相位两个方面提供油水乳状液的含水信息。

在油水两相流中，由于两相物性的差异，分散相和连续相之间存在速度差，导致油水体积分数与入口的体积分数不同，一般称为滑移现象。为了研究入口流速对滑移的影响，在选定的入口流速下对不同含水率的两相流进行分析计算。如图 9.9 所示，首先根据能量守恒定律将圆管等效为高度和宽度分别为 8mm 和 2πmm 的方管，其次根据吸光度计算公式求得两相流的吸光度，该吸光度可表达为油和水的吸光度的总和，由此可得到水的厚度并得到两相流的截面持水率。基于以上分析，根据下式求得油水两相流的滑移程度：

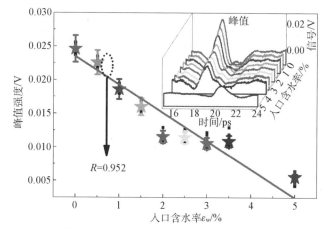

图 9.8　W/O 乳状液的 THz 峰值强度[25]

插图为两相流流速在 0.50m³/h 时的时域波形

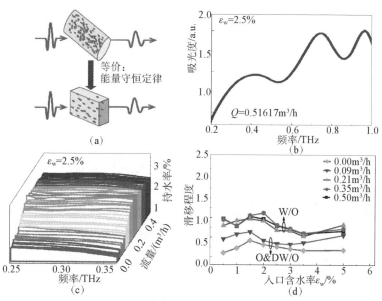

图 9.9　实验中持水率与滑移程度的计算原理[24]

(a)测试图；(b)含水率为 2.5%的油水两相流在流速为 0.51617m³/h 的吸光度；(c)上述两相流的持水率；(d)选定
流速下的滑移程度曲线

$$S = \frac{\varepsilon_o / \varepsilon_w}{\beta_o / \beta_w}$$

式中，ε_o 和 ε_w 分别为油水两相流的入口含油率和含水率；β_o 和 β_w 分别为截面持油率和持水率。结果表明，在测试范围内，滑移程度随入口含水率的增加有先增大后减小的趋势。对比不同流速下的滑移曲线，发现在低流速时，滑移程度受入口流速的影响较大，随着流速的增加，入口流速的影响则逐渐减小。

综上所述，太赫兹光谱技术能够对油水两相流的流型进行识别，结合太赫兹表征滑移程度的模型，表征油水两相流的流动特性，预测集输管道内油水两相流的流动行为。

（三）方形微通道单相水流

浮力作用下油气"渗流"或"管流"是油气成藏的根本特征，了解该过程对于油气资源的经济开发具有重要的意义。随着流体尺寸的微小化，油气在流动过程中，受地形及夹杂杂质等因素的影响，其流动特性具有复杂性，其分析也变得相对复杂。因此探索高效的流动特性探测技术具有重要的生产意义。太赫兹技术在微量流体识别方面已有一定的进展。本实验将太赫兹技术应用于微流体流动参数的分析中，对单相水流的流型及压降进行表征。

时域光谱测量结果如图9.10(a)所示，从局部细节图可发现太赫兹波透过流速增加的单相水流后峰谷幅值增大，这是因为不同流速下水的流型不同，造成对太赫兹波吸收增强。利用快速傅里叶变换可计算获得水在太赫兹波段的频域谱，进而得到其吸光度［图9.10(b)］，同样是水的吸光度随流速的增加而增大的现象。图9.10(c)为提取得到的不同雷诺数的时域光谱峰谷值，太赫兹峰谷值随着雷诺数的增加显示出与油水两相流类似的变化规律，即低雷诺数时的快速变化以及高雷诺数时的缓慢变化。

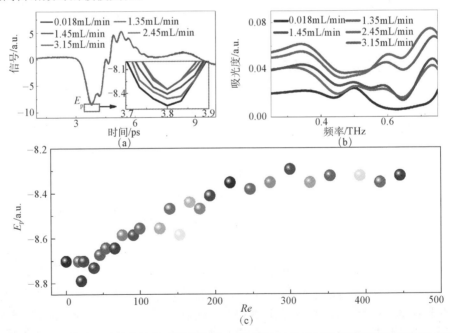

图9.10　不同流速下水的太赫兹时域光谱(a)、吸光度(b)及时域峰值随流速的变化(c)[25]

（文后附彩图）

为进一步分析 THz 信号与 Re 的关系，提取 4 个频率处的单相水流的吸光度，如图 9.11 所示。从图中可以清楚地看到，微通道内单相水流吸光度的变化分为快速增长和缓慢增长两个阶段。当 Re 较小时，微通道中流体粒子沿着管轴方向匀速有序运动，由于黏性力对流体粒子的影响，管壁附近粒子的速度比中心粒子的速度小，相邻层间有一定的速度梯度。随着雷诺数的增加，粒子数增加，最大粒径减小，探测区域内不断增加的有序粒子使太赫兹波吸收呈线性增加。然而，进一步增大雷诺数，不同层间的粒子间发生动量交换，使不同层的粒子发生混合，使测试区内水粒子数的增长减缓，因而吸光度的增长也变得缓慢。因此，推测吸光度斜率的变化是由层流到过渡流的提前转变引起的。

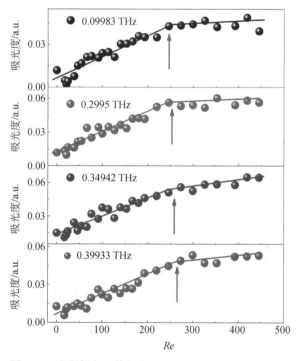

图 9.11 选定频率下单相水流的吸光度与 Re 的关系[25]

从传统理论可知，当雷诺数增加到一定值时，管道流动会经历从层流到过渡流，再到湍流的显著转变。湍流的产生及由层流到过渡流、再到湍流的伴生现象对流体力学的研究具有重要意义。图 9.12(a)给出本实验中可能出现的流动模式。当均匀直微通道流动的雷诺数较低时，考虑黏性力对流动粒子的影响，壁面附近的流体粒子速度小于中心流体粒子的速度，因而流体在垂直于流动的方向具有一定的速度梯度。尽管通道表面的疏水性会造成滑移的产生，但每个流体粒子都以均匀的速度运动，流动是有序的，粒子沿着相邻的层在直的微通道中流动（层流）。随着雷诺数的增加，流体粒子的数量增加，最大粒径减小，然而进一步增加雷诺数，来自不同层的粒子将发生动量交换，使来自各层的粒子强烈混合，同时流体粒子的流动有序性被破坏（过渡流）。图9.12(b)描述了对实验结果的理论分析。在层流状态下，随着雷诺数的增加，探测区域内有序运动的流体粒子将线性地增加其对 THz 波的吸收。此外，随着水颗粒尺寸的减小，散射效应也会增强，这可能是导致 THz 吸收增强的另一个因素。在过渡流状态下，流体粒子的数量变得更多而离子的尺寸则趋于更小，同时，来自不同层的混合粒子在一定程度上抑制了实验段中流体对太赫兹波吸收的增加，导致其对太赫兹波的吸收增长缓慢。

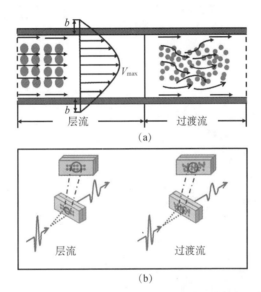

图9.12　层流和过渡流的示意图(a)及太赫兹波与层流和过渡流的相互作用的示意图(b)[25]

V_{max} 为中心最大流速

达西摩擦因子(f)的变化是描述流型最基本的特征。由于实验所用 PDMS 板没有进行表面改性，因此微通道表面具有疏水性，水在流动过程中存在明显的滑移现象，导致压降与理论压降比产生明显的偏离［图9.13(a)］。理论压力梯度可由 Darcy-Weisbach 方程 $\Delta P/\Delta L = f\rho v^2/2D_H$ 计算，其中，$f = Po/Re$。对于矩形微通道中充分发展的层流，泊肃叶数可由下式进行数值计算：

$$Po = 96(1 - 1.3553\beta + 1.9467\beta^2 - 1.7012\beta^3 + 0.9546\beta^4 - 0.2537\beta^5)$$

式中，β 为微通道小于1的横纵比。对比实验压降与理论压降发现，与理论上的线性关系不同，实验所得压降与 Re 间为非线性关系，而这种非线性是由流动的不稳定性引起的。利用实验压降求得 f［图 9.13(b)］，发现对于较小的 Re，f 随着 Re 的增加而迅速减小，这恰恰为层流的流动阻力的变化特征。相比之下，当 Re 更大时，f 几乎保持不变，也就是过渡流的流动阻力的特性。为了确定流型变化的临界 Re 值，计算 f 的微分值。发现当 $Re < 250$ 时，$\mathrm{d}f/\mathrm{d}Re < 0$，而当 $Re > 250$ 时，$\mathrm{d}f/\mathrm{d}Re \approx 0$，也就是流型变化的临界 Re 为 250。

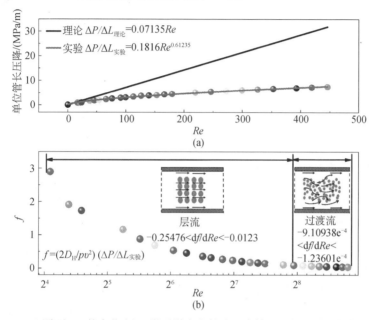

图 9.13 压降随 Re 的变化(a)及微通道中水的达西摩擦因子与 Re 的关系(b)[25]

综上所述，利用太赫兹时域光谱技术可以实现对矩形微通道单相水流的流型识别。与超材料相结合，分析微通道内油水两相流的流动特性，将使 THz-TDS 技术在微流体领域的研究范围更加广阔。

二、实验目的

(1) 在分析数据的过程中，加深对太赫兹时域光谱的理解。

(2) 了解水平管油水两相流的基本流型，掌握太赫兹技术进行流体检测的机制及方法。

(3) 了解微通道流体流型的影响因素，理解太赫兹技术进行微通道流体检测的原理。

三、实验设备及实验材料

(1)透射式太赫兹时域光谱仪 1 台。

(2)聚四氟乙烯管、高纯度石英管、"一"字形微流控芯片。

(3)涡轮流量计一台、变速螺杆泵一台、闸阀若干、球阀若干、弯头若干、储存罐若干、数字注射泵一台、数字压力表两台、钢针若干、聚四氟乙烯连接管若干。

(4)柴油、水若干。

四、实验内容

（一）水平方形管油水两相流

实验以 0 #柴油和自来水作为研究对象，首先按图 9.14 将实验装置连接好，并确定其密封性是否良好。考虑到水对太赫兹波的强吸收作用，实验过程中控制两相流水的体积分数为 0.03%～2.3%、流速为 0.1～0.36m³/h，为减少管道材料造成的太赫兹波的损失，测试区管道选为截面尺寸 1cm×1cm 的方形高纯度石英管，同时水平段管道长为 3m，为两相流的稳定流动提供足够的入口长度。

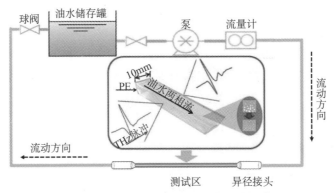

图 9.14　基于太赫兹技术的油水两相流实验装置图 [23]

箭头指向为流动方向

实验采用透射式太赫兹时域光谱系统，两相流流量控制在 0～0.36m³/h。在开始测量之前，为使油水充分混合，首先在室温下利用高速搅拌器对 0 #柴油和自来水至少搅拌 30min，并将油水混合物储存在油水储存罐中，然后将油水混合物泵入管道中。通过使用流量计可以准确地测量流量。调节泵的参数以控制两相流流速，当油水两相流流动达到稳定状态时，再对不同含水率的油水两相流进行太赫兹时域光谱测定。实验中为了提高太赫兹光谱测量时的信噪比，要求太赫兹光斑垂直照射在管道的中心区域。

（二）水平圆管油水两相流

按如图 9.15 连接好管路，实验管路材料选择对太赫兹波吸收较小的聚四氟乙烯管，管道内径为 8mm，外径为 10mm，管道总长 2.5m。实验所用样品为柴油和自来水，实验中控制两相流中水的体积分数在 5.0%以下，并保证在恒温 (294 ± 0.3) K 和标准大气压力的条件下开展实验。油水混合物最初放置在储存罐中并将其密封，然后，油水混合物通过变速螺杆泵由储存罐送入实验管道，透明的管道能够进行流型观察。通过管道的油水混合物随后又被收集回储存罐，通过调节变速螺杆泵调节两相流流量后又被送回管道。其中油水两相流的流量则由涡轮流量计测量。

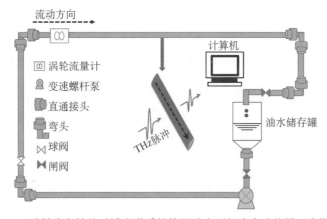

图 9.15　透射式太赫兹时域光谱系统检测油水两相流实验装置示意图[24]

实验采用透射式太赫兹时域光谱系统，两相流流量控制在 $0.0\sim0.6\text{m}^3/\text{h}$。通过改变变速螺杆泵的功率来调节两相流流速，并在每次调节流速后，两相流系统需要至少运行 5min 以保证测试区两相流的流动达到稳定状态，此后再对稳定的两相流进行太赫兹时域光谱检测。实验中为了提高太赫兹光谱测量时的信噪比，要求太赫兹光斑垂直照射在管道的中心区域。

（三）方形微通道单相水流

实验中以水为研究对象，利用太赫兹时域光谱技术对矩形微通道内不同流速的单相水流进行测量。实验装置如图 9.16 所示，微通道的尺寸为 $20mm\times200\mu m$ $\times50\mu m$（长×宽×高），水的流速由数字注射泵精确控制在 $0\sim5.58m/s$ 的范围内（雷诺数范围为 $0\sim446$），其压降通过两个数字压力表测量。

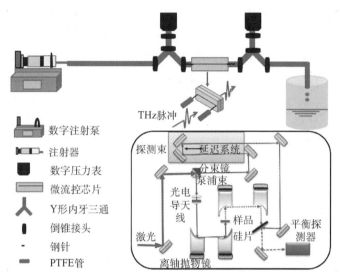

图 9.16　透射式太赫兹时域光谱系统微通道单相水流实验装置示意图[25]

首先将数字注射泵、管道、微流控芯片及数字压力表等连接完整，其次将管道用水进行预湿，将微流控芯片放置在太赫兹波的焦点处，并保证 THz 波垂直通过微通道。测试过程中需将微流控芯片置于氮气环境中，以消除水蒸气的影响，同时控制实验温度和湿度分别在 $21.2\sim21.4$℃ 和 $1.0\%\sim1.3\%$。改变流速后，需等待至少 5min 再进行测试，以保证样品在测试区的流动达到稳定状态。

实验十 金属腐蚀防护的太赫兹光谱检测

一、研究背景及进展

管道运输是石油和天然气最经济、合理的运输方式，被誉为石油工业的"大动脉"。油气管道对国民经济的发展起着举足轻重的作用，是油气输运过程中的重中之重，但安全现状却并不乐观。全球已建成的 240 多万公里的管道中，近一半趋于老化，因管道腐蚀引发的恶性安全事故时有发生，每年因管道泄漏、停输、污染等引发的火灾、爆炸等灾难性事故，会造成重大的人员伤亡、环境污染和财产损失。2010 年 4 月 20 日，英国石油公司在美国墨西哥湾租用的钻井平台"深水地平线"发生爆炸，导致大量石油泄漏，不仅造成数千亿美元的经济损失，更导致墨西哥湾沿岸 1000 mi① 长的湿地和海滩被毁，渔业受损，脆弱的物种灭绝，使墨西哥湾沿岸生态环境遭遇"灭顶之灾"；2011 年 7 月 16 日，大连新港输油管道爆炸致超过 50 km² 海面污染，给当地生态环境带来了巨大破坏，经济损失高达 1 亿元人民币；同年 12 月 23 日，哥伦比亚中部里萨拉尔达省一条输油管道突然发生爆炸，造成至少 11 人死亡，70 多人受伤，另有 20 多人失踪；2013 年 11 月 22 日，中石化东黄输油管道因腐蚀变薄破裂，原油泄漏爆炸，造成 62 人死亡，136 人受伤……但是出于安全考虑，管道铺设常于地下且远离城市中心区，缺乏日常维护，且所处的环境复杂，常伴随着高温、高压及 H_2S、Cl^- 等腐蚀性物质，所以管道断裂失效的原因多种多样，难以一一预测、排查和避免。因此，定期对管道进行检测，实时获取管道运行状态，及时发现隐患并解决是保证管道安全输运的关键。发展油气长输管道的检测技术水平也是世界各石油企业和研究所工作的核心，对保障油气工业安全生产将发挥重要作用。

---

① 1 mi=1.609344km。

（一）盐雾环境下铁片腐蚀的太赫兹光谱表征

将金属铁片样品放入盐雾实验机中模拟大气腐蚀，再用太赫兹光谱的方法，对金属腐蚀现象进行表征。由于腐蚀时间不同，铁片在盐雾环境下形成的腐蚀状况也不同，因此得到样品不同的信息谱图，根据检测到的样品的信息规律对不同腐蚀程度的铁片样品进行区分，从而实现对不同腐蚀程度铁片样品的区别测量。

由于金属对太赫兹波的弱吸收、强反射，故用反射式太赫兹时域光谱仪对样品的太赫兹光谱信号进行采集。从图 10.1 可以看出，未腐蚀铁片表面平整光滑，有利于太赫兹波的反射。随着腐蚀的加深，铁片逐渐出现腐蚀坑和腐蚀产物，表面变得比较粗糙，反射率会有所降低。1～5 天铁片腐蚀较快，表面变化比较明显，第 6 天以后，腐蚀产物逐渐堆积在铁片表面，减缓了腐蚀的进程。图 10.2 中，黑色曲线为未腐蚀铁片样品测得的信号，它接近于参考信号，彩色曲线为经过不同腐蚀时间的样品信号。可以看出在相同测试条件下样品对太赫兹波有不同的响应，表现在其振幅上，腐蚀时间越短，振幅就越大，并且前几天振幅下降幅度较大，而从第 6 天开始振幅下降幅度逐渐减小，振幅趋于稳定。这与样品在盐雾环境下前几天发生点蚀且腐蚀进展较为迅速，而从第 9 天开始样品表面被腐蚀产物全部覆盖，且腐蚀进展开始减慢相互对应。图 10.2 中有的样品在第一个波峰之后出现较第一个波峰低一些的第二个波峰，这是由于样品表面最先开始的是点蚀，所以样品不平滑，而反射式 THz-TDS 系统的光斑直径有 2mm，光斑打在样品腐蚀与未腐蚀即高低不平的地方就会出现两个不同波峰的现象。

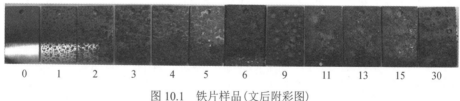

图 10.1　铁片样品（文后附彩图）

为更加直观地表示样品时域峰值与腐蚀时间的关系，取样品时域峰值 E_p 与腐蚀时间作图。如图 10.2(d) 所示，随着腐蚀时间的增加，E_p 呈现出下降的趋势，而且由第 0 天的 3.0×10^4 迅速下降到第 6 天的 0.7×10^4，而且不同取点处 E_p 的值也有较为明显的差异，这是由于铁片最开始在盐雾环境下发生的腐蚀是点蚀，太赫兹光斑便可能打到具有不同腐蚀程度的区域，因此在峰值上会表现出大小的差异。从第 9 天开始，由于铁片样品在经过一段时间腐蚀后其表面都被腐蚀产物所覆盖，进而减缓了其腐蚀进程，峰值的下降趋势逐渐趋于平缓，从 7×10^3

左右逐渐降低为 3×10^3。由图 10.2(d) 可以看出随着天$^{-1}$(d^{-1}) 的增加 E_p 呈现上升的趋势。从一定程度上来说，样品的腐蚀时间与其时域峰值呈现出反比例。总之，由太赫兹时域图谱可知，时域峰值随着样品腐蚀时间的增加而减小，当样品腐蚀到一定程度后，由于样品腐蚀进展的减缓而逐渐趋于稳定。

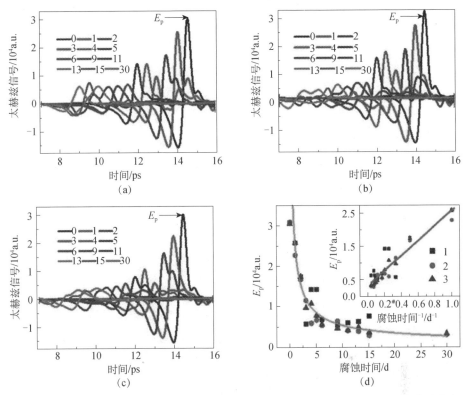

图 10.2　样品在任意三个位置取点的时域图(a)、(b)、(c)及时域峰值与时间关系(d)[26]
(文后附彩图)

当太赫兹光波入射到粗糙样品表面时，在样品表面会发生反射、散射和吸收。图 10.3(a) 为不同腐蚀时间的铁片样品的反射率谱图，图 10.3(b) 为 0.6THz、0.8THz、1.0THz 处样品反射率与腐蚀时间对应的关系图。随着腐蚀反应时间的增加，样品反射率呈现递减的状态。第 1 天到第 6 天反射率从 1.0 左右急剧下降到 0.2 左右，减小了 0.8，而从第 9 天开始反射率下降幅度趋于减慢，由 0.2 逐渐缓慢降低至 0.05 附近。这一规律与前面的时域图谱和频域图谱极为相似，腐蚀时间与反射率呈现出类似反比的关系。图 10.3(b) 内插图为在不同频率处样品反射率与腐蚀时间倒数的关系图。以线性模型 $y = a+bx$ 进行二参数线性最小二乘法拟合，其中在 0.6THz 处，拟合直线为 $y = 0.99x - 0.08737$，其中相关系数为 0.93105；在 0.8THz 处，经过最小二乘法拟合得到拟合直线 $y = 0.72962x - 0.06049$，相关系数为 0.93885；在 1.0THz 处得到的拟合直线为 $y = 0.55069x - 0.02671$，相关系数为 0.97697。不同腐蚀程度样品的太赫兹反射率在不同的频域处都各自呈现出相同的线性相关性。

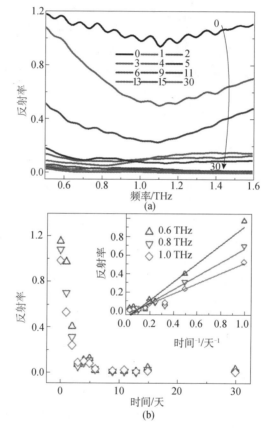

图 10.3　不同腐蚀时间的铁片反射率图谱(a)和反射率随样品腐蚀时间变化曲线(b)[26]

以上结果说明，利用太赫兹波检测金属铁的腐蚀进程不仅可行，而且还能够根据太赫兹波反射强度与腐蚀时间的关系定性判断其腐蚀程度。这为金属管道的无损检测提供了一种新的简便、经济的测量方法。

（二）涂层盐雾环境下铁片腐蚀的太赫兹光谱表征

大多数情况下，金属腐蚀在潮湿环境和电解质水溶液中发生电化学反应，形成腐蚀电池，并能检测出腐蚀电流。因此涂层下的金属腐蚀属于电化学腐蚀。如图 10.4 所示为涂层/金属界面的腐蚀形成原理示意图，涂层处于含水的环境下，水分子会通过涂层在固化过程中形成的细微孔洞扩散，当水通过渗透作用达到涂层/金属界面时，可导致电化学反应的发生。由于各个涂层的缺陷和孔隙不同，氧和其他离子到达界面的浓度有差异，形成阳极区和阴极区，这两个极区可进行电子传导，腐蚀产物也随着离子相互接触而产生并随之增加，这就削弱了涂层与金属的结合能力，促使涂层鼓泡的形成及剥离，随着腐蚀介质进一步接触金属表面，将导致更加严重的腐蚀，这使得涂层失去防护能力。

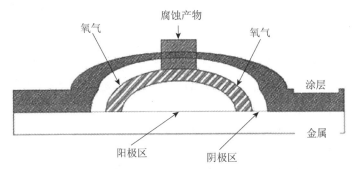

图 10.4　涂层/金属界面的腐蚀形成原理示意图

一般的涂层/金属界面腐蚀公式为

阳极反应：$\mathrm{M} - ne^- \longrightarrow \mathrm{M}^{n+}$

阴极反应：$2\mathrm{H_2O} + \mathrm{O_2} + 4e^- \longrightarrow 4\mathrm{OH}^-$

式中，M 为金属。由于阴极反应会产生 OH^-，所以阴极碱性更强，从而导致油脂、醇酸型的有机涂层脱落，进一步诱发更加严重的腐蚀。

　　涂层与基底金属及其相互作用力主要是附着力和内聚力。附着力是涂层与基底相结合的能力，而内聚力则是涂层本身内聚的能力。当存在多道涂层时，随着涂层厚度的增加，内聚力也随之增大，但是附着力不会随之增大。因此，涂层厚度的增加会导致附着力与内聚力比例的减小，这样的发展方向是不利于附着力的。当涂层越厚时，涂层的附着力越小；反之，附着力越大。这就是涂层越薄越不容易剥落，而当涂层较厚时却呈现片状剥落的原因。尽管单单从附着力角度来看，涂层不宜过厚，但是从防腐效果和耐磨损程度来说，涂层又必须有一定的厚度。因此，在实际工程下需要选取合适的涂层厚度，以保证在不影响附着力的情况下获得较好的防腐效果。

　　对于涂层厚度有很多种测量方法，根据其对于样品的处理方法，基本上可以分为两大类，一类属于破坏性检测法，其中包括电量法、库仑法、金相法和重量法等，另一类属于无损检测法，如电磁感应法、电容法、涡流法、磁力法、超声法、X 射线荧光法、β 射线背散射法和光热成像法等。由于涂层与基底材料的不同，各种测试方法都具有其局限性。例如，电磁感应法只适用于在铁磁性基体上涂覆非铁磁性基体的涂层厚度测量；涡流法测量涂层厚度是利用涂层与基体之间电导率的差别进行涂层厚度的测量，且要求涂层与基体的电导率差别全部大于 3∶1 或者完全小于 3∶1，由于是通过涂层与基体电导率不同来对涂层厚度进行测量，因此该方法的主要误差来源是基体电导率不均匀；β 射线背散射法要求被测样品有足够大小；超声法对于较薄的涂层厚度无法检测。X 射线荧光法和 β 射线背散射法不仅检测精度不高，还存在放射源防护问题，因此存在安全隐患。激光检测具有非接触、精度高和测量范围广等优点，但存在检测效率低、装置调节耗时、无法做到实时监测要求等缺点。

目前国内外涂层多采用性能良好的环氧树脂或聚氨酯材料，其中以环氧材料涂层为佳。一般情况下，涂层下金属铁的腐蚀机制如下：

阳极反应：$Fe \longrightarrow Fe^{2+} + 2e^-$

阴极反应：$O_2 + 2H_2O + 2e^- \longrightarrow 4OH^-$

其中，阳极铁失去两个电子成为二价铁离子，阴极氧与水分子得到两个电子成为氢氧根离子。二价铁离子和氢氧根离子结合形成铁的氢氧化物：

$Fe^{2+} + 2OH^- \longrightarrow Fe(OH)_2$

氢氧化亚铁不稳定，会再次被氧化：

$4Fe(OH)_2 + O_2 \longrightarrow 2Fe_2O_3 \cdot H_2O + 2H_2O$

在本实验中，喷雾里含有氯离子，其会加速金属铁腐蚀发生反应的过程：

$FeCl_3 + 3H_2O \longrightarrow Fe(OH)_3 + 3HCl$

其中铁与盐酸发生置换反应：

$Fe + 2HCl \longrightarrow FeCl_2 + H_2 \uparrow$

当氧气和盐酸同时存在时

$4FeCl_2 + 4HCl + O_2 \longrightarrow 4FeCl_3 + 2H_2O$

太赫兹波在金属表面介电质层涂层如涂料、防腐涂料和绝缘涂层的无损检测方面十分实用。图 10.5 为利用反射式太赫兹时域光谱系统测试不同环氧树脂涂层厚度的铁片样品示意图。当太赫兹光谱打到样品上时，首先在涂层界面发生第一次反射形成第一个波峰 S，有一部分光波进入涂层，在涂层与金属界面发生第二次反射形成第二个波峰 R。两个波峰之间的时间间隔 Δt 代表了光波在一定厚度涂层往返所需时间间隔。因此，Δt 与涂层厚度 d 满足公式：

$$d = c\Delta t / 2n$$

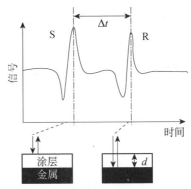

图 10.5　金属衬底的环氧树脂涂层反射太赫兹波示意图

S：表面反射，R：界面反射

由上述公式可以得出，涂层厚度与两峰间隔即太赫兹波在涂层之间来回所需要的时间是呈线性关系的，其斜率由涂层折射率决定。图 10.6 为各个样品两峰时间延迟与涂层厚度的变化关系，时间延迟均随着样品涂层厚度的增加而增大，且两者呈现线性递增关系，线性拟合相关指数为 0.99771。这说明，利用太赫兹波测量涂层厚度不仅可行，而且还能够通过太赫兹波前后两次反射的时间差与涂层厚度的线性关系定量计算涂层厚度。图 10.7 是不同样品太赫兹时域谱强度随涂层厚度变化曲线，随着涂层厚度的增加，太赫兹波的时域峰值强度逐渐减小，从插图可以看到，太赫兹光波的第二反射峰峰值与涂层厚度呈现反比关系。

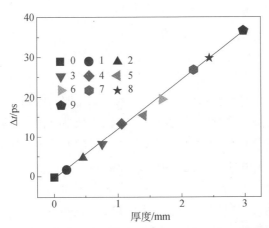

图 10.6　不同涂层厚度样品的时间延迟随涂层厚度变化曲线

0. 0mm；1. 0.2mm；2. 0.46mm；3. 0.76mm；4. 1.06mm；5. 1.40mm；6. 1.70mm；7. 2.20mm；

8. 2.44mm；9. 2.98mm

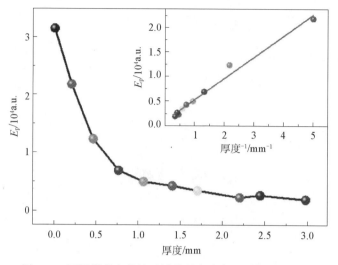

图 10.7　不同样品太赫兹时域谱强度随涂层厚度变化曲线

图 10.8 为不同环氧树脂涂层厚度样品的太赫兹频域图谱，样品的频域振荡集中在 0.2～0.8THz，测试样品的带宽范围为 0.2～1.0THz。从图中可看到样品其频域谱都有不同的振荡周期，且随着样品厚度的增加，频域振荡周期相应减小。而之所以会出现这样的周期性振荡是由于在时域谱存在两个不同间隔的波峰，在进行傅里叶变换得到频域谱后，其中两个波峰叠加造成了不同的振荡频率。样品涂层越厚，在时域谱中两峰间隔越远，则其频域振荡周期就越小。其中的原理可由傅里叶变换的尺度特性公式解释：

$$f(t) \leftrightarrow F(\Omega)$$

$$f(at) \leftrightarrow F(\Omega/a)/a$$

式中，Ω 为频率；a 为任意非零实数。尺度特性说明，信号在时域中压缩，频域中就扩展；反之，信号在时域中扩展，频域中就压缩。因此，随着样品涂层厚度的增加，信号在时域中两峰间隔增加，表现在频域中振荡周期减小，在频域中压缩。可以理解为信号波形压缩(扩展)a 倍，信号随时间变化加快(慢)a 倍，所以信号所包含的频率分量增加(减少)a 倍，频谱展宽(压缩)a 倍。对图 10.8 中各个频域波形的振荡周期进行计算得到 Δf，绘制振荡周期 Δf 与涂层厚度的关系曲线，如图 10.9 所示。涂层厚度测试范围为 0.2～2.98mm，而一般管道涂层的厚度在毫米量级，如果加大系统功率可以用来检测更厚的涂层。因此，可以用太赫兹时域光谱技术来检测金属涂层并根据计算得出的拟合曲线来计算金属上覆盖的涂层。这为金属材料防腐涂层厚度的无损检测提供了一种既简单、快捷又准确的新方法。

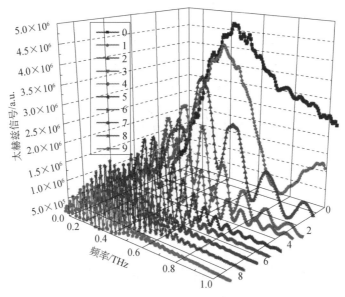

图 10.8　金属衬底的环氧树脂涂层样品的反射式太赫兹频域谱(文后附彩图)

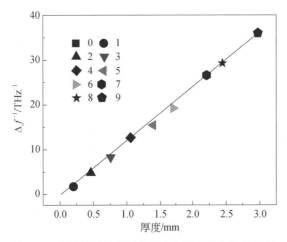

图 10.9　太赫兹频域谱振荡频率与样品厚度关系曲线

数字 0～9 表示样品不同的涂层厚度，同图 10.6

　　如图 10.10 所示，涂层样品在经过一段时间的盐雾环境腐蚀之后，对其同一涂层下腐蚀前后的样品作对比可得出，太赫兹波在金属和涂层反射界面的反射波峰有所降低。涂层越薄，其下降得越多，随着涂层的加厚，反射峰逐渐趋于一致。这说明，经过一段时间的盐雾腐蚀，涂层下的铁片受到一定程度的腐蚀，且涂层厚度不同，受到的腐蚀程度也不同。而同一涂层下铁片与涂层界面反射峰与第一个峰的间隔有些不一致，这有可能是样品涂层经过盐雾环境腐蚀后，涂层形态有细微的改变造成的。

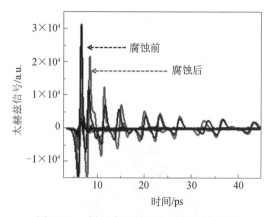

图 10.10　样品腐蚀前后太赫兹时域光谱

图 10.11 为样品腐蚀前后的时域峰值关系，圆形点表示样品腐蚀前的时域峰值，方形点表示腐蚀后的样品时域峰值。从图中可以得知样品涂层越薄，其前后时域峰值 E_p 相差就越大，涂层越薄的铁片比较容易被腐蚀。涂层最薄的 0.2mm 厚度的样品其 E_p 值下降至原来的 40%，说明样品涂层都已经被水及其他分子透过，涂层下的金属被腐蚀，金属腐蚀产物造成太赫兹波反射率的下降。对时域峰值与涂层厚度作图，可以得出 E_p 与涂层厚度呈现线性关系，且涂层越厚，金属发生腐蚀越缓慢，在经过几十天的腐蚀后，1.4mm 厚度涂层下的金属还未被腐蚀，因此前后时域幅值未有明显差别。将涂层厚度的倒数与样品的时域峰值作图，可以得到两者的关系式接近拟合直线，未腐蚀样品的拟合直线为 $y = 4327.47 + 1146.12x$，其中拟合度为 0.98161，经过一段时间的盐雾环境下腐蚀的涂层样品的拟合直线为 $y = 2213.69 + 1871.68x$，拟合度为 0.96754。由此，可以通过太赫兹波判断涂层铁片样品的腐蚀程度。

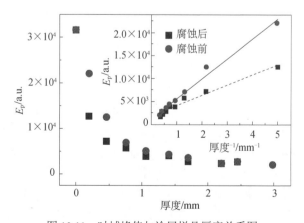

图 10.11　时域峰值与涂层样品厚度关系图

（三）铁化合物产物及其混合物的太赫兹光谱检测

图 10.12 为利用透射式太赫兹时域光谱系统测试得到的 $Fe(OH)_3$ 与 Fe_2O_3 混合物、$Fe(OH)_3$ 与 Fe_3O_4 混合物的 THz 时域光谱。Fe_2O_3、混合物、$Fe(OH)_3$ 的时域谱峰值依次降低，由于在不同物质中对 THz 波的折射率不同，相对于参考不同样品的时间延迟也不同。Fe_2O_3 对 THz 波的吸收较弱，而 $Fe(OH)_3$ 对 THz 波吸收较 Fe_2O_3 强一些，因此随着样品中 $Fe(OH)_3$ 含量的增加，对应时域谱峰值有下降的趋势。Fe_3O_4 对 THz 波吸收较强，而 Fe_2O_3 对 THz 波吸收较 Fe_3O_4 弱，因此随着样品中 $Fe(OH)_3$ 含量的减少 Fe_3O_4 含量的增加，对应时域峰值有下降的趋势。从图 (c) 中可以看到，$Fe(OH)_3$ 与 Fe_2O_3 混合物的峰值随着 $Fe(OH)_3$ 含量的增加呈现下降的趋势，而在 Fe_3O_4 与 $Fe(OH)_3$ 混合物的时域峰值变化中，随着 $Fe(OH)_3$ 的含量增加时域峰值呈现上升的趋势，这说明不同铁的化合物对太赫兹光谱的响应不同，Fe_2O_3、$Fe(OH)_3$、Fe_3O_4 对应的时域峰值依次降低。而在图 10.12(d) 的时间延迟上也呈现类似的规律。

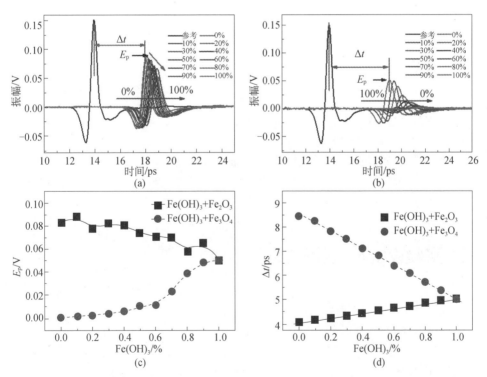

图 10.12　不同浓度的 $Fe(OH)_3$ 与 Fe_2O_3 (a) 和 Fe_3O_4 (b) 混合物时域图及时域峰值 (c) 和样品延迟时间 (d) 与 $Fe(OH)_3$ 含量的关系

图 10.13 为不同化合物样品在 0.3THz 处的折射率，可以得出随着样品成分比例由 Fe_2O_3 到 $Fe(OH)_3$ 的转变，其折射率依次减小，而在 $Fe(OH)_3$ 与 Fe_3O_4 混合物中，随着 Fe_3O_4 比例的升高折射率依次降低。这与前文中的时域和频域峰值变化呈现相似的规律。因此，可以根据样品的时域、频域以及折射率来识别不同比例混合的铁化合物。

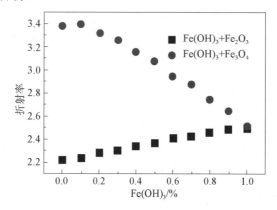

图 10.13　不同样品在 0.3THz 处的折射率

二、实验目的

(1) 学会反射式太赫兹光谱的测试方法。
(2) 学习金属腐蚀过程的原理。
(3) 学习金属腐蚀情况的反射式太赫兹波检测方法。
(4) 学习金属涂层厚度和涂层下金属腐蚀情况的反射式太赫兹波检测方法。
(5) 掌握腐蚀产物的太赫兹波检测方法。

三、实验设备及实验材料

(1) 反射式太赫兹时域光谱仪 1 台。
(2) 透射式太赫兹时域光谱仪 1 台。
(3) 盐雾实验系统 1 台。
(4) 压片机 1 台。
(5) 5%NaCl 溶液若干。
(6) 不同腐蚀程度的铁片若干。

(7) 不同环氧树脂涂层厚度的铁片样品。

(8) 分析纯的铁化合物 Fe_2O_3、$Fe(OH)_3$、Fe_3O_4 若干。

四、实验内容

（一）盐雾环境下的样品制备与监测

1. 样品制备

选取 Q235 材质的钢，在同一钢板上切割得到规格为 25 mm× 35 mm× 3mm 的样品。在使用之前统一放入乙醇溶液中进行超声清洗，以洗去金属表面的杂物和油脂，然后将试样吹干，放入干燥箱内保存。

1)溶液配制

(1)配制质量分数为 5%的氯化钠溶液。

(2)实验用的氯化钠不含有会对腐蚀结果产生影响的成分如铜、镍等。

(3)实验所用氯化钠为分析纯试剂。

2)盐雾实验机的准备和调整

(1)加入足够的氯化钠溶液，使低盐水指示灯熄灭，应往盐雾机的盐水桶中加入 2L 的氯化钠溶液。

(2)空气压缩机往盐雾实验箱内提供纯净空气，压缩空气入口设定 0.2MPa。

(3)实验室温度保持在(35±1)℃，压力桶温度保持在(47±1)℃。

(4)盐雾实验机的喷雾量保持在 1.0～2.0mL/(80cm² · h)。

(5)在实验期间机器及样品确保以上实验条件。

3)样品放置

(1)样品放置在实验室内腐蚀环境条件符合实验所规定参数区域。

(2)样品与水平方向呈 30°～60°摆放。

(3)为避免样品之间发生相互保护作用，抵消实验环境影响，每个样品之间的距离不小于 20mm，样品最下边缘距离实验室底部不得少于 200mm。

4)样品放置时间

(1)实验时间维持一个月，样品腐蚀时间分别为 1 天、2 天、3 天、4 天、5 天、6 天、9 天、11 天、13 天、15 天、30 天；

(2)在第 1 天、2 天、3 天、4 天、5 天、6 天、9 天、11 天、13 天、15 天、30 天放置的样品放入盐雾实验机。

2. 样品测试

在真空条件下，采用反射式太赫兹时域光谱系统对样品进行测试。首先，在室温下打开真空泵进行抽真空，抽真空结束后，检测此时 THz 时域光谱信号的稳定性，确定扫描范围与速度。将表面反射率接近 99.5% 的铁质镜片固定于样品架上进行测试，以得到的光谱作为参考信号，通过多次测量来确定系统的稳定性。然后，将每个样品依次固定于样品架的同一位置进行测试以减小实验误差，每个样品测试的间隔再进行一次参考信号的测试。

（二）涂层样品的制备与监测

常用的防腐蚀涂料按成膜物质分类有聚氨酯类、橡胶涂料类、环氧树脂类、富锌涂料类和玻璃鳞片类等。环氧树脂材料具有耐水性、耐酸碱性和不溶于有机溶剂等特性，便于储存、附着能力好。因此，环氧树脂涂料是目前防腐蚀效果较好的主要品种。

1. 涂层试样制备

（1）实验所用金属基底材料为 Q235 钢，试片的尺寸为 25mm×25mm×3mm。将钢片经丙酮除油和无水乙醇超声清洗各 10min，置于干燥箱内保存。

（2）所用涂层材料为环氧树脂，在室温下对试片进行涂层。将按一定比例混合的环氧树脂与固化剂，经 0.25h 的充分搅拌后，抽真空以除去空气。

（3）将制备好的涂料静置 0.25h 后，均匀地刷到相同规格的已经过清洗处理的试样表面，在不同试样上刷不同量的涂料以便制备不同涂层厚度的样品。

（4）待试样上涂料分布均匀之后，在 25℃ 的恒温箱固化 24h，然后 60℃ 固化 24h，取出样品放入干燥箱备用。

（5）用千分尺测量样品中心的涂层厚度，测试三次取平均值，涂层从薄到后排列依次编号为：0-0mm、1-0.20mm、2-0.46mm、3-0.76mm、4-1.06mm、5-1.40mm、6-1.70mm、7-2.20mm、8-2.44mm、9-2.98mm。如图 10.14 所示。

图 10.14　不同涂层厚度的样品（文后附彩图）

2. 溶液配制

(1)配制氯化钠溶液(质量分数5%)。

(2)实验用的氯化钠不含有会对腐蚀结果产生影响的成分如铜、镍等。

(3)在室温下用pH计测试溶液的pH,加冰乙酸将溶液pH调节到3.1～3.3。

3. 实验装置的准备与调整

盐雾实验机的准备和调整、样品放置与前文试片在盐雾环境下相同,在此不做重复叙述。

4. 样品放置时间

(1)未进行乙酸加速盐雾腐蚀之前,运用反射式太赫兹时域光谱系统对样品进行测试;

(2)经过20多天腐蚀;

(3)运用反射式太赫兹时域光谱系统对样品进行测试。

(三)铁化合物产物及其混合物的制备

本实验所用样品均为分析纯的铁化合物 Fe_2O_3、$Fe(OH)_3$、Fe_3O_4 及其混合物,运用压片机在同样压强、时间下进行压片,得到1mm厚的圆形薄片样品,如图10.15所示。薄片结构紧实均匀、表面平滑无裂缝且两平面保持平行以减少测量时的多次反射。为方便实验统计,避免失误,列出不同样品的各成分含量以及编号。

|(a)|(b)|

图10.15　Fe_2O_3 和 $Fe(OH)_3$ (a)及 $Fe(OH)_3$ 和 Fe_3O_4 (b)混合压片样品外观

实验十一　干馏气内烷烃成分的太赫兹光谱检测

一、研究背景及进展

烷烃气体为碳原子与氢原子构成的气体化合物，是常用的化学燃料及重要的有机合成原料，其在石油化工行业中应用十分广泛。常见的烷烃为链式烷烃，根据烷烃中碳原子个数的增加，链式烷烃中会产生很多支链，而链式烷烃中最简单的、没有支链的有以下三种：甲烷(CH_4)是最简单的有机物，是含碳量最小的烃，也是天然气、沼气及油田气的主要成分；乙烷(C_2H_6)是烷烃同系列中的第二个成员，为最简单的含碳碳单键的烃，在天然气中的含量为5%～10%，仅次于甲烷，以溶解状态存在于石油中；丙烷(C_3H_8)常压下为气体，运输时压缩为液态，原油或天然气经处理后，可得到丙烷，其是液化石油气的主要成分，因此常作为燃料使用，北京奥运会火炬——祥云，便是以丙烷作为燃料的，其价格低廉，燃烧后只形成水蒸气和二氧化碳，是一种清洁燃料。在油页岩干馏气中，三种成分的含量可达到24%，因此对三种烷烃气体的研究可有助于更有效地利用干馏气。

目前对有机混合气体成分的检测方法有很多，例如，利用传感器法检测瓦斯煤矿、管道附近的甲烷浓度，以减少煤矿爆炸和管道泄漏的概率；利用气相色谱法检测混合气体中各成分的种类及比例；利用红外光谱法检测各成分，并根据光谱进行分析；但方法都各有利弊。甲烷、乙烷及丙烷作为油页岩干馏气中的主要烷烃成分，它们的比例构成对干馏气的进一步处理方式影响较大，因此选择一种合适的方法对干馏气中各类成分进行定量分析至关重要。

太赫兹时域光谱是一门新兴的技术，在气体研究方面也有了一定进展，尤其是对极性气体，在 THz 范围内有独特的指纹谱，可根据其特有的吸收峰分析出气体中的特定成分。对于上述烷烃，虽然甲烷和乙烷都属于非极性气体，在THz波段透明，即甲烷和乙烷对太赫兹波无吸收，太赫兹波透过气体时振幅没有下降。而丙烷由于具有 0.0848D 的永久偶极矩，在 THz 范围内有一定的吸收，可以利用太赫兹时域光谱方法对混合气体进行定性与定量分析。

本实验使用太赫兹时域光谱作为一种油页岩干馏气中烷烃成分的混合气体定性与定量分析的全新检测方法，通过对不同种类、不同比例的烷烃成分进行太赫兹波脉冲探测，得到随不同成分变化的太赫兹时域光谱，分析其峰值对应的振幅及时间延迟，并与参考信号进行比较计算，得到振幅比与时间延迟等参数；研究与不同气体的浓度和气体总压强的关系，为混合气体分析提供一种新的方法，同时为干馏气的进一步处理提供研究依据。

对二元混合物测量所得到的太赫兹时域光谱如图 11.1 所示。图 11.1(a)中黑色信号为参考信号，即太赫兹波透过真空气室的一个随时间变化的信号。黑色信号后即为不同气体成分的气体样品信号：$1atm^{①}CH_4$，$1atmCH_4+0.1atmC_2H_6$，…，$1atmCH_4+2atmC_2H_6$；同样，图 11.1(b)～(d)分别代表 $1atm\ C_2H_6+(0～2)atmCH_4$、$1atmC_3H_8+(0～2)atmCH_4$ 和 $1atmCH_4+(0～2)atmC_3H_8$。由图中可看出，样品信号的太赫兹振幅基本不变，在 0.044V 上下轻微浮动；而时间延迟随着 C_2H_6 气体的不断加入而不断增大，且变化较均匀，间隔约为 0.21ps。图 11.1(b)中，样品信号的太赫兹振幅基本稳定在 0.044V 左右，与图 11.1(a)中样品信号的振幅基本相等，时间延迟的变化间隔约为 0.13ps。图 11.1(c)与图 11.1(a)和(b)两图情况相似，信号的太赫兹振幅基本不变，时间延迟随着气室内气体压强的增大而逐渐增大。图 11.1(d)中的情况与上述三图略有不同，表现在太赫兹波的振幅随 C_3H_8 气体比例的增加而逐渐减少，时间延迟依然随着气体的加入而不断增大。

总之，由上述四个二元混合体系的太赫兹时域谱可知，时间延迟随气室内气体的不断加入而不断增加，而太赫兹波的振幅在 $1atmCH_4+(0～2)atmC_2H_6$、$1atmC_2H_6+(0～2)atmCH_4$ 和 $1atmC_3H_8+(0～2)atmCH_4$ 三个体系中基本不变，而在 $1atmCH_4+(0～2)atmC_3H_8$ 中，振幅随着 C_3H_8 气体的不断加入呈现出有规律地减小的特性。

三元混合体系的太赫兹时域光谱则如图 11.2 所示，出现在图 11.2(a)中的黑色信号为参考信号，红色曲线为第一个样品的太赫兹信号，对应的气体为 $0.6atmC_3H_8$，蓝色曲线为气室中的第二个样品，代表的气体为 $0.6atmC_3H_8+0.6atmCH_4$，随后的每个样品中加入了 $0.1atmC_2H_6$ 气体。由图 11.2(a)可以

---

① $1atm=1.01325×10^5Pa$。

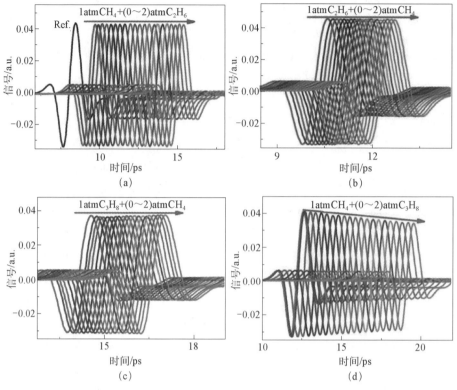

图 11.1　二元混合物的太赫兹时域光谱[26]（文后附彩图）

看出，$0.6atmC_3H_8$ 对应的样品信号的振幅相对于参考信号有一定程度的下降，随后的样品信号的振幅与 $0.6atmC_3H_8$ 的振幅基本持平；第一、第二个样品间的时间延迟较第二、第三个样品间的时间延迟大。图 11.2(b) 中的第一个样品为 $0.6atmC_3H_8$，第二个样品为 $0.6atmC_3H_8+0.6atmC_2H_6$，接下来的样品中加入了 $0.1atmCH_4$，与图 11.2(a) 中相似的是样品的振幅基本不变，第一、第二个样品间的时间延迟较大。图 11.2(c) 中的气体样品组成为 $0.6atmC_2H_6+0.6atmCH_4+(0\sim1.8)atmC_3H_8$，其与上两图的差别在于样品信号的振幅随着 C_3H_8 加入量的增加而不断减小，其第一个样品 $0.6atmC_2H_6$ 的振幅与第二个样品 $0.6atmC_2H_6+0.6atmCH_4$ 的振幅相等。综上所述，在 $0.6atmCH_4+0.6atmC_3H_8+(0\sim1.8)atmC_2H_6$、$0.6atmC_2H_6+0.6atmCH_4+(0\sim1.8)atmC_3H_8$ 和 $0.6atmC_3H_8+0.6atmC_2H_6+(0\sim1.8)atmCH_4$ 三种混合体系中，CH_4 和 C_2H_6 两种气体对太赫兹信号的振幅不大，而 C_3H_8 的加入使得太赫兹信号的振幅减小，C_3H_8 在气室中的浓度越大，对应的太赫兹信号的振幅就越小。

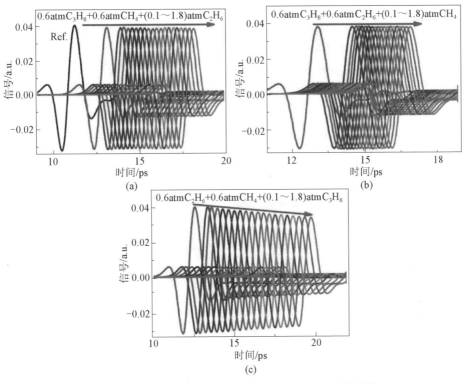

图 11.2　三元混合物的太赫兹时域光谱[27]（文后附彩图）

从二元及三元混合体系的太赫兹时域光谱可以看出，各组气体样品的信号形状大致相同，但它们的太赫兹信号的振幅和时间延迟各不相同。为了更加细致地研究太赫兹信号的振幅与混合气体组成成分及加入顺序的关系，以及时间延迟与混合气体压强的关系，实验中对比了气体样品与参考的太赫兹脉冲信号，提取了它们的振幅比与延迟之差，讨论了其与不同气体浓度的关系，其关系曲线如图 11.3 所示。图 11.3(a)和(b)分别为二元、三元混合体系中，振幅比和时间延迟与 CH_4 气体在气室中所占比例的关系；图 11.3(c)和(d)分别为三元混合体系中，两参数与 C_2H_6 和 C_3H_8 在气室中所占比例的关系。

从图 11.3(a)中可看出，$CH_4+C_3H_8$ 体系中，随着 CH_4 在气室中所占比例的改变，振幅比有较明显的变化，CH_4 所占比例越低，即气室中 C_3H_8 的比例越来越大，振幅比越小，样品信号与参考信号的差值越大；而其他二元混合体系中，振幅比变化较小，但 $C_3H_8+CH_4$ 体系中振幅比普遍小于 $CH_4+C_2H_6$ 和 $C_2H_6+CH_4$ 两体系中的振幅比；且在 $CH_4+C_3H_8$ 体系中振幅比的最大值与无 C_3H_8 混合体系的振幅比相同。时间延迟呈现两种相反的变化趋势，即随着 CH_4 所占比例

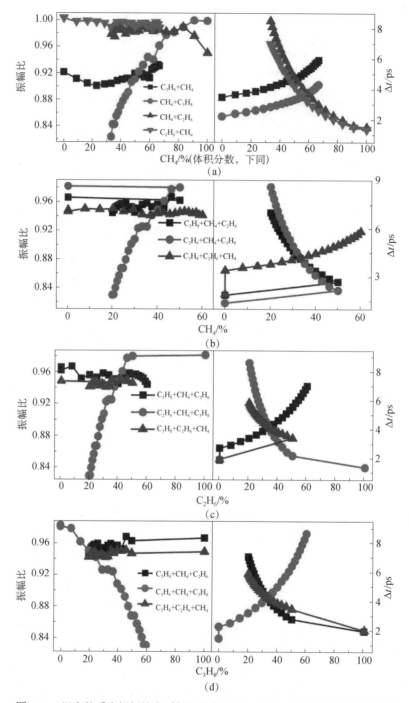

图 11.3 混合体系中振幅比和时间延迟与 CH₄、C₂H₆ 及 C₃H₈ 比例的关系[27]

(a) 二元混合体系 CH$_4$；(b) 三元混合体系；(c) 三元混合体系与 C$_2$H$_6$；(d) 三元混合体系与 C$_3$H$_8$

的增大而增大和随着 CH_4 所占比例的增大而减小，前者是 CH_4 的添加顺序在前，后者是 CH_4 的添加顺序在后，因此时间延迟与 CH_4 的添加顺序无关；但其呈现的规律是随着气体压强的增大而增大的，这也同样适用于图 11.3(b)～(d) 中时间延迟与对应的气体所占比例的关系。在压强相同的条件下，包含不同成分的混合气体的时间延迟也不完全相同，如图 11.3(a) 中，$CH_4+C_3H_8$ 和 $C_3H_8+CH_4$ 两体系每个数据点对应的气体压强都相同，但时间延迟却不相等，后者的延迟始终大于前者。在图 11.3(b) 中，$C_2H_6+CH_4+C_3H_8$ 混合体系中，振幅比的变化随 CH_4 比例的增大而增大，其他两种混合体系振幅比没有明显的变化，且此体系振幅比的最大值大于其他两种体系的振幅比，这与图 11.3(c) 中此混合体系的振幅比随 C_2H_6 比例的变化趋势相同。图 11.3(d) 中，$C_2H_6+CH_4+C_3H_8$ 体系的振幅比随 C_3H_8 所占比例的增大而不断减小，其他两种三元体系的振幅比基本不变。

结合上述对烷烃成分的研究，可以得出结论：随着 C_3H_8 浓度的增加，太赫兹的振幅不断减小，随着气室内气体压强的不断增大，样品的时间延迟不断增大。C_3H_8 对太赫兹波有一定的吸收这一现象与丙烷的自然特性有关。C_3H_8 是一种具有 C_{2v} 对称结构的非对称性分子，其极性偶极矩很小，但足够可以清楚地观察到转动光谱，因此 C_3H_8 在太赫兹范围内呈现出扭动和转动光谱。而对于 CH_4、C_2H_6 及其他非极性气体分子，其对太赫兹波的吸收系数很小，尽管其压强不断增大，但在太赫兹范围内仍然观察不到明显的指纹吸收谱，因此其与参考信号的振幅比接近 1。时间延迟与气室内气体总压强的关系是由气体本身的折射率决定的，气室内气体的压强越大，单位体积内气体粒子的数量就越多，则气体密度越大，对应的折射率也越大。折射率的增大导致了探测光路中探测光程的增大，同时也由于气体本身在折射率上的差异，时间延迟有很大的差异。

上述 CH_4、C_2H_6 和 C_3H_8 等可燃气体是干馏气、天然气及各种沼气的主要成分，在混合气体中实现对其成分浓度和压强的定量分析对于气体的利用、气体质量的检测和安全防护非常重要。上述研究结果说明，利用太赫兹技术对油页岩干馏气内烷烃成分进行探测，根据得到的时域谱提取其中的振幅比和时间延迟信息，可实现对各烷烃成分特性的分析。

二、实验目的

(1) 了解气体减压阀的工作原理。
(2) 掌握气室、减压阀的组装和使用。

(3) 掌握混合气体样品的制备方法。

(4) 掌握气体的太赫兹光谱测试。

(5) 掌握干馏气内烷烃成分的太赫兹光谱评价方法。

三、实验设备及实验材料

(1) 透射式太赫兹时域光谱仪 1 台。

(2) 能显示内部温度和压强的气室 1 个。

(3) 机械泵和分子泵。

(4) 装载氮气的气瓶 1 个。

(5) 氮气减压阀 1 个。

(6) 纯度为 99.5% 的 CH_4、C_2H_6 和 C_3H_8 三种气体。

四、实验内容

（一）气室、减压阀的组装和使用

用于气体探测的太赫兹时域光谱系统可用于检测各种气体，包括对生态环境和人类健康威胁大且排放量大的废气等浓度很小的痕量气体检测；对挥发性液体及化学反应中产生的气体成分的实时监测；以及一些常规气体的检测。在检查时为了安全性、准确性需要将所测气体载入气室进行测量。

图 11.4 是用于气体探测的太赫兹时域光谱系统示意图及装置。其中，针对 ng/L～mg/L 量级范围痕量气体检测的重大需求而设计了一种多光程气室。气室的主要结构有：一个由耐腐蚀不锈钢材料制成的密封储气筒，两端配有石英窗口，储气筒外有一对垂直棱镜，上方配有进气口、真空泵及压力传感器，下方配有出气口；进气口处配有流量计，进气口、出气口、真空泵设有阀门，石英窗口处配有密封法兰，并且在主反射镜和副反射镜与底座之间分别设有沿储气筒轴向方向移动的平移装置。

气室上方配备有流量计和压强显示器，可检测进入气室内的气体样品的体积和压强。且气室与真空泵连接，可降低气室内压强。对于痕量气体检测，可使一定量的气体样品通过流量计进入气室，使太赫兹波自石英窗口的一侧进入

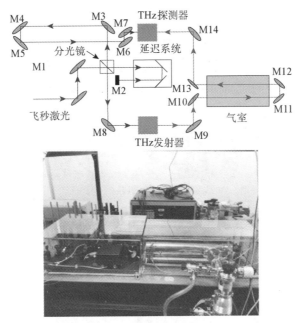

图 11.4　用于气体探测的太赫兹时域光谱系统示意图及装置

气室，经多次反射并被气室内气体吸收后，从石英窗口的另一侧射出气室，进入探测器。对于混合气体成分分析，可通过流量计控制不同体积的气体进入气室，通过压强显示器读出气室内压强，从而可以测量不同压强对应的气体样品的太赫兹波吸收谱。对于检测后的废气，可以利用氮气洗腔，将气体充入特定的废气池，再统一进行处理，这样既不会对实验室仪器、实验环境及实验室工作人员造成伤害，也不会对大气造成污染。

　　上述系统中的多光程气室通过主、副反射镜使太赫兹波能够进行多次反射，可以实现长光程测量。该多光程气室结构轻巧、操作简单、气体样品不与反射镜直接接触，可对各种腐蚀性气体进行检测，既可用于痕量气体检测，也能够方便快速地对不同压强的混合气体成分进行分析检测。

　　气体样品一般都是储存在专用的高压气体钢瓶中。使用时通过减压阀使气体压力降至实验所需范围，再经过其他控制阀门细调，使气体输入气室。减压阀装置如图 11.5 所示，气体钢瓶减压阀的高压腔与钢瓶连接，低压腔为气体出口，并通往使用系统。高压表的示值为钢瓶内储存气体的压力。低压表的出口压力可由调节螺杆控制。使用时先打开钢瓶总开关，然后顺时针转动低压表压力调节螺杆，使其压缩主弹簧并传动薄膜、弹簧垫块和顶杆而将活门打开。这样进口的高压气体由高压室经节流减压后进入低压室，并经出口通往工作系统。转动调节螺杆，改变活门开启的高度，从而调节高压气体的通过量并达到所需的压力值。减压阀都装有安全阀。它是保护减压阀并使之安全使用的装置，也是减压阀出现故障的信号装置。如果由于活门垫、活门损坏或其他原因，导致出口压力自行上升并超过一定许可值时，安全阀会自动打开排气。

图 11.5　气体减压阀

有些气体，如氮气、空气、氩气等较久性气体，可以采用氧气减压阀。但还有一些气体，如氨等腐蚀性气体，则需要专用减压阀。市面上常见的有氮气、空气、氢气、氨、乙炔、丙烷、水蒸气等专用减压阀。专用减压阀一般不用于其他气体。为了防止误用，有些专用减压阀与钢瓶之间采用特殊连接口。例如，氢气和丙烷均采用左牙螺纹，也称反向螺纹，安装时应特别注意。

气室、减压阀的组装和使用步骤与规范如下。

(1)要把气瓶固定在墙壁、支柱或专用推车上，千万不能使气瓶翻倒在地上。

(2)安装减压阀时应确定其连接规格是否与钢瓶和使用系统的接头相一致。减压阀与钢瓶采用半球面连接，靠旋紧螺母使二者完全吻合。因此，在使用时应保持两个半球面的光洁，转子泵以确保良好的气密效果。检查气瓶阀是否有油脂污染，螺纹是否损坏，是否有杂质、污物存在。如发现有油脂存在或螺纹损坏就不应再使用该气瓶，并将这些情况通知供气单位。清除气瓶阀(特别是阀口处)的杂质、污物及灰尘等。

(3)把减压器装到气瓶上，把全部连接接头扳紧。气室的进气口通过硬质管与气瓶相连，出气口与出气管道相连，根据实验对象，对废气做对应的处理。

(4)气室还连接有机械泵和分子泵，用于对气室抽真空。气室内有温度与压力传感器，通过数字显示装置可记录观察气室内样品的压强与温度，同时也可利用控制器控制进气流量。首先打开机械泵，对气室进行抽真空，直到压力传感器显示最小数值时(实验室用压力传感器最小可显示0.5atm)，关闭机械泵，同时打开分子泵及其对应的数显装置，当显示气室内部压强达到10^{-5}mbar[①]时，关闭分子泵，对真空气室进行扫描，将得到的信号进行存储，此txt的数据文件即为实验的参考信号。

(5)气室抽真空后，打开气瓶阀门，向气室内输入气体，并随时观察压力显示器，达到目的压强时关闭气瓶阀门。注意：在打开气瓶阀前先要把减压器调节螺杆逆时针方向旋到调节弹簧不受压为止；打开气瓶阀时不要站在减压器的正面或背面；气瓶阀应缓慢开启至高压指示出瓶压读数；顺时针方向旋转减压器调节螺杆，使低压表达到所需的工作压力。

(二)气体样品的制备

将气瓶分别连接在气室的进气口上，进气口的数目与要使用的气瓶的数目相同，进气系统的示意图如图11.6所示。气室的进气口通过硬质管与气瓶相连，出气口与出气管道相连，根据实验对象，对废气做对应的处理。气室内有温度与压力传感器，通过数字显示装置可记录并观察气室内样品的压强与温度，同时也可利用控制器控制进气流量。气室还连接有机械泵，用于对气室抽真空，测量参考信号。气室抽真空后，根据混合的方案依照特定顺序打开气瓶阀门，向气室内输入气体，并随时观察压力显示器，达到目的压强时关闭气瓶阀门，同时打开另一个气瓶的阀门，向气室中加入另一种气体，达到特定比例后，此时气瓶中的气体即为气体样品。

气体样品由纯度为99.5%的CH_4、C_2H_6和C_3H_8三种气体以不同比例、不同种类混合而成，包括二元和三元混合，具体的混合方案如表11.1所示。二元混合包括CH_4与C_2H_6、CH_4与C_3H_8混合，由于添加顺序不同，有四种方案；三元混合即CH_4、C_2H_6和C_3H_8三种气体混合，为了研究添加顺序对气体的太赫兹信号的影响，使三种气体分别以不同的顺序充入气室，共有三种混合方案。

---

① 1bar $=10^5$Pa。

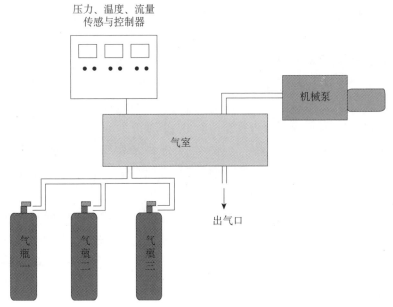

压力、温度、流量
传感与控制器

机械泵

气室

气瓶一　气瓶二　气瓶三

出气口

图 11.6　进气系统示意图

表 11.1　干馏气中烷烃成分的混合方案（分压比）

混合气体		比例				
二元混合体系	$CH_4 : C_2H_6$	1：0	1：0.1	1：0.2	1：0.3	⋯	1：2.0
	$C_2H_6 : CH_4$	1：0	1：0.1	1：0.2	1：0.3	⋯	1：2.0
	$CH_4 : C_3H_8$	1：0	1：0.1	1：0.2	1：0.3	⋯	1：2.0
	$C_3H_8 : CH_4$	1：0	1：0.1	1：0.2	1：0.3	⋯	1：2.0
三元混合体系	$CH_4 : C_3H_8 : C_2H_6$	0.6：0：0	0.6：0.6：0	0.6：0.6：0.1	0.6：0.6：0.2	⋯	0.6：0.6：1.8
	$C_2H_6 : CH_4 : C_3H_8$	0.6：0：0	0.6：0.6：0	0.6：0.6：0.1	0.6：0.6：0.2	⋯	0.6：0.6：1.8
	$C_3H_8 : C_2H_6 : CH_4$	0.6：0：0	0.6：0.6：0	0.6：0.6：0.1	0.6：0.6：0.2	⋯	0.6：0.6：1.8

　　二元混合体系中，以 CH_4 与 C_2H_6 为例，气室中第一个样品为 1atmCH_4，第二个样品是 1atmCH_4 与 0.1atmC_2H_6 组成的混合物，而后依次向气室内充入 0.1atmC_2H_6，则气室中的样品为浓度不断增大的 C_2H_6 气体与浓度始终不变的 CH_4 气体，得到的太赫兹信号就包含了 C_2H_6 气体浓度的信息。三元混合体系中，以 C_3H_8 气体浓度逐渐增加为例，气室中的第一个样品为 0.6atmC_2H_6，第二个样品是 0.6atmCH_4 与 0.6atmC_2H_6 组成的混合物，而后向气室中第三种气体，即 0.1atmC_3H_8，此为气室中的第三个样品，直到 C_3H_8 在气室中的分压达到 1.8atm。为了下一步的建模分析，二元混合体系中两种气体的分压比在 1：0～1：2

不断变化，每种方案得到 21 组数据；三元混合体系中三种气体的比例最后的比例为 1∶1∶3，每种方案得到 20 组数据。

（三）实验测试

利用用于气体探测的太赫兹时域光谱系统对氮气环境下的真空气室及气室内的气体样品进行太赫兹光谱测量，即可得到样品和参照物时域波形。

画出不同气体种类、不同压强、不同混合比例下各气体样品及参考的时域谱，确定不同气体样品太赫兹波的峰值对应的振幅及时间延迟，与参考信号的进行对比运算，得到振幅比和时间延迟等参数。由上述处理可得到太赫兹波在不同压强、不同混合比例下的变化规律，以及利用太赫兹技术对混合气体中各成分的定量分析。

实验十二 油气水分界面的太赫兹光谱成像

一、研究背景及进展

在石油开采或油气储运中，石油和水体之间的接触面称为油水分界面，石油与气体的接触面称为油气界面。油、气、水分界面的准确识别对油气开采及储运的安全和效率具有重要意义，它是油气藏开发的经济评价、储量计算及布井和射孔方案的设计等必不可少的基础性工作，而且界面的准确探测能有效预防油气储运中的油气泄漏，提高储运效率。在石油工业中，流体分界面的探测工作是广泛存在的，如地层中油层、水层、气层的识别以及分界面的确定，多相流中层状流的界面变化监测，油罐中原油液位变化的探测等。尽管目前已发展了多种探测方法，如电导率法、密度计法、声波脉冲法、超声法和压力梯度法等，但是当前的方法普遍存在容易受环境变化的影响（如温度、密度变化）、测量速度慢、无法实现实时在线监测等缺点，因此有必要发展一种新型的快速在线监测方法和技术。

根据太赫兹电磁波的传播理论和对介质的响应特征可知，不同的介质对太赫兹波具有不同的吸收和折射特性。原油、水、天然气对太赫兹波呈现出不同的响应特征，充分利用这些响应特征的差异，可实现流体中油气水分界面的太赫兹光谱探测。以煤油为例，从折射率的角度来看，煤油的折射率最大，水的折射率次之，空气的折射率最小。因此，太赫兹波在空气中的传播速度大于在水中的传播速度，在煤油中的传播速度最小。当太赫兹波测试点从水中向上移动进入煤油中时，太赫兹峰值对应的时间延迟不断增大，当测试点从煤油向上移动进入空气部分时，太赫兹峰值对应的时间延迟不断减小。在油气分界面位置，由于太赫兹波在气体部分的传播速度快于在煤油中的传播速度，在太赫兹时域光谱中表现为从气体中透射过来的太赫兹波先于从煤油中透射过来的太赫兹波到达探测器，如图

12.1 所示，在此将每一个时域信号出现的两个峰位定义为流体分界面处太赫兹脉冲的双峰响应。此外，水对太赫兹波具有强吸收作用，刚开始时测试点透过水后的太赫兹波信号很低。随着测试点在油水分界面处相对位置的提升，从煤油中透射的太赫兹波信号逐渐增大。随着太赫兹光斑在油气分界面处相对位置的提升，从气体中透射过来的信号能量逐渐上升，即体现为太赫兹时域光谱波形中第一个峰能量的增强；相应地，从分界面下方的原油中透射过来的太赫兹时域光谱能量减小，即图中第二个峰能量的逐渐减弱。

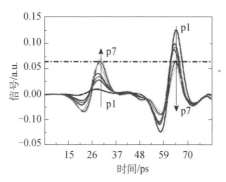

图 12.1 油气分界面不同位置处的太赫兹时域光谱[19]

p1 和 p7 表示连续的不同测试位置点

假定太赫兹光斑的能量密度在整个光斑区域是均匀分布的，其接触面积与界面处高度差的关系如图 12.2 所示。横线代表原油和空气的分界面，R 为太赫兹光斑半径，H 为太赫兹光斑顶点与原油和空气分界面的高度差，阴影部分为太赫兹光斑与气体部分的相交面积的一半（由于相交面积对于 Y 轴是对称关系，此处考察 XY 平面中第一象限的情形）。

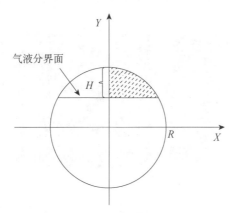

图 12.2 光斑接触面积与高度差的关系示意图[19]

在计算阴影部分面积时，做出如下两个假设：①分界面为水平且没有厚度；②太赫兹光斑为规则圆形。这样，太赫兹光斑在界面处与两种物质的接触面积可表示为

$$S_1 = \frac{1}{2}\pi R^2 - R^2 \arcsin\left(\frac{R-H}{R}\right) - \frac{1}{2}(R-H)\sqrt{R^2-(R-H)^2}$$

$$S_2 = \frac{1}{2}\pi R^2 + R^2 \arcsin\left(\frac{R-H}{R}\right) + \frac{1}{2}(R-H)\sqrt{R^2-(R-H)^2}$$

利用上式，在假定太赫兹光斑的能量密度在整个光斑区域是均匀分布的前提下，可以计算出太赫兹幅值随光斑在界面处位置的变化。

（一）工艺品样品中油气分界面的太赫兹光谱表征

本实验的待测样品是一个里面包裹着原油及其挥发气的树脂工艺品。实验选定的待测区域为 26mm×24mm×28mm（图 12.3），让太赫兹波从样品的不透明区域照射，把待测样品放置在透射式太赫兹时域光谱系统中进行检测，扫描位置如图 12.4 所示。测量时太赫兹波测试点以 2mm 的扫描步长从上至下，从左至右依次逐点扫描，一共得到 160 组实验数据。

图 12.3　工艺品样本以及待测位置示意图[27]

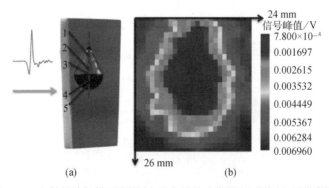

图 12.4　太赫兹波扫描示意图(a)及太赫兹成像图(b)[28]（文后附彩图）

　　图 12.4(b) 是通过提取所有扫描点处的太赫兹时域谱峰值得到的成像图。从图中我们可以清楚地看到从外到内颜色由暗红色到黄绿色再到蓝紫色依次变化，分别代表待测样品对太赫兹波的吸收逐渐增大。通过太赫兹光谱成像图并结合树脂及油气混合物对太赫兹波的吸收情况，可以得知暗红色区域代表树脂部分，黄绿色区域代表由树脂到油气混合物的过渡部分，蓝紫色区域代表油气混合物部分。本实验通过太赫兹成像技术检测到了油气混合物所在的空间轮廓，虽然该实验没有完全标定油气分界面，但是实验结果有效验证了利用太赫兹光谱技术对油气分界面进行检测具有一定的可行性。

　　图 12.5(a) 对应的是样品 5 个不同位置处的太赫兹时域光谱图。从图中可以看出，刚开始太赫兹时域谱中只有一个太赫兹谱峰 E_{p1}，太赫兹脉冲峰值对应的时间延迟为 75.7ps；随着测试点不断下移，时域谱中同时出现了三个太赫兹谱峰 E_{p1}、E_{p2} 和 E_{p3}，对应的时间延迟分别为 75.7ps、63.3ps 和 36.7ps，此时图 12.5(b) 对应的频域谱中出现了强烈的振荡现象；太赫兹波测试点继续下移，时域谱中只剩下了两个峰 E_{p1}、E_{p3}，对应频域谱中的振荡现象有所减弱；随着太赫兹波测试点继续向下移动，时域谱中只剩下单个峰 E_{p1}，对应频域谱中的振荡现象消失。由于树脂、原油及原油挥发气具有不同的折射率，且树脂的折射率大于原油大于原油挥发气的折射率，故太赫兹波在挥发气中的传播速度大于在原油中的传播速度大于在树脂中的传播速度。所以，当太赫兹脉冲从树脂中透过后时域谱中只有树脂的峰；当太赫兹波测试点到达油气分界面附近时，由于太赫兹光斑的直径为 2mm，故太赫兹波测试点在扫描的时候同时经过了挥发气以及原油部分，故对应的时域谱中会同时出现三个峰；当测试点继续下移，太赫兹波测试点离开油气分界面进入原油时，时域谱中代表挥发气的谱峰峰值迅速变小直至消失。但时域谱中代表原油的谱峰却不是逐渐增大，反而最后消失。造成这种现象的因素有很多种，比如原油中的含水量很高，而水对太赫兹辐射具有很强的吸收作用。因此，当太赫兹波测试点通过原油时，代表原油的谱峰会消失不见。

　　本实验通过太赫兹光谱成像技术对油气混合物的空间轮廓进行了检测，虽然太赫兹光谱成像技术难以完全标定油气分界面，但研究发现在油气分界面处的时域谱会产生多峰响应，对应的频域谱会产生振荡现象。实验结果表明利用太赫兹光谱技术去检测油气水分界面具有一定的可行性。此外，非接触式的太赫兹光谱检测方法为石油和天然气的储存和运输过程中的关键因素提供了新的思路。

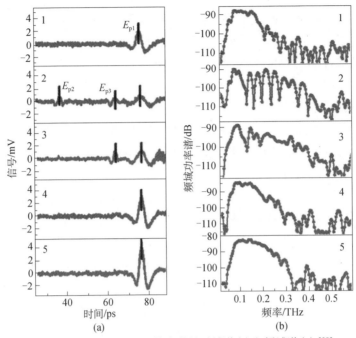

图 12.5　样品不同位置处的太赫兹时域谱 (a) 和频域谱 (b) [28]

数字 1～5 表示不同位置

（二）石英样品池中油气水分界面的太赫兹光谱表征

图 12.6 给出了石英样品池中油气水混合物的实际分布情况，第 1 次测量时太赫兹波全部从水中透过，随后调整样品池的高度，选取不同的待测点，进行包含油水分界面及油气分界面在内的 7 个不同位置处的太赫兹时域光谱测试，第 7 次扫描时太赫兹波全部从气体部分透过。

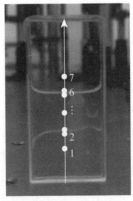

图 12.6　石英样品池中油气水混合物的实际分布

数字表示测试位置点

　　图 12.7(a) 是对应的 7 个不同位置处样品的太赫兹时域光谱图。从图中可以看出，刚开始太赫兹时域谱中的太赫兹脉冲信号较低，随着太赫兹波测试点的不断上移，太赫兹脉冲信号幅值不断增大。当测试点到达某一位置时，太赫兹波能量达到最大值。太赫兹时域谱峰值对应的时间延迟分别为 27.1ps、27.2ps、27.5ps、27.7ps，依次增大。太赫兹波测试点继续向上移动，时域谱中出现了两个峰，时间延迟分别为 24.6ps 和 27.7ps。与此同时，对应的频域谱中产生了强烈的振荡现象。随后时间延迟较小的时域谱峰值不断增大，时间延迟较大的时域谱峰值不断减小，频域谱中的振荡程度有所减弱。随着测试点继续移动，第一个时域谱峰值达到最大且第二个时域谱峰消失，对应频域谱中的振荡现象消失。由于太赫兹波在水中的折射率和在煤油中的折射率相近，再加上太赫兹波通过样品的光程较小，所以太赫兹波在水中的传播速度和在煤油中的传播速度相差无几，因此在油水分界面处的时域谱看不到明显的双峰现象。由于煤油的折射率比水的折射率大，所以太赫兹波在水中的传播速度快于在煤油中的传播速度。随着测试点从水中进入煤油中，太赫兹时域谱峰值所对应的时间延迟逐渐增大。由于水对太赫兹波具有强吸收作用，刚开始时测试点透过水后的太赫兹波信号幅值很低，随着测试点在油水分界面处相对位置的提升，从煤油中透射的太赫兹波信号幅值逐渐增大。当测试点继续上移到达油气分界面时，由于太赫兹波在煤油中的折射率大于在气体中的折射率，从气体透过的太赫兹波先于从煤油中透过的太赫兹波到达太赫兹波探测器，在此将这两个峰位定义为流体分界面处太赫兹脉冲的双峰响应。与此同时，随着测试点在油气分界面处相对位置的提升，太赫兹时域光谱波形中第一个峰 E_g 的峰值增大；相应地，从分界面下方的煤油中透射过来的太赫兹波能量逐渐减小，即为太赫兹时域光谱波形中第二个峰 E_o 的峰值减小。当测试点离开煤油完全进入气体部分时第二个峰消失，第一个峰达到最大值并趋于稳定。

　　频域谱是由太赫兹时域谱经过快速傅里叶变换得到的功率谱。由图 12.7 可知，当太赫兹波测试点位于水中时，对应频域谱的信噪比非常低且在油水分界面处没有出现振荡现象。随着测试点的提升，对应频域谱的信噪比不断增加。当时域谱出现双峰响应时，对应的频域谱就会出现不同程度的频谱振荡。当测试点开始接触油气分界面时，对应的频域谱产生振荡现象且非常强烈。随着测试点不断上移，振荡程度减弱，直到测试点完全离开油气分界面，振荡现象消失。

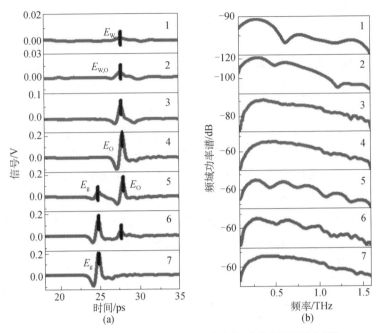

图 12.7 油气水混合物的太赫兹时域谱(a)和频域谱(b)[29]

（三）3D 打印样品池中油气水分界面的太赫兹光谱表征

由于水对太赫兹辐射具有极强的吸收作用，所以只有减少太赫兹脉冲经过样品池的光程才能更好地观察到有效的水的信号。研究发现，当样品池的光程达到亚毫米量级时能够更好地观测到水的太赫兹波信号。由于市场上的样品池无法达到此要求，因此需要一种新的技术去制作符合要求的样品池。3D 打印技术是一种以数字模型文件为基础，运用粉末状金属或塑料等可黏合材料，通过逐层打印的方式来构造物体的技术。由于它无须机械加工或任何模具，能直接从计算机图形数据中生成任何形状的零件，因此可以通过 3D 打印技术生产亚毫米量级的样品池。

本实验利用非透明的 3D 打印样品池模拟真实储层中油、气、水的分布情况，并检测非透明情况下的油气水分界面，进而研究流体分界面处的频域谱振荡现象。图 12.8 给出了 3D 打印样品池内油气水混合物的分布示意图以及太赫兹幅值成像图。首先选取图 12.8(a) 中的黑色区域，对其进行逐点逐行的太赫兹时域光谱测试。图 12.8(b) 是通过提取所有扫描点的太赫兹时域谱的峰值得到的成像图。从图中可以清楚地看到自上而下颜色由暗红色到黄绿色再到蓝紫色依次改变，分别代表对太赫兹波的吸收由小到大变化。通过太赫兹脉冲成像图并结合油、气、水分别对太赫兹波的吸收情况，可以得知暗红色区域代表气体，黄绿色区域代表煤油，蓝紫色区域代表水。

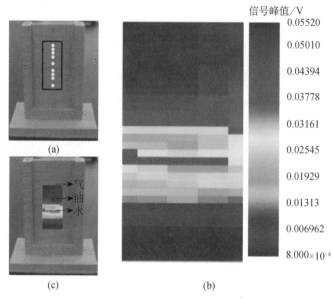

图 12.8　3D 打印样品池中油气水混合物的分布示意图(a)及太赫兹幅值成像图(b) [29]

(文后附彩图)

图 12.9 分别给出了 3D 打印样品池中油气水混合物的太赫兹时域谱和频域谱。如图 12.8(a) 所示，在黑色区域内不同位置处选取了 9 个待测点并对其进行太赫兹时域光谱检测，图 12.9(a) 是对应 9 个不同位置处的太赫兹时域光谱图。刚开始时域谱中太赫兹波信号幅值很低，随着测试点不断升高，太赫兹波信号幅值不断增大，当测试点在某一高度时，太赫兹波能量达到最大值。测试点继续向上移动，太赫兹波能量先是不断减小然后又不断增大，直到达到最大值后稳定不变，对应的时间延迟先增大后减小。从图中可以看出当测试点处于油气分界面时对应的频域谱中出现了振荡现象，但是振荡幅度较小。因为煤油的折射率最大，水的折射率次之，空气的折射率最小，故太赫兹波在空气中的传播速度大于在水中的传播速度，太赫兹波在煤油中的传播速度最小。所以，当太赫兹波测试点从水中进入煤油中，太赫兹时域光谱的峰值对应的时间延迟不断增大。

当测试点从煤油进入空气部分时，太赫兹时域光谱峰值对应的时间延迟不断减小。由于太赫兹波在 3D 打印样品池中通过的光程只有 500μm，太赫兹波透过不同物质所需的时间都非常短，因此在太赫兹时域谱上无法观测到明显的双峰效应，但伴有能量变化。油气分界面上对应的频域谱中出现振荡现象，但

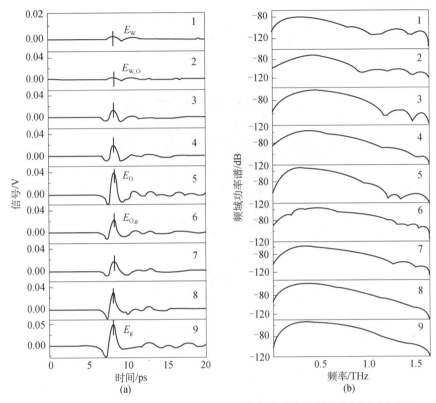

图 12.9　3D 打印样品池中油气水混合物的太赫兹时域谱(a)和频域谱(b)[29]

由于 3D 打印样品池的光程很小，频域谱中的振荡幅度较小。当时域谱是单个峰时，太赫兹频域谱功率随着频率的变化比较平缓。但是当时域谱中出现双峰响应时，对其进行快速傅里叶变换得到的频域谱的功率就会在某个频率段起伏很大，即前文所说的频域谱振荡现象。由于峰值、峰位等的变化，振荡现象会在特定的频率段产生且振荡程度会有相应的改变。当太赫兹光斑刚接触到界面时，频域谱的振荡程度非常强烈，随后振荡程度有所减弱或消失。而且随着样品池厚度减小，在界面处频域谱的振荡程度也会有所减弱。由此可以看出，频域谱的振荡现象和太赫兹时域谱中的多峰响应是对应的。油水分界面处不会出现明显的双峰响应，因此在油水分界面处对应的频域谱不会产生振荡现象，这也说明界面处频域谱振荡现象是由时域谱中的多峰响应引起的。

图 12.10 油气水分子在界面处的分布情况示意图。当煤油和水接触时，虽然油相和水相互不相溶，但是当煤油的下界面和水的上界面相互接触时会形成一个较小的油水共存区域，油分子和水分子会相互扩散直至达到平衡状态，最终形成一个新的油水分界面。当太赫兹光斑刚开始接触油水分界面时，由于光斑与水相

的接触面积远远大于光斑与油相的接触面积，故太赫兹波透过油水分界面时的信号非常低。随着光斑不断向上移动，光斑与油相的接触面积逐渐增大，由于界面附近聚集了大量的水分子，对太赫兹波的干扰较大，因此在油水分界面处不出现显著的频域谱振荡现象。

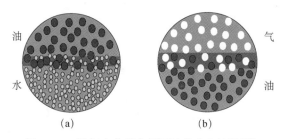

图 12.10　油气水分子在界面处的分布情况[29]

当煤油和气体相互接触时，油相和气相也会相互扩散直至达到平衡状态，最终形成一个新的油气分界面。由于气体分子的扩散能力较强，且气体分子间的间距较大，形成的油气分界面要比油水分界面宽。当太赫兹光斑开始到达油气分界面时，油气的相互作用形成了介质的区域性分布，太赫兹光斑与不同介质产生作用，此时太赫兹波对流体分界面的响应很显著，故在光斑刚开始接触界面时频域谱振荡现象就较为强烈。随着光斑与气相的接触面积不断增大，太赫兹波对油气分界面的响应减小，故频域谱振荡现象有所减弱，当太赫兹光斑从煤油中完全进入气体里面时振荡现象消失。

（四）油气水分布的太赫兹光谱分析

图 12.11 是油水混合物太赫兹时域光谱的峰值强度 E_p 与含水率的关系图像。由于油和水的分布不均匀，在测量过程中对不同含水率的油水混合物采取多次测量取平均值的方法，较小的黑点表示在油水混合物的不同位置进行测量得到的时域光谱的峰值强度，较大的星星则为同一样品不同采样位置的峰值强度的平均值。当油水混合物的含水率从 50.05%（以下均指体积分数）增加到 100%时，其峰值平均值从 140mV 下降到 74mV，说明与原油相比，水在 THz 波段内对太赫兹波具有更明显的吸收。对平均峰值进行线性拟合，得到相关系数 R 约为 0.99 的方程 $y = -0.00139x + 0.21328$，线性拟合的结果与实验数据间具有较好的一致性。

以太赫兹波通过空样品池和油水混合物的时域信号分别作为参考信号和样品信号并进行快速傅里叶变换，得到其频域谱，利用吸光度的定义 $A = \lg(I_0/I)$ 计算吸收光度光谱，其中 I_0 和 I 分别代表参考和样品的太赫兹频域谱（THz-FDS）的

值。利用上式求得所测油水混合物的吸光度，如图 12.12 所示，在选定频率
（0.47THz、0.55THz、0.70THz、0.87THz 和 1.00THz）下的吸光度随含水率的增
加呈现线性增大的趋势，分别对其进行线性拟合，发现相应的相关系数 R 均大
于 0.93，表明油水混合物中的含水率同样可由 THz 样品的吸光度来估计。

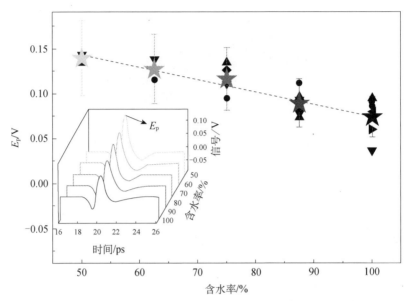

图 12.11　含水率在 50.05%～100% 的油水混合物的平均 THz 峰强度（E_p）[30]

插图为对应于不同含水率油水混合物的峰值强度最接近平均峰值的时域波形

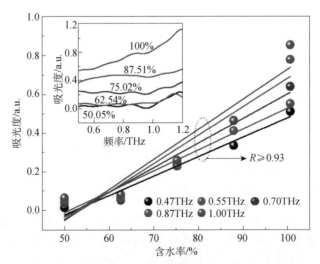

图 12.12　在 5 个随机选择的 THz 频率下油水混合物的吸光度 [30]

插图为吸光度光谱

由于油气水在分子构型和极性上的差异，可以根据油气水对太赫兹波的吸收特性区分油气水。通过对含水率为 50.05% 的原油进行多点测试并分析油气的分布情况，通过选择纵向不同位置进行等间距扫描测试，发现含油区的信号较为平稳，透明区的信号相对较小，证明其太赫兹响应更强烈，类似地，进行横向扫描测试得到了类似的结果。图 12.13 显示了纵向测量的结果，即从样品底部沿 3 条直线由左、中和右开始逐点测量直至顶部。对比实验数据及样品照片发现，左侧采样线仅通过距样品底部 1.4cm 处的一个透明点，相对应于图中蓝色线的采样点 E_p 的强烈下降。中间采样线在距底部 1cm 和 3.2cm 处有两个透明点，而对应的采样点的 E_p 同样出现了明显降低的现象。与上述现象类似，右采样线在距底部 3.2cm 处有个单一的透明点，相应采样点处的 E_p 仍出现了明显的下降。这些现象表明，利用太赫兹时域光谱技术比较油水混合物的 THz 时域光谱，不仅能有效地实现含水率的分析，同时能够进行水和油分布区域的识别。

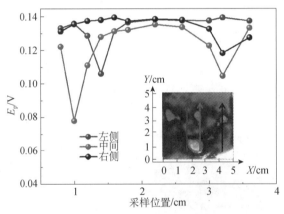

图 12.13　不同采样点的时域峰值强度随采样位置的变化[30]（文后附彩图）
插图的箭头表示采样位置的变化

如图 12.14 所示，从顶部、中部、底部分别进行横向从左到右的等间距测量。可以看出，提取出的这些测量点的时域谱峰值同样显示了聚水区和聚油区的区别。顶部采样线在左、中、右分别通过三个透明点，对应于图中蓝色采样点在 2.1cm 和 3.7cm 处的两次强烈下降，但在左侧采样点的信号仅略有下降，结果表明左侧透明区的主要成分为气体。而中间采样线没有穿过透明区域，相应地，对应的时域峰值未出现明显的下降。底部采样线在 2.6cm 处的有一个透明点，该采样点的峰值信号同样出现了明显的下降。对比水平测量和垂直测量的数据所判断的油水分布，发现其判断的油相或水相的分布是一致的，并与实际照片有较好的吻合度。

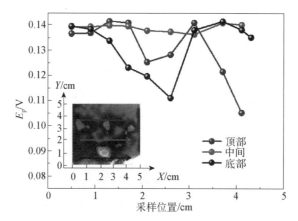

图 12.14　从左到右在不同采样点的 THz 时域峰[30]（文后附彩图）

　　为了进一步确定透明位置的具体成分是水还是气，对样品池的透明区域［区域标号如图 12.15(a) 所示］进行了多点测量，在 1 号透明区的中心、左边缘和右边缘，2 号透明区的中心，3 号透明区的尾部、中心和内圆的边界，4 号透明区的中心、底部及 5 号透明区的中心、右上部进行取点测试，得到如图 12.15(b) 所示的透射谱。对比分析提取的时域峰值，发现太赫兹信号在不同的位置存在或大或小的差异。证明部分透明区域主要是水，部分区域主要为气，而部分区域同时存在水和气。这些现象表明，利用太赫兹时域光谱技术有效地区分了油气水的分布。

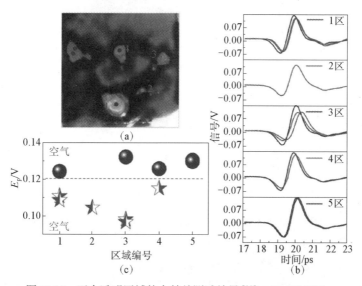

图 12.15　五个透明区域的太赫兹测试结果[30]（文后附彩图）

(a) 1～5 号透明区域中每个采样点的具体位置；(b) 在 5 个不同的透明区域上的采样点的太赫兹时域光谱；
(c) 每个采样点的每个透明区域的 THz 峰值强度

综上所述，太赫兹技术不仅可以快速准确地定量分析原油含水率，而且在确定油气水分布方面有广阔的应用前景，预示了太赫兹时域光谱技术应用于油水测量分析的潜力。

（五）油水混合物分离过程的太赫兹光谱表征

在实际储层中本来就有大量的地层水存在，再加上石油开采的过程中会向油层中注入高压水来驱动原油从油井中喷出，因此，油田开采出的原油中会掺有大量的水。如果没有对石油中的水进行处理，石油在运输过程中会腐蚀运输管道，以及在石油加工过程中会对机械设备造成一定程度的损坏。除此之外，含水量高的油还会引起有关油、水和剩余油分布的问题，即高含量的水对油的特性会有影响。因此，如何有效去除原油中的水是当前油田开采面临的一大难题。同时，油田开采过程中会产生大量的含油污水，如果这些含油污水不经过处理就被排放出去，就会污染周围环境，且造成水资源浪费。无论是去除原油中的水，还是处理含油污水，都涉及油水分离这一关键步骤，而有效的油水分离对于油田的生存和发展有着重要的影响作用。

图 12.16 是油水混合物分离过程的太赫兹时域光谱图。在进行测量的初始阶段，太赫兹光斑垂直照射在油相中，此时太赫兹波通过油相测量得到的太赫兹脉冲信号峰值约为 0.088V。当水相刚开始被滴入样品池的时候，太赫兹时域光谱系统测量的依然是太赫兹波通过油相的太赫兹脉冲信号，因此太赫兹脉冲信号幅值没有发生明显的变化。随着样品池内水量的增加，太赫兹脉冲信号幅值骤降至 0.044V。这是因为样品池内发生了油水分离，导致油相和水相相互运动，因而在太赫兹光斑范围内出现了水相。由于水对太赫兹波具有极强的吸收作用，因此太赫兹脉冲信号会突然减小。此后随着油水分离进程的加快，太赫兹脉冲信号幅值未发生明显改变，只是有较小范围的增加，说明此时已经完成了宏观状态下的油水分离工作，且太赫兹光斑刚好位于油和水的界面处。

油水混合物既是一种热力学不稳定体系，又是一种动力学不稳定体系。油水混合物总的表面内能较高，液珠有自发聚并且向稳定状态发展的趋势，其最终的结果就是油水分离分层。一般情况下，油水混合物中的小液滴在运动过程中需要克服界面张力从而发生碰撞接触，如果在碰撞的过程中液滴的界面膜破裂，那么液滴之间就会发生聚并。图 12.17 给出了小水滴在油相中的运动示意图，在水不断被滴入油相的过程中，水相最初是以小液滴的形式分布在连续的油相中。首先，小水滴之间会克服界面阻力发生聚并形成较大的液滴。这些聚并而成的较大液滴由于重力的增加会发生下移，在下降的过程中和周围的小液滴继续克服界面阻力发生碰撞、聚并形成更大的液滴。这些大液滴会继续向下移动，在运动的过程中大小液滴之间会不断发生碰撞、聚并，最终这些小液滴形成连续的水相分布在样品池底部。

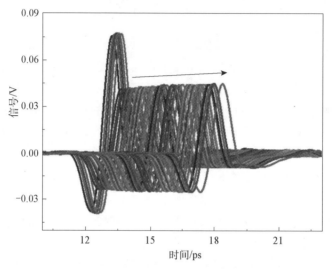

图 12.16　油水混合物分离过程的太赫兹时域光谱

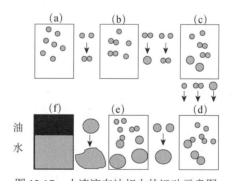

图 12.17　小液滴在油相中的运动示意图

　　在油水分离的过程中，水相的加入破坏了油相的稳定性，使油相以小油滴的形式分布在水相中。这些小油滴在上移的过程中同样会发生碰撞、变形、聚并等过程。实验发现，油滴在水中运动的过程中有多种聚并形式。第一种是油滴之间的聚并，附近的小油滴在上移的过程中发生碰撞并克服界面张力形成较大的油滴，进而发生油滴间的聚并形成连续的油膜；第二种是油滴与油层液面之间的聚并，油滴在上移的过程中会和已经形成的油膜发生聚并，形成新的油膜；第三种是油滴铺展成油膜进而发生油膜间的聚并，小油滴在向上运动的时候由于界面膜的作用会自发变形，变形后的小油滴就会铺展开来形成油膜，不同油膜之间发生聚并。实验结果表明第三种聚并过程发生的概率最大，且该过程要比油滴之间的聚并速度快很多，是最主要的油滴聚并形式。油滴聚并的最终结果就是形成连续的油层分布在水面上。然而水中依然会存在一些粒径极其微小的小油滴，它们以分散相的形式分布在水中，很难发生油水分离。

　　图12.18是在油水分离过程中太赫兹时域谱峰值和时间的关系图。如图所示，在太赫兹光斑范围内出现水相的时候，由于水对太赫兹波具有强吸收作用，因此太赫兹脉冲信号幅值骤降至0.044V。随着时间的推移，太赫兹脉冲信号幅值不断增加，但是增加的幅度较小。50min后，太赫兹脉冲幅值达到最大值0.048V，此后再无明显变化。由此说明，在油水混合物分离的过程中，在较短的时间内发生了宏观状态下的油水分离，但是微观状态下的油水分离工作依然在进行。由于小液滴不断发生碰撞、聚并形成大的液滴，此时界面膜对液滴之间聚并的阻碍作用逐渐减弱，加快了油相和水相分离的速度。随着时间的推移，油相和水相分离的速度减小，最后达到稳定状态。这是因为液滴在碰撞、聚并的过程中导致界面面积减小，使沥青质、胶质等表面活性物质从界面上释放，这些表面活性物质的亲油基团会造成空间阻碍，从而抑制液滴间的聚并。同时由于液滴的聚并，界面上电荷的分布发生变化，也会抑制液滴聚并的进程。

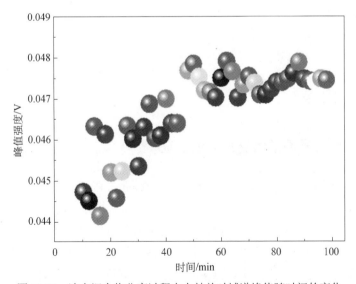

图12.18　油水混合物分离过程中太赫兹时域谱峰值随时间的变化

实验研究表明，利用太赫兹光谱技术表征油水分离过程具有可行性，太赫兹光谱方法既可以对油水分离过程进行实时在线测量，还可以检测到微观状态下液滴的运动情况。

二、实验目的

(1)掌握太赫兹光谱逐点扫描成像的测试方法。

(2)结合太赫兹光谱及成像，对未知容器内的油气水分界面进行判定。

(3)基于太赫兹光谱参数，实现对油气水分布的识别及判定。

三、实验设备及实验材料

(1)透射式太赫兹时域光谱仪 1 台。

(2)XYZ Printing 公司生产的 da Vinci 2.0A Duo 3D 打印机 1 台。

(3)XY 轴二维位移平台 1 个、注射器若干。

(4)透明石英样品池若干、塑料样品池若干、不同尺度 3D 打印样品池若干。

(5)柴油、煤油、原油、水。

四、实验内容

（一）油气水分界面的太赫兹光谱表征

本实验使用的是透明的石英样品池，样品池高 4.5cm，宽 2.1cm，壁厚 1mm，太赫兹波经过的光程为 4mm。配制实验样品时首先将一定量的水通过注射器注入石英样品池中，然后再用注射器将适量的航空煤油注入样品池中，随后将其密封并固定在二维位移平台上，待液体样品达到稳定状态后再放置到太赫兹时域光谱系统中进行检测。实验测量时通过移动位移平台来控制太赫兹脉冲通过油气水分界面处的相对位置，实验测量时自下而上选取水、油、气部分的不同测试点进行太赫兹时域光谱测量。

本实验中制作的 3D 打印样品池高 4.5cm，宽 3.5cm，壁厚 1mm，太赫兹波通过的光程为 500μm。首先将适量的水通过注射器注入 3D 打印样品池中静置 5min，然后再将一定量的航空煤油注入样品池中，最后将其密封并固定在位移平台上静置 10min。待油气水分界面稳定后将液体样品放置到太赫兹时域光谱系统中并对其进行测量，通过移动位移平台对待测区域进行逐点逐行的太赫兹时域光谱检测。为了提高太赫兹光谱测量时的信噪比，要求太赫兹光斑垂直照射在样品池的中心区域。

（二）油气水分布的太赫兹光谱分析

图 12.19 给出了太赫兹光谱分析示意图。本实验使用的是透明的塑料样品池，由于水对太赫波有很强的吸收作用，需要尽量减小样品的透过厚度，实验中用塑料板制作了厚度为 40μm，尺寸为 5cm×5cm 的样品池。实验中使用的原油样品是含水率为 0.1%(质量分数)的巴西原油，通过控制原油与水的比例，得到不同含水率的油水混合物。配制实验样品时利用注射器将油和水滴入样品池中。控制油水液滴总数为 8，油滴数由 4 逐渐减少至 0，而水滴数则从 4 增加至 8，随后将其密封并固定在样品架上。由于油和水不互溶，油和水的分布并不均匀，因此，在样品对称分布的位置进行多点测量。在每次测量过程中，混合物位于光斑的焦点位置并保证 THz 波垂直入射到样品池的表面。

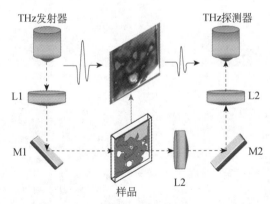

图 12.19 透射式太赫兹时域光谱系统检测油水分布的实验装置示意图[30]

（三）油水混合物分离过程的太赫兹光谱表征

在开始油水混合物分离过程的太赫兹光谱测量之前，首先对油水混合物的分离过程进行直观演示。实验中涉及的油水混合物由航空煤油加水制备而成。如图 12.20 所示，首先用注射器将一定量的航空煤油滴入石英样品池中，然后将一定量的水通过注射器滴入石英样品池中。当油水混合物配置完成后，由于油和水这两种物质互不相溶且密度不同，于是样品池中的油水混合物会立即发生油水分离。油水分离的最终结果是水层分布在样品池的底部，油层分布在样品池的上部，并且形成油水分界面。在油水分离的过程中有很多小液滴分布在油水混合物中，由于这些小液滴非常微小，因此无法观察到它们的运动情况。此外，这种直接观察的方式也无法标定油水混合物的分离速率，即不能对油水混合物的分离过程进行定时定量的研究。

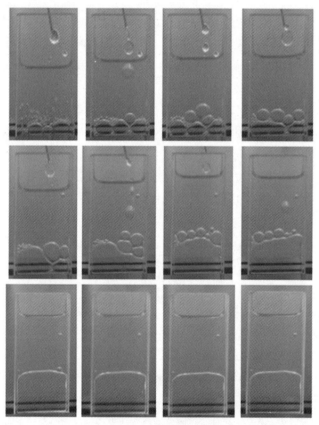

图 12.20　样品池中油水混合物的分离过程

　　油水分界面并不是一个绝对稳定的体系，当煤油的下界面和水的上界面相互接触时会形成一个较小的油水共存区域，在这个油水共存区域上油分子和水分子会发生一定的扩散运动，而用直接观测的方式同样无法表征油水分界面上油分子和水分子的运动情况。因此，对油水混合物的分离过程进行在线检测是非常有必要的。为此，首先通过注射器向石英样品池内注入一定量的航空煤油，然后再向样品池内注入一定量的水。随即把待测样品放置到太赫兹时域光谱系统中对其进行太赫兹时域光谱测量。整个实验过程耗时 100min，太赫兹时域光谱系统每隔 2min 测量一组数据，整个实验一共采集 50 组数据。在测量过程中将待测样本放置在太赫兹波的焦点处，保证太赫兹波垂直通过待测样品，且油水混合物能够完全覆盖太赫兹光斑。

实验十三　催化反应的太赫兹光谱检测

一、研究背景及进展

我国油气资源需求量大、原油质量日益下降、市场对轻质油品的需求逐渐增加等将成为长期制约我国经济和社会发展的重要因素。针对这一国情，炼油工业必须改进现有的生产技术，最大限度地生产交通运输燃料和化工轻油的工艺。重油加氢工艺，不仅液体产品质量可靠、收率高，而且能够解决原油变重的难题，还可以处理劣质渣油，能够极大地满足市场对轻质油品需求的增加和日趋严格的环保要求。所以，重油加氢技术发展较快，已成为含硫原油加工的关键工艺技术。其中，加氢裂化是重油深度加工的主要工艺手段之一。它是指在高压、加热、催化剂存在的条件下，使原料油通过进行加氢、脱氮硫、分子骨架结构重排和裂解等反应而发生裂化，生成柴油、汽油等小分子的过程。加氢裂化的特点是原料来源广、生产灵活性大、液体收率高、尾油附加值高及产品质量稳定性好等，是唯一可以直接生产轻油的方法，可生产轻石脑油、重石脑油、喷气燃料和柴油等组分。加氢裂化装置无论是中压还是高压，约90%用于生产中间馏分油，可提供79%～83%的化工原料。因此，加氢裂化在现代炼油和石油化工企业中占据着非常重要的地位。在经济飞速发展、环境保护要求日益强烈的今天，情况更是如此。

加氢裂化技术的核心是加氢裂化催化剂，催化剂技术的发展极大地促进了近代化学工业的发展。因此，对加氢裂化催化剂的研究成为广大科研工作者关注的焦点，尤其是如何对催化剂的活性、选择性及使用寿命进行有效的监测与表征显得越来越重要。本实验以 $AlCl_3$ 催化下邻二甲苯异构化反应过程为例，采用太赫兹时域光谱技术来研究加氢裂化催化剂的性能。该技术能够与其他表征技术形成有效的互补，有利于从新角度新思路探究加氢裂化催化剂的失活等机制，有利于促进加氢裂化催化剂技术的发展，以此提高石油资源的利用率。

　　为了更好地研究 AlCl₃ 催化下异构化反应及其产物，首先测量三种二甲苯异构体(邻、间、对)的太赫兹光谱，如图 13.1 所示。三个二甲苯样品的振幅是不同的，对二甲苯的最大，间二甲苯的居中，邻二甲苯的最小，这与苯环上的甲级排列是一致的。相比于其他两种异构体，邻二甲苯的相位稍有一点延迟。不同反应温度下(从 300K 到 368K)反应液的太赫兹时域光谱数据如图 13.2 所示。因为反应温度的间隔很小，振幅改变和相位延迟的变化是很细微的，但这些细微变化中携带了不同反应温度下 AlCl₃ 催化邻二甲苯反应的一些信息。

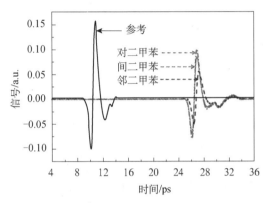

图 13.1　邻、间、对二甲苯和参考的时域波形

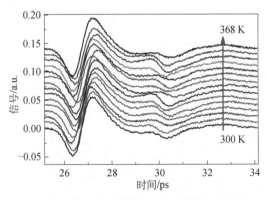

图 13.2　AlCl₃ 和邻二甲苯在不同温度下混合反应液的太赫兹时域光谱[30]

　　三种二甲苯异构体邻、间、对二甲苯的吸收系数谱如图 13.3 所示。三种二甲苯在大约 0.32THz、0.651THz 和 0.938THz 处出现了三个特征吸收峰。相比于邻二甲苯，间二甲苯和对二甲苯的峰轻微地向低频处偏移，这可能是它们不同的结构引起的。这些二甲苯异构体的吸收强度高低有序，邻二甲苯的吸收最强，对二甲苯的吸收最弱。

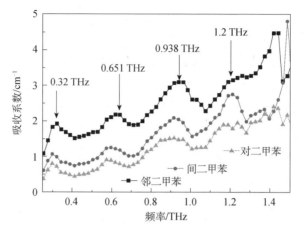

图 13.3　邻、间、对二甲苯的吸收系数谱[31]

　　根据比耳-朗伯定律，由于邻二甲苯的吸收系数在三种二甲苯异构体中是最大的，所以在相同的样品厚度下，混合有其他两种二甲苯异构体的邻二甲苯溶液的吸收系数将会降低。在异构化反应进程中，如果有间、对二甲苯的生成，混合反应液的吸收系数会受到影响并降低，可以利用这一点来推断间、对二甲苯的生成。图 13.4 是邻二甲苯混合反应液在不同温度下 AlCl₃ 的催化邻二甲苯发生了异构化反应的吸收谱图。从 300K 到 368K，不同温度下反应液的吸收系数存在明显差别。随着频率的增加，吸收曲线的整体趋势是上升的。在 0.32THz、0.651THz、0.938THz 处有三个特征吸收峰，这对应于图 13.3 中纯邻、间、对二甲苯的吸收峰。

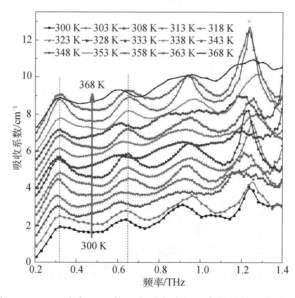

图 13.4　AlCl₃ 和邻二甲苯混合反应液与温度相关的吸收谱[31]

图 13.5 显示了吸收系数和反应温度的关系。随着温度的上升，碎屑状的 $AlCl_3$ 溶解在二甲苯溶液中，同时异构化反应发生。$AlCl_3$ 的溶解和化学反应产物的生成这两个因素影响了吸收强度。溶解在二甲苯中的 $AlCl_3$ 表现为分子态，溶解后的 $AlCl_3$ 是极性分子，这些极性分子在太赫兹波段表现为强吸收。如前文所述，邻二甲苯异构化为间二甲苯和对二甲苯后，后两者的吸收较弱，因而会使混合液吸收强度降低。在最初阶段(300K～328K)，温度相对较低，邻二甲苯的异构化反应也较弱，生成的另外两种二甲苯(间、对)量相当少，$AlCl_3$ 溶解造成的吸收扮演了主要角色。所以在这个阶段，曲线上升。在中间阶段(328K～358K)，曲线表现出了振荡，这是由于溶解在混合液中的 $AlCl_3$ 增加了吸收而反应生成物降低了吸收。在最后阶段(358～368K)，曲线单调下降。此时 $AlCl_3$ 的溶解达到最大值，即使温度继续上升，它也不再溶解，吸收曲线主要受生成物削弱吸收作用的影响。下降的曲线暗示了大量间、对二甲苯的生成，在 368K 处已经差不多低于室温下的混合液吸收系数。

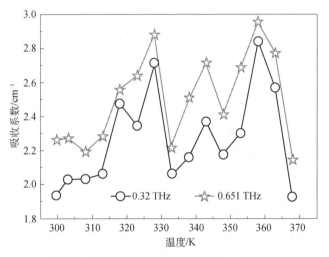

图 13.5　$AlCl_3$ 和邻二甲苯混合反应液的吸收系数与反应温度的关系[31]

基于前述的结果，可以看出太赫兹波对异构体较为敏感，能够被用来研究 $AlCl_3$ 对邻二甲苯的异构化催化反应。提取出吸收系数的值，得到了不同温度下异构化反应进程的信息，证实了太赫兹时域光谱技术是研究异构化反应的一种新的有效手段。通过结合其他的手段，如理论模拟、分子动力学模拟、拉曼光谱等，异构化反应的具体过程和微观机制将可能被更清晰地阐明。

二、实验目的

(1)掌握基于光学参数表征催化剂物性的思路。

(2)了解适宜于太赫兹光谱检测的有机催化反应装置的设计思路。

(3)了解利用太赫兹光谱技术分析 $AlCl_3$ 催化邻二甲苯异构化反应的思路。

三、实验设备及实验材料

(1)太赫兹时域光谱系统 1 台。

(2)高精度电子天平 1 台。

(3)压片机 1 台。

(4)恒温水浴锅 1 台。

(5)13X 分子筛、$AlCl_3$、邻、间、对二甲苯样品等。

(6)烧杯、玻璃反应器若干。

四、实验内容

（一）催化剂 13X 分子筛的太赫兹光谱特性

13X 分子筛是一种具有立方晶格的硅铝酸盐化合物，化学式为 $Na_2O \cdot Al_2O_3 \cdot (2.8 \pm 0.2)SiO_2 \cdot (6 \sim 7)H_2O$。它的硅铝比为 $2.6 \sim 3.0$（SiO_2 和 Al_2O_3 的物质的量比），具有均匀的微孔结构，不仅吸附能力高，而且热稳定性强。

(1)称取 350g 分子筛样品，通过压片机调控不同的压力(10~16MPa)，制取 1.6mm、1.8mm、2.0mm 和 2.2mm 等不同厚度的待测样品，测试不同厚度分子筛的太赫兹光谱。

(2)称取适量分子筛样品，分别在 200℃、400℃ 和 600℃ 灼烧 180min，根据压片法制取符合条件的样品，厚度控制为 2mm，测试不同温度分子筛的太赫兹光谱。

(3)称取适量分子筛样品，置于烧杯中，分别加入 pH=1，2，3，4，5，6 的 HCl 溶液，充分振荡后过滤，并用蒸馏水洗涤后在 80℃ 下烘干，根据压片法制取符合条件的样品，厚度控制为 2mm，测试不同 pH 的分子筛的太赫兹光谱。

（二）设计适宜于太赫兹光谱检测的有机催化反应装置

1. 催化反应装置

如图 13.6 所示，该装置包括有机催化反应器、反应器加热装置、温度探测及控制装置、太赫兹光谱实时监测装置。有机催化反应器内设有反应液和催化剂盛放装置；反应器加热装置由电热丝构成，位于有机催化反应器下方，并与有机催化反应器的底部接触，内设测温热电偶，反应器加热装置与外壳之间设有隔热保温层，此隔热保温层对隔热要求较高，要求隔热后外壳外的温度低于 45℃。太赫兹监测装置位于有机催化反应器侧面，反应器侧壁上设有上下对应设置的两个透孔，上透孔密封连接上管道，下透孔密封连接下管道；由上、下管道和样品池构成监测装置。有机催化反应器和上、下管道由玻璃或陶瓷材料制成；样品池由聚乙烯或石英材料制成，可用支架固定，为上下贯通的结构，上端与上管道密封连通，下端与下管道密封连通，样品池要方便取下更换，以改变厚度，适用于不同反应液。有机催化反应器内反应液的液面高于上透孔，反应液中设置温度传感器；有机催化反应器内还设置有一个使反应液流动的搅动装置，顶部设有一个用透明材料制成的密封上盖，便于观察反应进程，该密封上盖设有一气体出口，用来收集反应产生的气体，消除反应过程中产生气体的泄漏，避免对太赫兹光学系统精密仪器的影响。催化剂盛放装置为一长方体框架，框架内设置催化剂，框架两侧为能使反应液流过的网状结构。

在本设计中，搅动装置包括设置在反应液液面之下的转动叶轮，转动叶轮的转轴通过传动装置与一电机连接，电机要求转速可调，以改变反应液流动速度。转动叶轮的转轴密封穿过密封上盖。由于太赫兹光学系统探测空间狭窄，设备敏感，并且整个探测系统要置于氮气环境下以避免水汽的影响，因而本装置的整体尺寸不能太大，最大横向宽度为 8~10cm，高度为 6~10cm，其中有机催化反应器直径为 6~8cm。

2. 催化反应装置实施过程

本反应装置使用时，将反应物放入反应器内，催化剂放入催化剂盛放装置中部框架中，打开反应器下方的反应器加热装置进行加热(通过控制按钮设定温度)，用反应器加热装置中的测温热电偶测温，此测温热电偶与外壳外侧的控制器相连，将温度反馈给控制器，控制器调节反应器加热装置的效率，使反应器加热装置保持在设定的温度。反应器内温度传感器用来测量反应器内反应液的实际温度。反应开始后，开动电机，使转动叶轮转动，此时反应液受叶轮带动而流动，变得均匀，也与催化剂充分接触；反应达到稳定后，打开下管道中的节流开

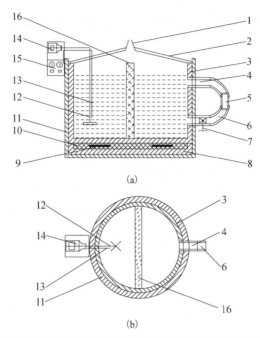

图 13.6　基于太赫兹光谱技术检测有机催化反应的装置结构(a)及去掉上盖
后的俯视示意图(b)

1. 气体出口；2. 反应器外盖；3. 化学反应器；4. 连接透孔；5. 样品池；6. 连接管；7. 节流开关；
8. 隔热保温层；9. 测温热电偶；10. 反应器加热装置；11. 外壳；12. 叶轮及连杆；13. 温度传感器；
14. 电机；15. 温度控制装置；16. 催化剂盛放装置

关，使反应液流入管道，进入反应器侧面的监测装置，然后暂时关闭节流开关，
液体暂时静止，如图 13.7 所示，用太赫兹波透过样品池(样品池厚度事先通过反
应液的性质预估)，得到样品池中液体的太赫兹波谱，得出数据用于分析。可以
在同一温度下，随着反应时间变化，用太赫兹波来探测反应液，得出反应液随时
间变化的规律；也可以改变反应温度，测量不同温度下的反应情况，得到催化反
应和温度变化的关系。

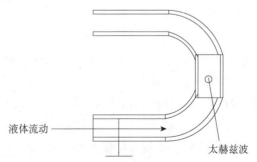

图 13.7　反应液流经样品池被太赫兹波探测过程的示意图

（三）AlCl₃ 催化下邻二甲苯异构化反应的太赫兹光谱特性

化学反应在玻璃反应器中进行，玻璃反应器要求不与催化剂、反应物起反应。反应物邻二甲苯是液态而 $AlCl_3$ 催化剂是固态碎屑，开始它们都被放入反应器中。为了精确，每次放入反应器的 $AlCl_3$ 和邻二甲苯都用电子天平称量，电子天平精确到 0.001g，邻二甲苯为 15g（±0.5g），$AlCl_3$ 为 0.6g（±0.03g）。

把反应器放入超级恒温水浴中加热，以使反应发生。超级恒温水浴的温度是可调的，它可以准确控制温度到 1K。在超级恒温水浴中，反应器被加热 1h 来进行异构化反应。反应从 300K 开始一直进行到 368K。1h 后，混合溶液被移出并降到室温等待测量。在反应过程中，反应器的开口处覆盖上一层聚乙烯薄膜以防止挥发。用没有加热的室温下的混合溶液作为参考。

实验十四　成品油的太赫兹光谱分析

一、研究背景及进展

石油又称原油，是从地下深处开采的棕黑色可燃黏稠液体，主要是各种烷烃、环烷烃、芳香烃的混合物。它是古代海洋或湖泊中的生物经过漫长的演化形成的混合物，与煤一样属于化石燃料。原油经过加工后，得到汽油、柴油、煤油、喷气燃料、石蜡、微晶蜡、石油沥青、渣油等成品油及其他化工产品，它们的性能和质量取决于油品的组成。因此，对油品进行准确的分析与鉴别是改善油品性能和监控油品质量的一项基本工作。

根据石油化工业的发展，石油分析主要分为传统和现代两个阶段。石油工业实际上是 20 世纪开始大力发展的工业。石油及其产品的分析始于 19 世纪。1857 年，通过钡盐结晶区分出了从石油中提炼出来的多种芳香族化合物。另外，石油蒸馏的分析首次实施于 19 世纪 70 年代。石油分析方法不仅决定了物质组成成分的研究，而且决定了石油提炼和稳定性应用的范围。因此，需要一系列规范的标准来评价和分类石油及其相关产品。

现代石油工业始于在美国宾夕法尼亚州石油的发现及随即引发的商业化。在 20 世纪，石油分析对仪器方面的依赖和侧重逐渐增加。光谱学在石油化工中首次大规模的使用开始于 20 世纪 40 年代。光谱学的类型主要有紫外吸收谱、红外吸收谱、拉曼散射、质谱、发射光谱和核磁共振，这些方法在石油分析中起到了非常重要的作用。石油化工产品中很多大分子的振动及转动都位于太赫兹波段。太赫兹波能够敏锐地检测到非极性液体如芳香族化合物(石油产品的主要成分)分子偶极矩的变化，为石油及相关产品的光谱学研究提供了新的分析手段，是傅里叶变换红外光谱、X 射线及近红外光谱的互补技术。

（一）柴油硫含量的太赫兹光谱表征

硫在柴油中以多种形式存在，如硫醚、噻吩、硫醇和有机磺酸盐等，这些硫化物的存在给柴油的加工和使用带来许多不利的影响。比如在加工过程中，微量硫化物容易产生硫化氢、硫化铁、硫酸铁等，会导致催化剂中毒，降低催化活性，甚至严重腐蚀设备；在使用过程中，含硫化合物燃烧后生成的 SO_x 不仅会对空气造成污染，还会腐蚀发动机，降低发动机的使用寿命。近年来，随着环境的不断恶化，世界上许多发达国家都把 $PM_{2.5}$ 列入一个评价空气质量的标准。$PM_{2.5}$ 主要来自化石燃料的燃烧，其中含量最多的是 SO_4^{2-}。有研究表明随着柴油中硫含量的增加，排放物的颗粒直径变小，数量变多，气态 SO_2 的排放量也增加，并且随硫含量的上升而线性增加。气态 SO_2 进入大气环境后，通过化学反应生成硫酸盐微粒 SO_4^{2-}，其含量也随柴油中的硫含量增加而线性增长，生成量约为柴油机直接排出的 SO_4^{2-} 的 25 倍，给环境带来更加严重的二次污染。

为了减少柴油机排放物污染，许多国家都制定了严格的低硫柴油标准，这就为严格控制柴油硫含量的生产工艺及大力发展硫含量精确快速的测量技术提出了严峻的考验。测量柴油硫含量的方法有很多种，常用的有能量色散射线光谱法、燃灯硫法、氧弹法、微库仑滴定法等。本实验应用太赫兹时域光谱技术对柴油中硫元素的含量进行定标，使柴油硫含量的分析简单化、经济化、高效化。

柴油组分中的硫化物主要有两类，苯并噻吩及其衍生物和硫醚。二者的分子结构如图 14.1 所示，它们均是由硫原子取代碳链(环)中的碳原子而形成的。由于苯并噻吩的衍生物种类繁多且性能不稳定，所以这为含量的分析带来难度。图 14.2 为由国家标准物质研究中心生产的柴油含硫量标准物质的太赫兹波时域谱。图 14.3 表示出柴油标准物质的平均吸收系数与所添加硫醚量的关系，近似为一条直线。把 8%浓度的数据置于图中，发现其很好地符合了拟合的直线。因此，可以用太赫兹光谱对油中硫醚含量做出一定程度上的定量测量。

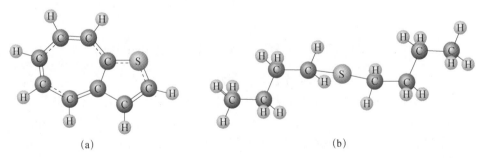

(a)　　　　　　　　　　　　　　(b)

图 14.1　苯并噻吩(a)和正丁基硫醚(b)的分子结构

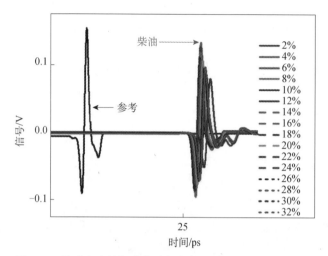

图 14.2　柴油含硫量标准物质的太赫兹时域谱(文后附彩图)

图中百分数为硫醚质量分数

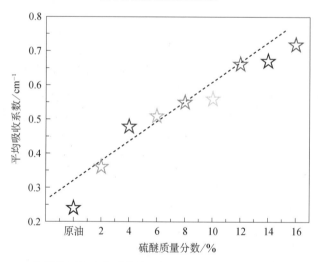

图 14.3　各样品平均吸收系数的近似值与样品所添加硫醚量的关系图

为作对比,图 14.4 显示了不同硫含量汽油的太赫兹时域光谱信号,通过快速傅里叶变换计算得到样品的太赫兹频域光谱,如插图所示。在这种情况下,误差主要是由环境、仪器和不同的石英比色皿引起的。由于样品的化学结构相同,时域信号具有相似的太赫兹波振幅,但样品的时间延迟不同说明了不同硫含量的汽油具有不同的介电性能。如图 14.5 所示,时间延迟随着硫含量的增加而逐渐增加,表明样品的折射率随着硫含量的增加而增加。不同硫含量之间的差别不明显,不能从相似的波形和振幅中直观地进行定量分析。

采用偏最小二乘(PLS)法建立模型预测汽油中硫含量。在最终模型中选择合适的参数进行标定,利用均方根误差(RMSE)验证模型的正确性。在模型中,参考线表示预测值和实际值之间的零残差。在 0.2~2.5THz 频率时计算硫含量,图 14.6 显示了验证结果。在这个模型中,所有的样本被分成两个部分,其中16 个组用于校准,剩下的 4 个用于验证。计算结果与实际值吻合较好,表明偏最小二乘法能准确地测定汽油中的硫含量。

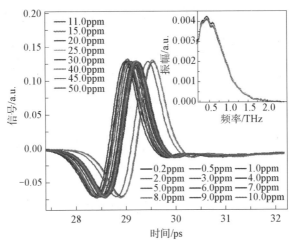

图 14.4　不同硫含量(质量分数)样品的太赫兹时域光谱图[32](文后附彩图)

插图为对应的太赫兹频域光谱图

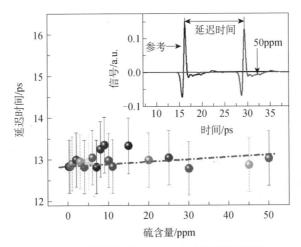

图 14.5　样品的时间延迟与硫含量的关系[32]

计算相关系数(R)和均方根误差,用来评估和验证校准模型的性能。相关系数是一个指数相关性,由实际浓度和预测浓度之间的线性关系确定,均方根误差是指实际值与预测值之间的偏差。均方根误差可以由以下公式计算得出:

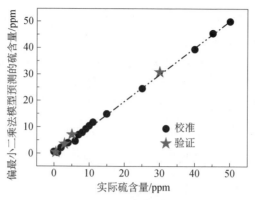

图 14.6　偏最小二乘法模型预测的硫含量与实际硫含量的关系[32]

$$RMSE = \left[\frac{\sum (C_{act} - C_{pre})^2}{n}\right]^{\frac{1}{2}}$$

式中，C_{act} 为样品的实际浓度；C_{pre} 为同一样品的预测浓度；n 为折射率。校准和验证模型的相关系数均大于 0.99，均方根误差均小于 1.5%。实验表明，结合化学计量方法的太赫兹光谱技术是一种定量检测混合物含量的可靠方法。

（二）生物柴油/石化柴油混合物的燃烧特性表征

生物柴油是由天然植物油、动物脂肪或地沟油等原料，用甲醇或乙醇在催化剂作用下经脂交换制成的可代替石化柴油的再生性燃料。与石化柴油相比，生物柴油具有可再生、环保、安全性能高、燃烧性能优异的特点，成为石化柴油最为理想的替代燃料，对经济的可持续发展、推进能源替代、减轻环境污染具有重要的战略意义。

生物柴油在生产和使用上还具有一系列难以克服的困难，比如价格偏高、低温流动性较差、溶解性强、对附件有不良影响等，因此纯的生物柴油都很少直接应用在柴油发动机中，大多是以一定比例与石化柴油混合使用，国际上公认的最佳混合比例是 20%，即混合燃料中生物柴油的体积分数为 20%，此时的燃料具有最佳的使用和燃烧性能。

生物柴油的主要成分是碳原子数为 12~18 个脂肪酸甲酯(FAME)，含两个碳碳双键，石化柴油是碳原子数为 10~22 个的复杂烃类混合物。二者除两个碳碳双键及碳氧键外，大部分分子结构相似，符合相似相溶原理。生物柴油和石化柴油的互溶性实验表明，两者具有良好的互溶性，可在无任何添加剂的作用下以任意比例互溶。

图 14.7 为生物柴油和石化柴油在 0.2～1.5THz 范围内的吸收曲线。从图中可以看出，随着频率的增加，样品的吸收谱基线缓慢上升，这可能是由于光散射或样品宽而无结构的吸收所引起的。整体来说，石化柴油与生物柴油的吸收曲线明显分为两个区域，石化柴油对太赫兹电磁波的吸收较弱，生物柴油较强，这与两者的十六烷值(CN)相对应。石化柴油的主要成分是烃类物质，主要为饱和烷烃与芳香烃，其中以碳原子数为 13～22 的直链正构烷烃最多，占 44.50%～56.39%(质量分数)；醇、醛、酸等成分的质量分数仅为 1.21%～4.42%，其多少与油品的储存时间和氧化程度有关。生物柴油的成分相对简单，主要是碳原子数为 12～18 的脂肪酸甲酯，其中以碳原子数为 16、18 的 FAME16(脂肪酸甲酯16)、FAME18(脂肪酸甲酯18)含量最多。脂肪酸甲酯、正烷烃及芳香烃的分子构型如图 14.8 所示，三类分子均为碳氢化合物，不同的是脂肪酸甲酯在碳链末端有一个带氧原子的酯基基团－COOCH$_3$。

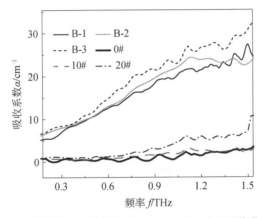

图 14.7　生物柴油和石化柴油在 0.2～1.5THz 处的吸收曲线 [33]

B-1.菜籽油生物柴油；B-2.大豆油生物柴油；B-3.地沟油生物柴油；0#、10#、20#为石化柴油

将生物柴油以 20%、40%、60% 和 80% 的体积分数与石化柴油混合，根据生物柴油所占比例进行标号，纯生物柴油被标为 B100，纯石化柴油为 B0，混合燃料分别为 B20、B40、B60 和 B80。图 14.9 为这几种混合燃料的太赫兹光谱吸收曲线。随着混合物中生物柴油浓度的增加，样品的吸收系数呈规律性递增。提取样品在不同频率的吸收系数和相应的 CN，以吸收系数为自变量，CN 为因变量，就可以找到 CN 随吸收系数的变化规律。

如图 14.10 所示，在相同的频率下，样品的吸收系数与 CN 呈非线性增长，其关系可表达为

$$f(x) = A_0 \exp\left[(-x)/A_1\right] + A_2$$

式中，A_0、A_1、A_2 为常数，随频率改变而不同；x 为样品的太赫兹吸收系数；$f(x)$ 为样品的 CN。

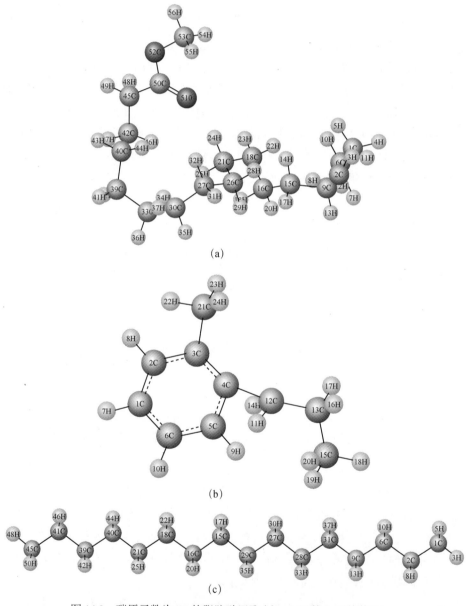

图 14.8　碳原子数为 16 的脂肪酸甲酯(a)、2-甲基 1-丙基苯(b)、
正十六烷(c)的分子结构示意图[33]

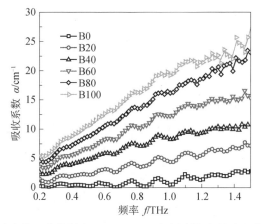

图 14.9　不同浓度的混合燃料在 0.2～1.5THz 范围内的太赫兹光谱吸收曲线[33]

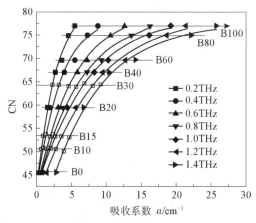

图 14.10　不同浓度混合燃料的 CN 与其太赫兹吸收系数的对应关系[33]

　　另外以 10%、15% 和 30% 的生物柴油体积分数配成 3 种混合液 B10、B15 和 B30，测定其太赫兹吸收谱。将 0.2～1.4THz 频率处的吸收系数分别代入上式，可得到 CN_1，CN_2，CN_3，…，取其平均值即可计算出该燃料的 CN。因此这条曲线揭示了生物石化混合柴油的太赫兹吸收光谱和十六烷值之间的联系，通过测量混合物的太赫兹吸收光谱来预测其十六烷值是可行的。

（三）汽油柴油牌号识别

　　自从 1886 年世界上第一辆汽车问世以来，汽车能源基本上采用的是石油制品：汽油和柴油。汽车的产量与保有量的逐年递增使汽车行业成为石油消耗最大的产业之一。汽油作为石油产品，主要由碳原子数为 4～12 的烷烃、环烷烃、芳香烃、烯烃等碳氢化合物组成。对汽油的有机烃类化合物进行表征的方法有很多，例如，红外光谱技术在汽油特性方面的研究已取得良好的应用效果和经济效益。人们通过分析汽油的红外光谱特征吸收峰，依据电磁辐射与物质的相互作用产生的分子振动，获得了汽油中官能团的振动和转动的结构信息，此信息表现的是原子之间或基团之间的相互作用。

由于石油燃料本身会受到原油来源及加工过程等因素影响，其官能团结构组成及含量等将会发生变化。基于太赫兹时域光谱技术能够灵敏地反映化合物结构与环境的指纹特性，本实验应用太赫兹时域光谱技术研究不同型号汽油在 $0.28\sim2.1\mathrm{THz}$ 波段的光学性质，采用快速傅里叶变换得到样品的吸收谱和折射率谱。

图 14.11 是 90#、93#、97#、FCC（催化裂化）汽油在 $0.28\sim2.1\mathrm{THz}$ 时的太赫兹吸收谱，其变化趋势显著不同，这是因为 THz 光谱包含了烃类化合物甲基、亚甲基、芳香烃、烯基、氨基和羟基等基团的分子振动及多分子集团的组合振动信息，同时不同结构的烃类化合物含量变化导致了 THz 光谱的峰强变化。

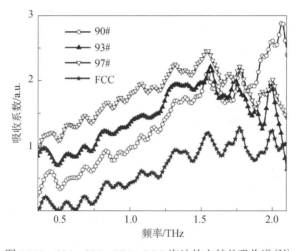

图 14.11　90#、93#、97#、FCC 汽油的太赫兹吸收谱[34]

图 14.12 表示四种样品的折射率随频率变化的谱图，折射率值在 $1.5170\sim1.5370$ 时，平均折射率分别为 1.5231（90#）、1.5342（93#）、1.5319（97#）、1.5183（FCC）。在四种样品中，FCC 汽油的折射率和吸收系数均小于其他三种样品，这是因为 FCC 汽油中无任何添加剂。通过样品在太赫兹波段的吸收峰和折射率的不同，可以对不同种汽油进行分析和鉴别。

图 14.13 为样品的中红外（$440\sim4000\mathrm{cm}^{-1}$）吸收谱。在中红外波段，四种样品的吸收峰位为相同或近似值，峰强差别不太明显，与 THz 波段相比，峰的相

对强度有所减弱，而且峰位形成的谱带比 THz 波形成的谱带窄。这是因为红外光谱主要反映了分子中振动能级的变化。对比两种实验结果，发现汽油在太赫兹波段比在中红外波段更具有吸收活性，更能体现混合物中的结构差别。

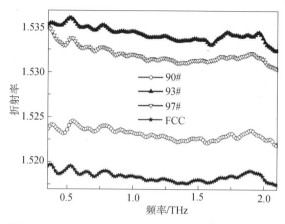

图 14.12　90#、93#、97#、FCC 汽油的折射率谱[34]

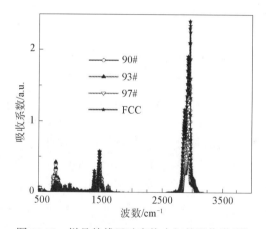

图 14.13　样品的傅里叶变换中红外吸收谱[34]

二、实验目的

(1)学会用吸收系数、频率以及浓度建立二维回归模型。

(2)掌握太赫兹光谱定量分析的方法。

(3)了解柴油的燃烧特性指标。

(4)理解烃类分子与酯类分子在太赫兹波段的吸收差异。

(5)掌握通过太赫兹光谱,对不同种类的油品进行定性分析和鉴别。

三、实验设备及实验材料

(1)透射式太赫兹时域光谱仪 1 台。

(2)傅里叶变换红外光谱仪 1 台。

(3)柴油、汽油、生物柴油样品若干。

(4)柴油含硫量标准物质。

(5)聚乙烯样品池若干。

四、实验内容

(一)实验样品池的制备

(1)样品池的厚度。不同的样品对 THz 波的吸收强度不同,样品池宽度过小对样品 THz 波的吸收比较强,通过频域谱可以看出所得光谱的有效频率范围比较小,容易造成样品高频信息的丢失;反之,样品池宽度过大,则会导致一些制作或测量时的误差被放大,并且吸收谱中一些较弱的吸收峰和光谱的细微部分不能显示出来,而且由于样品过薄还会导致频域谱图上的干涉峰过早出现,影响光谱的质量。根据以往的经验,样品吸收率应控制在 30%左右。另外,就折射率而言,由于太赫兹探测系统中太赫兹波穿透样品时只是近似于平行穿透,如果样品厚度过大,则太赫兹波无法再等效为平行穿透,从而使得这一实验基本参数失去准确性。由于每种样品的特性不同,所以每种样品的测试厚度具有不确定性。因此,为了得到样品在 THz 波段的最佳信号,要求样品有合适的厚度。

(2)样品里不能夹杂气泡。由于样品气泡会对 THz 波产生散射从而影响光谱的质量,并且在光谱测量中实际起作用的样品厚度无法确定,因此对于液体样品,必须仔细观察是否有气泡,并采取相应措施以消除由此造成的影响。

(二)柴油硫含量的太赫兹光谱表征

(1)柴油含硫量标准物质是由直馏柴油作基体原料,加入不同比例的正丁基硫醚配制而成的。直馏柴油是指原油通过蒸馏直接得到的柴油组分，一般用于二次加工原料或调和原料，具有性能稳定、含硫量低等特性，故用来配制标准物质。正丁基硫醚是我国规定允许使用的食用香料，由于其硫的存在形式与实际样品非常接近且稳定性高，所以被用作分析纯添加到基本原料中配制成所需硫含量的标准物质。标准物质采用 X 射线能量色散荧光光谱法和氧弹燃烧–离子色谱法进行均匀性检验和稳定性监测，并用 5 种不同原理准确、可靠地对标准物质进行定值，结果表明标准物质的均匀性良好，稳定性达到 1 年以上，扩展不确定度在 2%以内，保证了样品质量和浓度参数的准确性。

(2)在 Origin 软件中，用硫含量、频率和吸收系数建立一个三维坐标，将以上三个不同浓度样品的吸收曲线置于坐标中，可以假设坐标中存在一个吸收曲面，所有具有不同硫含量的柴油样品的太赫兹吸收曲线都位于这个曲面内，反之，曲面内的每一条吸收曲线都对应一个特定的浓度。再用 Poly 2D 方法计算得到二维回归曲面模型，$F(x, y)$ 为样品的吸收系数，x、y 分别为硫含量和太赫兹频率，a、b、c、d、e、f 为常量，

$$F(x, y) = ax^2 + bx + cxy + dy + ey^2 + f$$

(3)采用含硫量为 0.1%的标准样品作为校正集，在相同的外界环境下，采用相同实验仪器和方法测得它的吸收系数，测 3 次取平均值。将吸收曲线置于上面建立的三维坐标中，观察它是否位于吸收曲面中，它在 X-Y 平面投射成一条平行于 Y 轴的直线，直线与 X 轴的交点即为样品的硫含量。

(4)为了更加精确，再根据测得的校正集的太赫兹频率及吸收系数，计算所得的硫含量值，与实际值对比，作图，验证回归模型的有效性和精度。

（三）生物柴油/石化柴油混合物的燃烧特性表征

(1)将生物柴油以 5%、10%、20%、40%、60%和 80%的体积百分比在室温下与石化柴油混合，混合后搅拌 30min 以保证混合均匀。按照国际惯例，对混合样品根据生物柴油所占比例进行标号，纯生物柴油标为 B100，纯石化柴油为 B0，混合燃料分别为 B5、B10、B20、B40、B60 和 B80。

(2)用 ASTM D613 和 GB/T510—83 标准方法测得混合燃料的十六烷值。由于生物柴油的十六烷值和凝点均高于石化柴油，所以混合物的相关参数也随生物柴油的含量梯度变化，符合 Kay's mixing 定律。Kay's mixing 定律是碳氢混合物分析中常用的一种理论，可以用它进行生物柴油/石化柴油混合燃料的密度、黏度和十六烷值的预测，公式为

$$X=v_1x_1+v_2x_2$$

式中，X 为混合燃料的十六烷值或凝点；v_1、v_2 和 x_1、x_2 分别为混合燃料中纯生物柴油和石化柴油的体积百分比及各自的十六烷值或凝点。

(3) 获取生物柴油/石化柴油混合燃料在 THz 波段的吸收光谱，提取不同样品在 0.4THz、0.6THz、0.8THz、1.0THz 和 1.2THz 五个频率处的吸收系数，建立起与十六烷值对应的经验模型方程。

(4) 另外配比一系列生物柴油体积比为 2.5%、7.5%、12.5%、15% 和 17.5% 的样品，分别命名为 B2.5、B7.5、B12.5、B15 和 B17.5，重复第(2)步，确保配比的准确性。再测量它们在 THz 波段的光谱信号，提取 0.4THz、0.6THz、0.8THz、1.0THz 和 1.2THz 五处的吸收系数并代入回归模型中得到十六烷值的计算值，作图与 Kay's mixing 定律得到的理论值进行比较，证明模型的准确性。

（四）汽油柴油牌号识别

选取 90#汽油、93#汽油、97#汽油及 FCC 汽油作为原始样品准备制样。选取 0.5mm 的聚乙烯薄膜制成的样品池进行太赫兹光谱测试，将测试结果作为本次实验的参考信号。分别把样品放入样品池内，使得 THz 波通过方向的样品厚度为 3.5mm。

为减少误差，每个样品测量三次，在后续的数据处理中求得三个测试结果的平均值并进行计算。对样品进行中红外光谱测试，得到测试结果并绘制图像。利用样品和参考的太赫兹时域谱，求得每个样品在太赫兹波段的频域光谱、吸收系数和折射率并作图，确定各个成分的吸收峰位，分析折射率关系。将测试得到的中红外光谱数据导入 Origin 并作图，比较不同牌号汽油的红外光谱图与太赫兹光谱图的异同并解释说明。

实验十五　水污染痕量的太赫兹光谱检测

一、研究背景及进展

"水污染"是指水体因某种物质的介入，而导致其化学、物理、生物或者放射性等方面特性的改变，从而影响水的有效利用，危害人体健康或者破坏生态环境，造成水质恶化的现象。由于水体分布广泛，具有较强的溶解性，其中又有许多生物存在，使水体特性较为复杂，因此社会大众对水污染监测和治理的要求不断提高。在现有的水污染监测项目中，需要监测的项目较多，通常对水质的检测项目主要包括三类：一般项目的综合检测(如温度、酸度、电导率、溶解氧、浊度等)、污染度检测(如生化需氧量、化学耗氧量、总有机碳含量、总需氧量、紫外线吸收值等)和单项水质污染监测(如水中的铜离子、氯离子、苯等具体污染物的含量)。

（一）基于太赫兹光谱的不同浓度盐离子水溶液的表征

油田作业公司通常认为地层水是油气生产中不希望有的副产品，但是地层水的形成、运移对油气藏的最终生成起到了重要的作用，与此同时，地层水的组成和性质往往影响着油气储层的地球物理响应和开采方法及措施，例如，在石油测井中，地层水的电阻率是计算含油气饱和度的重要参数之一。因此，通过对地层水样品进行分析，充分利用地层水中所包含的重要信息，对于获取储层含油气性信息、制订油田开发方案、优化完井设计、提高采收率都有着重要意义。

本实验从模拟地层水矿化度的角度出发，选取硫酸钠作为水溶液中的溶质，研究硫酸钠溶液的离子存在及离子浓度对太赫兹光谱吸收和折射率的影响。图 15.1 为十三种不同硫酸钠含量的水溶液的太赫兹时域光谱。由于水溶液对

太赫兹脉冲吸收很强，致使所测量得到的太赫兹光谱信号很弱，溶液的太赫兹脉冲振幅为 2.0mV 左右。如图 15.2 所示为太赫兹光谱峰值变化曲线。测量序号 0～12 分别对应含盐度从 0 到 19.43%的十三种硫酸钠水溶液，圆点表示太赫兹时域脉冲正的峰值(V_{MAX})，五角星表示太赫兹时域脉冲中正负峰值中绝对值大的那个取值($|V|_{MAX}$)。可以看出，纯水的太赫兹脉冲振幅最低，反映出纯水对太赫兹波的强烈吸收，随着含盐度的增加，太赫兹脉冲的能量出现逐渐增大的趋势，至硫酸钠水溶液达到饱和状态时，溶液的太赫兹脉冲能量达到最大，即随着硫酸钠水溶液离子浓度的不断增大，其对太赫兹脉冲的衰减作用有所减弱。

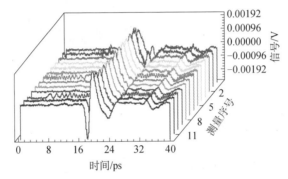

图 15.1　十三种不同硫酸钠含量水溶液的太赫兹时域光谱

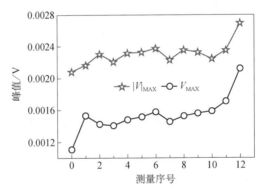

图 15.2　不同硫酸钠含量下水溶液的太赫兹光谱峰值变化

　　水分子是强极性分子，单体水分子偶极矩很大，理论上每个水分子既可以作为氢键受体提供孤对电子又能作为氢键给体提供氢原子(图 15.3)，而且液态水中形成的动态氢键网格大大加强了分子间的作用力。电解质溶于水后，一部分溶剂分子会在离子周围发生定向排列，使得水的微观结构发生改变，比如钠离子表面的电场强度很高，足以使离子附近的偶极水分子发生重新排列。通常认为离子的存在会对水中的氢键结构有增强或减弱作用，水溶液中离子的不规则运动影响了离子的水动力半径大小及水的极化度。有些离子由于移动性很强，能够破坏四面体的氢键结构，相反另外一些离子能加强这种四面体的氢键结构。对于硫酸钠溶液而言，钠离子和硫酸根离子作为氢键良好的给体和受体大量参与到氢键的重塑过程，使溶液中的氢键网络结构得到了加强，太赫兹波段的振动更加平坦和规律。

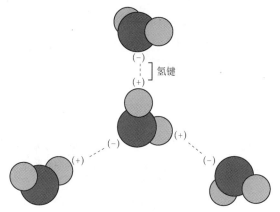

图 15.3　水分子和氢键的构成示意图

（二）不同浓度硝酸盐溶液的太赫兹光谱表征

硝酸盐可能是世界上最广泛的地下水污染物，这对水源供应造成严重威胁并促进富营养化。当人们饮用含硝酸盐浓度过高的水时，在人体内产生有毒的亚硝酸根离子，它会降低人体血液的携氧能力，导致高铁血红蛋白血症。硝酸盐（NO_3^-）浓度的检测方法有很多种，如离子色谱法、紫外-可见分光光度法、极谱法和液相色谱/电喷雾电离/质谱法。

图 15.4 为不同浓度硝酸盐溶液的太赫兹时域光谱。随着 $NaNO_3$、$Ca(NO_3)_2$、$Al(NO_3)_3$ 和 $Mg(NO_3)_2$ 溶液的 NO_3^- 浓度 C_N 分别从 50ppm、50ppm、10ppm 和 25ppm 增加到 30%、40%、40% 和 30%，其太赫兹振幅从 0.104V、0.093V、0.139V 和 0.132V 逐渐下降到 0.066V、0.065V、0.069V 和 0.067V，而时间延迟从 10.45ps、10.49ps、10.49ps 和 10.19ps 增加到 10.87ps、10.87ps、10.83ps 和 10.64ps。图 15.5 和图 15.6 分别给出了频率在 0.2～2.5THz 时硝酸盐溶液的吸收系数 $\alpha(\gamma)$ 和折射率 $n(\gamma)$，其中 γ 是频率。吸收系数的频率依赖性可以用线性函数 $\alpha(\gamma)=k_1\gamma+b_1$ 近似表示，其中 k_1 和 b_1 取决于硝酸盐溶液的类型及其浓度 C_N。吸收曲线的斜率 k_1 随着浓度的增加而增加。如图 15.6 所示，对于每个样品的折射

率 $n(\gamma)$，它们在整个区域中随着 C_N 的增加而逐渐减少，可用 $n(\gamma)=-k_2\gamma+b_2$ 表示，其中折射率曲线的斜率 k_2 轻微依赖于硝酸盐溶液及其浓度 C_N，而 b_2 强烈取决于硝酸盐浓度。图 15.7 显示了吸收系数 $\alpha(\gamma)$ 和折射率 $n(\gamma)$ 与 C_N 的关系。在 1.24THz 的频率下，$\alpha(\gamma)$ 和 $n(\gamma)$ 都正比于 $\ln C_N$，与硝酸盐溶液的类型无关。

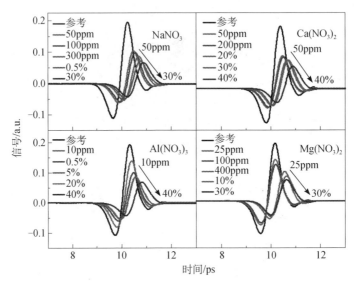

图 15.4　不同浓度硝酸盐溶液的太赫兹时域光谱[35]（文后附彩图）

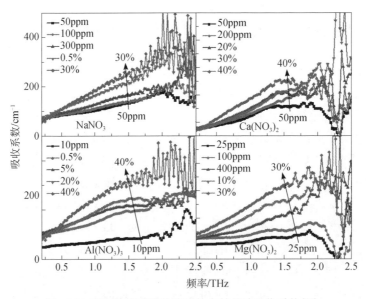

图 15.5　不同浓度硝酸盐溶液的太赫兹波吸收系数[35]

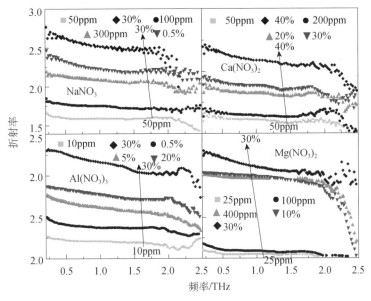

图 15.6　不同浓度硝酸盐溶液的太赫兹波折射率[35]

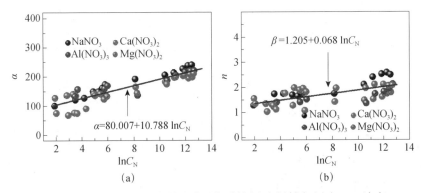

图 15.7　在 1.24THz 下太赫兹波吸收系数(a)和折射率(b)与 NO_3^-浓度
$\ln C_N$ 的关系[35]（文后附彩图）

采用偏最小二乘法建立模型可以预测硝酸盐溶液中 NO_3^- 浓度 C_N。所有样品分为两部分，其中一部分用于校准，另一部分用于验证。图 15.8 中的结果表明偏最小二乘法方法可以精确地确定硝酸盐溶液中的 C_N。为了评估校准和验证模型的性能，计算相关系数 R。这里 R 是由实际浓度和预测浓度之间的线性关系程度确定的指数相关性。R 越接近 1，模型预测精度越高。目前，校准和验证的 R 分别等于 0.9898 和 0.9975，证明太赫兹时域光谱技术是定量检测硝酸盐溶液中 NO_3^-量的可靠方法。

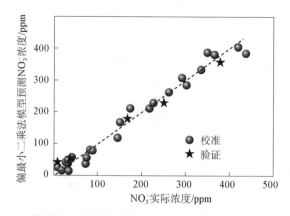

图 15.8　偏最小二乘法模型预测 NO₃浓度与实际浓度的关系[35]

二、实验目的

(1)掌握太赫兹光谱技术测量水污染的方法。

(2)结合太赫兹光谱技术，对水污染进行痕量检测。

(3)掌握利用太赫兹时域光谱技术对不同浓度的无机盐溶液进行检测。

三、实验设备及实验材料

(1)太赫兹时域光谱系统 1 台。

(2)多种硝酸盐、纯水样品若干。

(3) 40mm × 50mm × 0.5mm 的聚乙烯薄膜若干，双面胶等材料。

四、实验内容

(1)实验时选用标准无水硫酸钠来配制不同含盐度的水溶液，通过往纯水中不断加盐的方式来配制不同质量分数的硫酸钠水溶液，随后对所配溶液进行充分搅拌，使得硫酸钠完全溶于水中。测量时采用透射式测量方式，盐溶液在配制好之后转移到石英样品池中进行测量，所使用的石英样品池的厚度为 0.5mm，宽度为 20mm，高度为 45mm，装满溶液后体积为 0.45mL，整个实验过程中温度始终保持在恒温 20℃。实验过程中共测量十二种不同浓度硫酸钠溶液的太赫兹时域光谱，这些溶液的含盐度从低到高分别为 1.16%、2.14%、2.96%、3.86%、4.82%，5.87%、6.96%、8.00%、8.77%、9.47%、13.83%、19.43%（由于 20℃时，硫酸钠在水中的溶解度为 19.5g/(100mL 水)，即当含盐度为 16.32%时，硫酸钠溶液已经处于饱和状态，实际上上述溶液中的 19.43%的溶液已经达到了饱和状态，其他十一种溶液为不饱和溶液），加上纯水，共十三种溶液。

(2) 通过将硝酸盐固体以固定比例溶解于去离子水中并密封在厚度为 0.12mm 的塑料电池中获得硝酸盐溶液。称取一定量的硝酸钠，溶于去离子水中配制成 50ppm、100ppm、300ppm、5000ppm、300000ppm 等浓度的硝酸钠溶液。称取一定量的硝酸钙，溶于去离子水中配制成 50ppm、200ppm、200000ppm、300000ppm、400000ppm 等浓度的硝酸钙溶液。称取一定量的硝酸铝，溶于去离子水中配制成 10ppm、5000ppm、50000ppm、200000ppm、400000ppm 等浓度的硝酸铝溶液。称取一定量的硝酸镁，溶于去离子水中配制成 25ppm、100ppm、400ppm、100000ppm、300000ppm 等浓度的硝酸镁溶液。为减少溶液中水对太赫兹波的吸收，实验中所用样品池由两片聚乙烯薄膜制成。用双面胶连接两张聚乙烯薄膜，形成 20mm × 40mm × 0.12mm 的样品池，即样品在两片聚乙烯薄膜之间形成厚度为 0.12mm 的水膜。

(3) 本实验中所用的太赫兹光谱测量设备为透射式时域光谱测量系统。实验测试温度均为室温。由于空气中水汽含量较小，其湿度小于 5%，故直接将测试系统置于空气环境中。进行太赫兹时域光谱测试时，为减少误差，每个样品测量三次，在后续的数据处理中求得三个测试结果的平均值进行计算。

实验十六　细颗粒物监测及来源识别

一、研究背景及进展

　　大气细颗粒物是大气污染的主要污染物，是漂浮于空气中的颗粒状物质，包括固体或者液体。按粒径大小，可以分为三类：空气动力学直径小于或等于 100μm 的颗粒物称为总悬浮颗粒物(total suspended particulate，TSP)；空气动力学直径小于或等于 10μm 的颗粒物称为可吸入颗粒物 PM_{10} (particulate matter 10)，空气动力学直径小于或等于 2.5μm 的颗粒物称为可入肺颗粒物 $PM_{2.5}$ (particulate matter 2.5)。

　　我国的大气污染表现出复合型的特征，既存在汽车尾气、挥发性有机物、扬尘等污染排放，也有电厂、工业、居民燃煤排放的污染。$PM_{2.5}$ 是典型的区域性复合型大气污染物。在 $PM_{2.5}$ 的化学成分中，有机碳、炭黑、粉尘等属于原生一次颗粒物；硫酸铵(亚硫酸铵)、硝酸铵是由人类活动排放或自然产生的二氧化硫或二氧化氮在大气中经过一系列的物理化学反应形成的二次颗粒物，属于二次污染物。这些污染物与天气、气候系统相互作用和影响，形成高浓度的污染，并在大范围的区域间相互传送与反应。一次污染物来自于道路、建筑和农业产生的扬尘。二次污染物硫酸铵的前体物 SO_2 主要来源于高硫煤的燃烧；硝酸铵的前体物 NO_x 主要来源于汽车尾气、煤炭燃烧，大城市中汽车尾气的影响更为严重。虽然大气细颗粒是大气成分中含量很少的组分，但它对空气质量和能见度等有重要的影响。与较粗的大气颗粒物相比，$PM_{2.5}$ 粒径小，富含大量有毒、有害物质，且在大气中停留时间长、输送距离远，因而对人体健康和大气环境质量有很大影响。

　　大气污染物中的铵盐、矿物有机物等主要成分，其晶格振动或分子振动与转动模式均落在太赫兹波段。大气环境的湿度、温度、风力等自然条件对颗粒物的种类、大小及形成速度有重要的影响。同时，不同的人为活动对 $PM_{2.5}$ 的成分及形貌也有很大的影响。当太赫兹波透过 $PM_{2.5}$ 样品时，不同形貌及成分

的 $PM_{2.5}$ 样品对太赫兹波的吸收及散射程度不同，即不同环境中收集的 $PM_{2.5}$ 颗粒对太赫兹波的响应不同，从而实现对不同条件下 $PM_{2.5}$ 样品的区分。此外，对于我国的大中城市来说，由于各地的地势、天气、工业结构和发达程度不同，各地的污染程度和来源也不尽相同，这给 $PM_{2.5}$ 的准确监测带来了一定的挑战。

（一）不同地区大气环境中 $PM_{2.5}$ 的太赫兹光谱分析

太赫兹光波透过大气颗粒层时，会对 $PM_{2.5}$ 产生很强的吸收效应。图 16.1 为北京市昌平区中国石油大学(北京)和山西省太谷县某学校采集的样品与空白滤膜的频率谱。滤膜为直径 47mm 的石英滤膜，每次采样时间 T、流率 Q、采样质量 Δm(附有样品质量-空白滤膜质量)等具体参数见表 16.1。三种样品的频率谱的最高峰均出现在 4.5THz 附近。对于同一频率处的样品值，空白滤膜的峰值最高，山西大气环境 $PM_{2.5}$ 的峰值比北京大气环境 $PM_{2.5}$ 的峰值高。在 4.5THz、6.5THz 和 7.0THz 处三条曲线的幅值强度出现明显差异。

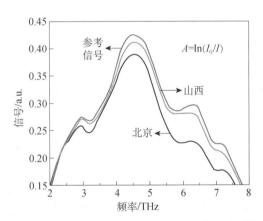

图 16.1　北京市昌平区和山西省太谷县大气环境 $PM_{2.5}$、空白滤膜的太赫兹频率谱[36]

表 16.1　北京市昌平区和山西省太谷县大气环境中 $PM_{2.5}$ 样品质量和浓度

编号	采样时间/h	空白滤膜质量/mg	采样质量/mg	$PM_{2.5}$ 浓度/($\mu g/m^3$)	采样地点
1	7.07	139.7	140.2	147	山西省太古县
2	5.9	139.7	140.3	211	山西省太古县
3	10.23	139.7	140.9	244	山西省太古县
4	7.2	139.7	140.4	202	山西省太古县
5	6.58	139.7	140.3	189	山西省太古县
6	8.33	139.7	140.7	250	山西省太古县

编号	采样时间/h	空白滤膜质量/mg	采样质量/mg	PM$_{2.5}$浓度/$(\mu g/m^3)$	采样地点
7	8.15	139.7	140.5	204	山西省太古县
8	5.97	139.7	140.3	209	山西省太古县
9	7.95	139.7	140.4	183	山西省太古县
1	24.02	139.7	142.5	243	北京市昌平区
2	23.78	139.7	139.9	17	北京市昌平区
3	23.83	139.7	140	26	北京市昌平区
4	23.9	139.7	139.8	9	北京市昌平区
5	22.87	139.7	139.9	18	北京市昌平区
6	15.06	139.7	139.9	27	北京市昌平区
7	23.03	139.7	142.7	271	北京市昌平区
8	24.5	139.7	141.8	178	北京市昌平区
9	12.25	139.7	141.8	357	北京市昌平区
10	24.27	139.7	140.8	94	北京市昌平区
11	14.81	139.7	139.8	14	北京市昌平区

PM$_{2.5}$ 的太赫兹吸收谱如图 16.2 所示。由于在样品采集与样品测试阶段会受到一些如机器本身带来的噪声问题，样品的太赫兹吸收谱中也会附有噪声信号。应用 Savitzky-Golay 滤波器预处理吸收数据，能够减少仪器噪声，曲线得到平滑处理，但光谱波形和吸收特征并不会失真，样品光谱的特征得以更清晰地呈现出来。对于山西大气环境中采集的 PM$_{2.5}$ 样品，其光谱在 6.0THz 与 6.7THz 附近出现了较为突出的吸收峰。在 6.7THz 附近，随着 PM$_{2.5}$ 质量从 0.6mg 增加到 1.0mg，其吸光度也从约 0.020 增长为约 0.030。与此同时，在 4.6THz 附近和 5.2THz 附近处，山西省太谷县大气环境 PM$_{2.5}$ 的太赫兹吸收谱也出现了两个幅值较低的吸收峰。然而北京市昌平区大气环境 PM$_{2.5}$ 的太赫兹吸收谱中并无明显的吸收峰，只是在 5.7~7.5THz 范围内出现了一个突出的吸收带。为了准确确定北京市昌平区 PM$_{2.5}$ 的吸收特征，使用二维相关光谱技术对光谱进行再处理，提取出更详细的光谱变化信息，以此确定图 16.2 中的重叠峰或不明显的峰。

二维相关光谱技术是通过沿第二维扩展峰值来增强光谱分辨率的。在 4.0~7.5THz 的频率范围内，北京大气环境 PM$_{2.5}$ 所有样品的同步二维相关光谱图如图 16.3 所示。在二维相关光谱的模型中，采用 4.0~7.5THz 的吸收强度作为输入，所有样品的质量作为摄动。如果交叉峰的符号是正值，相应频率的强度一起增加或减少；否则，一个正在增加，而另一个正在减少。自动峰值的大规模相关性显示出高度的动态波动。在二维光谱的整个频率范围内观察到其为正相关关系，说明了在整个频率范围内(4.0～7.5THz)PM$_{2.5}$的质量与吸收同步增加。在同步光谱图中 6.48THz 处的自动峰值(对角线上的峰值)反映了光谱的整体变化。而另一个相关平方没有对称的交叉峰值。以上信息表明 6.48THz 处是北京大气 PM$_{2.5}$ 吸收谱带的中心，并且只有一个吸收峰。

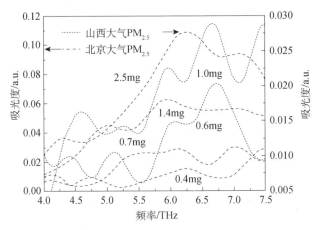

图 16.2 北京市昌平区和山西省太谷县大气环境 PM$_{2.5}$ 的太赫兹吸收谱[36]

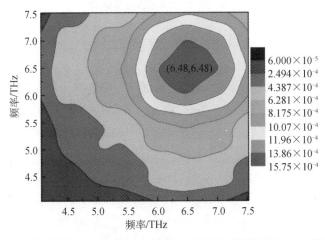

图 16.3 频率范围为 4.0～7.5THz 的同步二维相关光谱图[36](文后附彩图)

图 16.4 中绘出了异步二维光谱图。在 6.0～7.5THz 时能够观察到几个强交叉峰。异步图中的正相关或负相关关系反映了不同频率下信号强度的特殊异步特征，而正负相关所揭示的信息不同。在非同步相关频谱中，只有当信号波动的某些傅里叶频率分量的强度相互异相变化时才会出现交叉峰值。来自原始光谱的更

多信息可以在异步图中获得。根据 6.48THz 处的吸收状态，在 6.31THz，6.42THz 和 6.89THz 处分别发现正相关峰。异步图中的交叉峰表明以 6.42THz 为中心的吸收带是由这三个重叠的峰组成的，6.42THz 的吸收强度更强，对 6.48THz 的吸收带贡献更大。另外，根据二维相关光谱分析，在图 16.4 中还观察到了 5.03THz、5.68THz 和 7.35THz 的三个交叉峰值，表明在原始光谱中还存在弱的或不明显的吸收峰。所有的正相关关系说明了两个频率处强度变化的顺序。吸收谱 6.42THz 处在 5.03THz 之前发生变化，6.89THz 的波段与 6.31THz 和 7.35THz 的波段相比滞后。

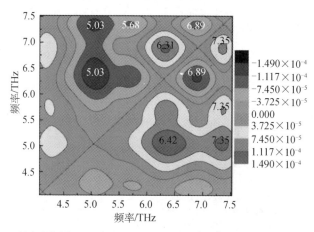

图 16.4　频率范围为 4.0~7.5THz 的异步相关二维光谱图[35]（文后附彩图）

山西省太谷县地区的光谱吸收曲线总体呈上升趋势，在 6.7THz 处有一个突出的高峰。北京市昌平区 PM$_{2.5}$ 在 6.31THz、6.42THz 和 6.89THz 的吸收光谱特征峰可归为 6.7THz，这是由于与这个频率的小偏差及异步图中反映的一致性，因此，在 4.0~7.5THz 时显示出吸收光谱的附加差异。来自山西省太谷县的 PM$_{2.5}$ 光谱吸收峰分别为 6.0THz、5.2THz 和 4.6THz。相比之下，北京市昌平区的 PM$_{2.5}$ 光谱在 5.03THz、5.68THz 和 7.35THz 处有一些微弱或不明显的吸收峰。

由于太赫兹辐射对两个区域中类似浓度的硫酸盐和铵的响应类似，所以两种谱图都在 6.7THz 处出现吸收峰。通过比较山西省和北京在收集样品时的污染物种类和浓度发现，有机物质(OM)、硝酸盐、氯化物和元素碳(EC)的浓度是不同的。此外，山西省特有的是粉尘和其他无机离子，这些差异导致不同的 PM$_{2.5}$ 吸收光谱的变化趋势和不同的峰值。据调查，北京的空气污染源很复杂。除交通和燃煤外，复杂的天气条件和人类活动的影响使得空气污染更加严重。由于北京地区 PM$_{2.5}$ 来源复杂，在不同频率下表现出一些微弱或不明显的太赫兹吸收光谱特征峰。

（二）煤炭燃烧排放的 $PM_{2.5}$ 的太赫兹光谱分析

煤炭燃烧排放的 $PM_{2.5}$ 是引起我国近几年冬季雾霾的主要因素。由于 $PM_{2.5}$ 能够轻易吸附挥发性有机物(VOCs)以及重金属离子，所以对人体呼吸系统和心血管系统的疾病具有诱发性。钢厂、燃煤电厂、供暖公司煤炭锅炉的耗煤量巨大，产生的废气很少能达到排放标准便释放到空气中，对环境危害极大；在我国农村非集中供暖家庭中，于室内烧煤取暖，由于空气流通不畅，引起严重的室内空气污染。据估计全球大约 350 万人的死亡归因于暴露于住宅固体燃料(如煤和木材)燃烧的烟中。

研究认为颗粒物的来源主要包括化石燃料的燃烧、交通工具的尾气排放、地壳元素微粒等几大类。其中化石燃料燃烧所占份额较大，其中包括火力发电厂、工业锅炉燃烧、冶金业提炼金属等。在煤炭燃烧过程中，去除一部分细颗粒物直接排放进空气中，大部分细颗粒物是由气体转变而来的二次颗粒物。这类细颗粒物能够携带煤炭燃烧中自带的汞、铬等重金属离子，也能吸附空气中的有害离子和挥发性有机气体。烟气中的 SO_2 和 NO_x 等也会进行化学反应生成硫酸盐和硝酸盐等，影响环境中的温度、湿度等条件。

表 16.2 为对某供热公司高炉出烟口处距地面高约 5m 的 $PM_{2.5}$ 采样数据。图 16.5 为直径 47mm 的聚四氟乙烯滤膜采集到的 $PM_{2.5}$ 样品。

表 16.2 煤炭燃烧 $PM_{2.5}$ 样品质量和浓度

编号	采样时间/h	空白滤膜质量/mg	采样质量/mg	$PM_{2.5}$ 浓度/$(\mu g/m^3)$
1	14.7	139.7	140	42
2	14.1	139.7	140.2	73
3	23.28	139.7	139.9	17
4	22.8	139.7	139.9	18
5	15.3	139.7	140.4	95
6	9.53	139.7	140.1	87
7	10.9	139.7	140.6	172
8	10.41	139.7	141	260
9	11.5	139.7	141.3	289
10	10.85	139.7	141.1	268
11	10.5	139.7	140.9	213
12	11.7	139.7	140.6	160
13	24.26	139.7	140.4	60

续表

编号	采样时间/h	空白滤膜质量/mg	采样质量/mg	PM$_{2.5}$浓度/(μg/m³)
14	23.92	139.7	140.2	44
15	25.67	139.7	140.8	89
16	21.48	139.9	140	9
17	24.61	137.8	138.5	59
18	22.8	139.9	142.2	210
19	24.78	138.4	141.5	260
20	12.55	140.1	141.9	298
21	30.48	138.4	143.1	321
22	26.58	139.6	139.8	15
23	16.93	141.4	141.6	24
24	27	139.5	141.1	123
25	2.07	139.6	139.8	201
26	2.03	139.8	140	205
27	2.05	138.1	138.3	203
28	1.88	139.2	139.4	221
29	2	140.3	140.5	208
30	1.88	137.9	138	110
31	2.11	139.7	139.9	197
32	1.65	140.9	141	126
33	2.08	139.9	140	100
34	2.15	137.8	138.1	290
35	2.17	139.5	139.8	288
36	2.15	137.2	137.4	193
37	2.32	137.4	137.5	89
38	2.6	137.3	137.6	240
39	3.5	137.7	138.1	238
40	2.87	137.2	137.5	217
41	2.5	137	137.1	83
42	4.13	137.4	137.7	151
43	3.33	135.8	136	125
44	3.28	136	136.1	63
45	13.02	136.4	136.5	16
46	13.05	137.4	137.5	15
47	13.5	136	136.2	30
48	10	137.2	138.2	206
49	8.78	136.8	138.2	341
50	7.85	135.8	136.9	289
51	12.63	135.8	136.5	122
52	7.68	136.6	138.2	448

图 16.5 直径 47mm 的聚四氟乙烯滤膜采集到的 PM$_{2.5}$ 样品

　　燃煤环境下样品及空白滤膜在太赫兹波段(3.5～10THz)的频率谱如图 16.6 所示。不同频率下，空白滤膜及含不同质量 PM$_{2.5}$ 样品的滤膜的振幅强度不同，并且空白滤膜的振幅强度要高于含 PM$_{2.5}$ 的滤膜的振幅强度。同时，图线在 4.9THz、5.9THz、6.5THz、7.2THz 和 8.8THz 处均出现较为明显的吸收带。4.9THz 处，振幅强度在 0.8～0.9；5.9THz 处，振幅强度在 0.7～0.85；6.5THz 处，振幅强度在 0.8～1.1；7.2THz 处，振幅强度最大，处于 0.9～1.2；8.8THz 处，振幅强度在 0.8～1.0。这是因为燃煤环境下 PM$_{2.5}$ 对不同频段下太赫兹波的吸收不同造成的。

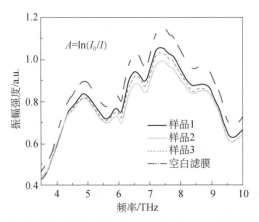

图 16.6 燃煤环境下颗粒物样品及空白滤膜在太赫兹波段的频域图

　　PM$_{2.5}$ 样品太赫兹吸收光谱如图 16.7 所示，选取频率范围为 3.5～10.0THz，每条曲线代表的样品质量各不相同，质量为 0.5～2.0mg。样品的太赫兹吸收曲线随着频率的增加总体呈现了一个上升的趋势，样品质量越大吸光度相对越高。

在 6.42THz 处出现了一个较为明显的吸收峰，随着 PM$_{2.5}$ 样品质量的增大，吸光度大小从 0.042 增加到了 0.068。另外在 4.2THz 及 8.4THz 处也出现了相对明显的吸收带，与 6.42THz 处相类似，吸光度同样随着 PM$_{2.5}$ 样品质量的增加而增大，各自分别由 0.033 及 0.043 增加到 0.051 及 0.068。由于是在相同环境条件下采集的样品，各样品的组成成分基本相同，引起吸光度的变化主要因素是 PM$_{2.5}$ 样品的质量。

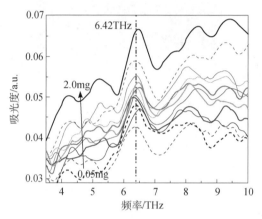

图 16.7　燃煤环境下 PM$_{2.5}$ 样品的太赫兹吸收光谱图

PM$_{2.5}$ 污染物的质量与太赫兹波之间进一步的关系如图 16.8 所示。在频率 6.5THz 处，样品质量和吸光度之间呈现线性递增关系，即燃煤环境下采集的 PM$_{2.5}$ 样品质量与吸光度正相关，拟合方程为 $y = -0.0344 + 0.0403x$，相关系数为 $R = 0.97633$，接近 1.0，说明方程拟合很精确，具有可信度。各个样品点均大致分布在拟合方程曲线附近，总体线性良好。这些结果表明 PM$_{2.5}$ 对太赫兹波具有较高的敏感度。此环境中 PM$_{2.5}$ 产生的来源主要是由埋藏地下的古代植物产生的煤炭，在煤炭中存在着大量 C、O、Si、Ca 等元素，在脱硫作用下依然会存在少量的 S、Ca 等，这些主要成分对于太赫兹吸收线性产生了重要影响。

燃煤排放的 PM$_{2.5}$ 的表面特性如图 16.9 所示。图 16.9(a) 显示此环境下样品中的 PM$_{2.5}$ 多为无特定形状的固体颗粒，粒径在 2.5μm 附近的颗粒与粒径在 1μm 左右的颗粒含量大体相同。图 16.9(b) 显示多数 PM$_{2.5}$ 的表面并不光滑，而是布满了纳米级的细微颗粒，其中以球形颗粒为主，随着颗粒物直径的减小，其他非球形颗粒物数量开始增加。由于 PM$_{2.5}$ 的表面呈现不规则的疏松多孔状结构，其更容易使不同大小的颗粒之间产生逐级吸附的现象，即细微颗粒表面会吸附直径更小的颗粒物，同时也使空气中的有毒有害物质在空气流动过程中更容易吸附在

PM$_{2.5}$ 表面。燃煤排放的 PM$_{2.5}$ 中同时含有数量较多的直径在 1μm 以下的固体颗粒，这些颗粒表面更容易吸附 Pb、Hg 等有毒金属及致病细菌，随着呼吸作用进入肺部血管对人类造成更大的威胁。

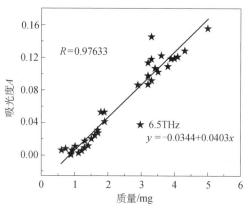

图 16.8　6.5THz 处样品质量与吸光度关系

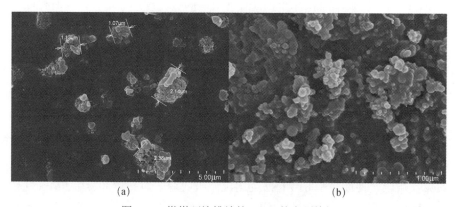

图 16.9　燃煤环境排放的 PM$_{2.5}$ 的表面特征

由于燃煤飞灰中成分以钙质及有机质为主，利用 X 射线能谱对单个颗粒物的成分进行分析，如表 16.3 所示。燃煤排放的颗粒物中含量较多的组成元素有 C、O、Na、Al、Si、S、K 等，多为地壳元素。首先，由于燃煤环境排放的 PM$_{2.5}$ 中无机碳含量及含碳有机物的数量较多，因此碳氧含量最大，分别占所测定元素总浓度的 67.19% 和 25.19%。其次，燃煤飞灰中含有硫酸盐和硅酸盐等物质，使 Na、Si、S、Al、K 等元素含量较大且相近，分别占所测定元素总浓度的 2.77%、1.51%、1.83%、0.55% 和 0.97%。此外，燃煤排放的 PM$_{2.5}$ 不同于自然源的尘土颗粒，由于煤燃烧时会有各种有害重金属元素（如 As、Se、Pb 和 Cr 等）

和 PAHs、VOCs 等有机污染物的排放，同时由于 $PM_{2.5}$ 表面是疏松多孔的形状，其比面积增大，使其更容易吸附如 As、Se、Cd 和 Pb 等其他粒子，因而导致燃煤排放的 $PM_{2.5}$ 中有毒有害的重金属元素要多于其他条件下产生的 $PM_{2.5}$。

表 16.3   燃煤 $PM_{2.5}$ 成分分析

元素	射线	浓度/(光电子计数/s)	原子质量占比/%	质量占比/%
C	Kα	130.84	67.19	56.53
O	Kα	36.75	25.19	28.23
Na	Kα	43.23	2.77	4.45
Al	Kα	19.74	0.55	1.04
Si	Kα	69.29	1.51	2.98
S	Kα	113.94	1.83	4.10
K	Kα	71.11	0.97	2.65
			100.00	100.00

本实验使用太赫兹波表征燃煤环境中产生的 $PM_{2.5}$ 的吸收特征，结果表明在 3.5～10THz 波段随着样品质量的增加，$PM_{2.5}$ 的吸光度逐渐增强，同时伴随着频率的升高，吸收曲线总体呈上升趋势。在 6.42THz 处有明显的吸收峰出现，在 4.2THz 及 8.4THz 处有较明显的吸收带出现。应用 SEM-EDS 技术分析此类 $PM_{2.5}$ 的组成成分及表面特征，其中 C、O、Na、Al、Si、S、K 等地壳元素占据绝大比例，其表面疏松多孔，比面积和空体积大，使固体小颗粒更易富集，同时更容易吸附有毒重金属元素以及 PAHs、VOCs 等有机污染物。

在煤炭中存在着大量的 C、O、Si、Ca 等元素，其以硫酸盐、铵盐、硝酸盐、碳酸盐等无机物及多碳有机物的形式存在，这些物质的分子振动引起了太赫兹的吸收响应，使曲线中 6.42THz 处出现了吸收峰。对扬尘环境中 $PM_{2.5}$ 的研究表明，样品在太赫兹频段存在两个吸收带，吸收带的峰值与样本质量存在线性相关，利用二维相关光谱处理和数学统计分析对样本的吸收谱进行处理，发现太赫兹吸收带是由多个特征峰叠加而成的，通过异步图的交叉峰可判定细颗粒物中阴离子和阳离子的特征频率分别位于较低和较高频段，阴阳离子特征峰的二维光谱判断为解释太赫兹波与细颗粒物之间的相互作用机制迈出了关键一步(图 16.10)。对比扬尘环境下的 $PM_{2.5}$ 太赫兹吸收曲线，两种环境中的太赫兹曲线均在 6.4THz 附近出现吸收峰，这是由于两种环境中均含有硅酸盐及氧化钙等物质，其对太赫兹波的吸收情况都起到了主要作用。但同时，燃煤环境中 $PM_{2.5}$ 具有相当比重的 Na_2O、SO_3 等与扬尘环境不同的物质，这些物质使太赫兹吸收曲线在 4.2THz 和 8.4THz 处出现了扬尘环境中未出现的吸收带。

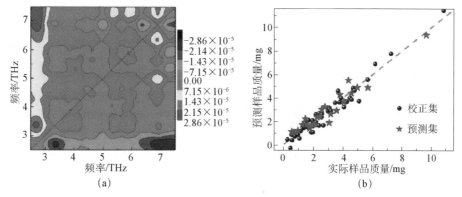

图 16.10　扬尘环境下 PM$_{2.5}$ 的二维光谱异步图(a)及多元回归模型(b)(文后附彩图)

由于燃煤环境下 PM$_{2.5}$ 样品的质量和吸光度之间具有良好的线性关系，并且随着 PM$_{2.5}$ 质量的增加，其对应的吸光度也相应呈线性递增。结合笔者课题组前期所做工作所得的结论，确定扬尘环境及大气环境下的 PM$_{2.5}$ 样品均存在样品质量和吸光度之间的线性递增关系。将室内 PM$_{2.5}$、餐厅排烟处 PM$_{2.5}$ 及北京第一次红色预警时采集的 PM$_{2.5}$ 样品做与燃煤环境下的 PM$_{2.5}$ 样品相同的处理，得到不同环境下 PM$_{2.5}$ 样品在 6.5THz 处的质量与吸光度的关系曲线，如图 16.11 所示。可以看出，在同一横纵坐标下，不同环境中 PM$_{2.5}$ 样品在 6.5THz 处样品质量与吸光度均呈现良好的线性关系，但是不同环境下的拟合曲线斜率不同。扬尘环境中产生的 PM$_{2.5}$ 对太赫兹波吸收较弱，随着质量的增加，吸光度增加并不明显，曲线斜率为 0.01019；餐厅排油烟处产生的 PM$_{2.5}$ 对 THz 波的吸收较强，随着质量的增加吸光度增加较为明显，曲线斜率为 0.03995；燃煤排烟中产生的 PM$_{2.5}$ 对 THz 波的吸收特征较餐厅排油烟处产生的 PM$_{2.5}$ 的曲线斜率较大，为 0.04030。以上三种情况下污染物较为单一，可以将其列为单一环境下 PM$_{2.5}$ 对 THz 波吸收情况的相应曲线，而大气环境及北京第一次红色预警时的环境均为多污染源导致的复杂环境，其特征曲线是在多种污染物共同作用下形成的，但是图线同样具有良好的线性关系，其中普通大气环境下的曲线斜率为 0.06404，第一次红色预警时大气环境下曲线斜率为 0.02375。虽然两种环境下的样品均在北京相同的地方采集，但两个采样周期下污染源种类不同，导致空气中的 PM$_{2.5}$ 组成并不相同，不同污染物在复合环境中所占比例不同，以及同一环境不同时期的样品的太赫兹曲线斜率有所区别，所以样品质量和吸光度之间呈现的线性关系不完全一致。

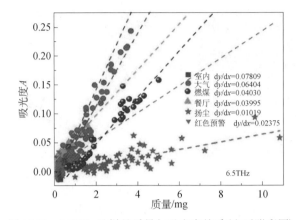

图 16.11　6.5THz 处样品质量与吸光度关系（文后附彩图）

二、实验目的

(1) 掌握用空气采集器收集细颗粒物（PM$_{2.5}$）样品的方法。

(2) 熟悉利用傅里叶变换光谱技术进行 PM$_{2.5}$ 的监测。

(3) 掌握基于太赫兹光谱识别 PM$_{2.5}$ 的方法和程序。

三、实验设备及实验材料

(1) 傅里叶变换红外光谱仪 1 台。

(2) 便携式空气采样器一台。

(3) 聚四氟乙烯滤膜若干。

(4) 高精度电子天平一台。

四、实验内容

（一）熟悉 PM$_{2.5}$ 采集系统

本实验利用标准的空气采集器（型号为 Minivol Tatical）对大气环境中的颗粒物进行采集。图 16.12 为空气采集器的结构图。空气采集器主要由进气口、粒度分离器、进气管、主机和支架等五部分组成。空气从进气口进入，经粒度分离器后，不同粒径的颗粒物分离，最终粒径小于或等于 2.5μm 的细颗粒物通过粒度分离器沉积在滤膜上，得到 PM$_{2.5}$ 样品，剩余的空气通过进气管进入主机内部。

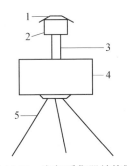

图 16.12　空气采集器结构图

1. 进气口；2. 粒度分离器；3. 进气管；4. 主机；5. 支架

　　图 16.13 为空气采集器主机内部的结构图。空气采集器主机内部设有一个抽气泵 15，从而使空气可以进入并通过一标准流量计 3，流量计用于显示及调节流量。流量调节可通过流量调节旋钮 4 控制。该空气采集器带有一个可编程的计时器 2，计时器可以在 24h 或 7 天的期限中完成多次运行。时间累加器 8 与抽气泵并联，以小时为单位记录泵的总工作时间。取样器中配有两个纠错电路，当电池不能为泵供应足够的电压(低于 10.3V)时，低电压电路将会自动切断采集器的电源，同时低电量提示灯 6 将闪亮，警告用户。这个功能可以保护电池不因长期在低电压下工作而造成损害。如果管道中过度积聚颗粒物质造成管道堵塞，将会使流量降低至低于所指定的数值，采集器将被自动切断，低流量提示灯 7 将闪亮，警告用户。

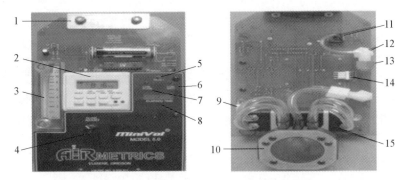

图 16.13　空气采集器主机内部结构示意图

1. 固定螺钉；2. 可编程计时器；3. 标准流量计；4. 流量调节旋钮；5. 重置按钮；6. 低电量提示灯；7. 低流量提示灯；8. 时间累加器；9. 泵功率连接器；10. 脉冲阻尼器；11. 压力传感器；12. 流量计出口；13. 流量孔板；14. 阀驱动板连接器；15. 抽气泵

空气采集器分离空气中不同粒径的颗粒物是利用粒度分离器来实现的，粒度分离器主要包括 PM_{10} 切割器、$PM_{2.5}$ 切割器、滤膜、适配器和预分离器管等，其安装顺序如图 16.14 所示。切割器的工作原理是当含有颗粒物的空气在抽气泵的作用下，以一定的流速进入切割器时，假定流体流动速率在采样器内分布均匀。当一个颗粒从喷嘴喷出后，沿弧线部分运动时，会有一个离心力导致颗粒物向冲击板运动，粒径大的颗粒物由于惯性大，不能随气流流路运动，在冲击板上被捕获。粒径小的颗粒物由于惯性小，可以随气流流路改变绕过冲击板，被气流带入下一级的通道，最终一定粒径大小的颗粒物被收集在滤膜上，从而实现颗粒物的采集。PM_{10} 切割器主要用于收集粒径小于或等于 $10\mu m$ 的颗粒物，在收集 $PM_{2.5}$ 时，PM_{10} 与 $PM_{2.5}$ 切割器都需要安装。

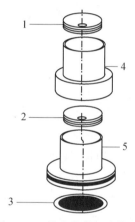

图 16.14　粒度分离器结构图

1. PM_{10} 切割器；2. $PM_{2.5}$ 切割器；3. 滤膜；4. 适配器；5. 预分离器管

（二）$PM_{2.5}$ 样品的收集与测试

采用上述空气采集器对 $PM_{2.5}$ 进行采集。实验中收集 $PM_{2.5}$ 样品所用的滤膜为聚四氟乙烯材质，直径为 46.2mm，厚度为 $0.2\mu m$。在进行样品收集之前，需用高精度电子天平对空白滤膜进行称重。然后将滤膜与切割器按图 16.14 的顺序进行组装得到粒度分离器，并将其组装到空气采集器上。

空气采集器用三脚架支撑于距地面高度为 1.5m 处，每次采样 24h。将仪器各个部分都安装完成后，按下控制面板上的"ON/AUTO/OFF"键，开启空气采集器，调节流量调节旋钮，调节流量至 7L/min，空气采集器即开始进行采样。采样进行 4h 后，再次按下"ON/AUTO/OFF"键停止采样。采集到的 $PM_{2.5}$ 样品沉积在聚四氟乙烯滤膜上，将带有 PM$_{2.5}$ 样品的聚四氟乙烯滤膜取出，用高精电子天平再次对其进行称量。

利用傅里叶变换红外光谱仪对每个采集到的 PM$_{2.5}$ 样本进行测试，测试前需对光谱仪的光学腔和样品腔抽真空，确保所测得的光谱数据不受其他因素影响而完整地反映 PM$_{2.5}$ 的原始信息。

（三）空气采集器的维护

空气采集器属于室外工作仪器，积累的大气颗粒物及降水等天气都会对仪器的性能及采样的精准度产生影响，因此须及时对空气采集器进行维护。每三个月或更短的周期内应清洗一次粒度分离器，清洗的步骤为：①用低尘擦拭纸擦拭进气口处的过滤网、PM$_{10}$ 切割器、PM$_{2.5}$ 切割器、割器连接组件及滤膜托等；②用酒精棉球擦洗切割器、撞击盘并自然晾干；③切割器清洗干净后，取少量硅酮，与汽油按 1∶2 的比例稀释，再用滴管滴入撞击盘内。

因空气采集器不具备防雨功能，当雨强较小时，采样器可继续工作；当雨强较大且判断为长时间的连续降雨时，应立即停止采样并将采集器收回室内，采样滤膜废弃。若采样器不慎进水，应立即关闭仪器，查看流量计和进气管是否进水，若少量进水，可用吸耳球吸出，自然晾干即可；若进水较多，可用电吹风吹干，直到流量恢复正常。

空气采集器的常见故障一般表现为无法正常启动，主要原因有三方面。

(1)橡胶气囊破裂。由于空气采集器内部的气囊为橡胶制品，在日常使用中易老化破损。若橡胶气囊轻微破裂，用胶水进行黏合即可；若因橡胶气囊老化而引起气囊破裂，则应更换气囊。

(2)电池与仪器接触不良或馈电。电池未安装到位或电池与仪器接触不良等都会引起仪器无法正常启动。若电池安装正常，大仪器仍不能正常工作，且仪器的低电量指示灯闪亮，则可判断为电池馈电，应更换电池。

(3)气温过低导致仪器不能正常启动。当外界气温过低时，橡胶气囊僵硬，不能带动抽气泵抽取空气，空气采样器无法启动。如遇此情况，可等气温回升后再进行采样。

（四）二维相关光谱技术简介

二维相关光谱由核磁共振发展而来，是一种以光谱强度为两个独立的光学变量的函数的技术，可以更加直观地解析二维图谱中的信息，更容易获得在一维光谱中不明显或被隐藏的信息。多用二维等高线图或三维立体图描述二维红外相关谱图，以光谱强度作为输出变量，用 Z 坐标表示；以波数(频率、波长等)作为输入变量，用 X 坐标和 Y 坐标表示。在二维尺度上将吸收峰展开，使由浓度等外界因素引起的一维光谱中被覆盖的弱峰展现出来，这样可简化光谱，提高光谱分辨力。二维相关光谱包括同步光谱和异步光谱两部分。

图 16.15 是典型的关于主对角线对称的二维同步相关光谱的示意图。主对角线上的峰称为自动峰，它是由动态红外信号自身相关得到的。自动峰的值总为正值，其强弱与动态谱中强度变化大小的区域相对应。同步光谱中还会出现由两个独立波源产生的交叉峰，位于主对角线之外，其值可正可负。当外部扰动对分子官能团运动产生影响时，其相关性即可在同步光谱中表现出来。

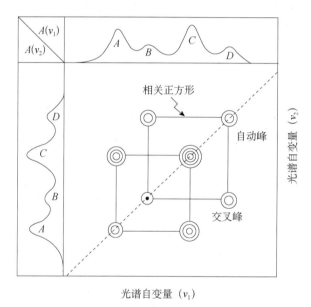

图 16.15　二维同步相关光谱示意图[37]

图 16.16 是关于主对角线反对称的二维异步相关光谱的示意图。在异步相关光谱中没有自动峰，只有包含正负的交叉峰组成代表了在两个频率处测得的光谱强度变化的先后顺序。在异步相关光谱中只有当动态的光谱强度彼此之间以不同速率变化时，才会出现交叉峰，说明相应官能团之间没有强的化学作用。当两个官能团的吸收位置相近时，在一维光谱中会出现重叠现象，但由于它们对相同的扰动会表现出不同的动态响应，即响应的先后时间不同，就会在异步光谱中生成

清晰的交叉峰，以此二维相关光谱技术便能提高光谱的分辨率，有助于研究官能团之间相互作用的关系和机制。

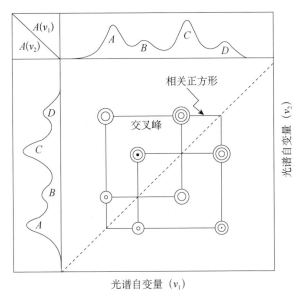

图 16.16　二维异步相关光谱示意图[37]

参 考 文 献

［1］White R W. Generation of elastic waves by transient surface heating. Journal of Applied Physics，1963，3：3559.

［2］Xing J，Wang X，Zhao K，et al. Ultraviolet photoelectric effect in ZrO_2 single crystals. Chinese Physics Letters，2007，24(2)：530-531.

［3］Huang Y H，Zhao K，Lu H B. Ultraviolet photoresponse properties of $SrTiO_3$ single crystals. European Physical Journal-Applied Physics，2007，38(1)：37-39.

［4］管丽梅，詹洪磊，祝静，等. 3D 打印技术在油气资源评价中的应用于展望. 物理与工程，2017，27(1)：77-82.

［5］Miao X Y，Sun S N，Li Y Z，et al. Real-time monitoring the formation and decomposition processes of methane hydrate with THz spectroscopy. Science China：Physics，Mechanics & Astronomy，2017，60(1)：014221.

［6］Miao X Y，Zhu J，Li Y Z，et al. Ultraviolet laser-induced voltage in anisotropic shale. Journal of Physics D Applied Physics，2018，51(4)：045503.

［7］Miao X Y，Zhu J，Zhao K，et al. Ultraviolet laser-induced lateral photovoltaic response in anisotropic black shale. Applied Physics B，2017，123(12)：276.

［8］吕志清，杨肖，魏建新. 页岩各向异性的全光学检测. 中国科学：物理学 力学 天文学，2015，45(8)：84208.

［9］Lu Z Q，Hai X Q，Wei J，et al. Characterizing of oil shale pyrolysis process with laser ultrasonic detection. Energy & Fuels，2016，30(9)：7236-7240.

［10］Li Y Z，Wu S X，Yu X L，et al. Optimization of pyrolysis efficiency based on optical property of semicoke in terahertz region. Energy，2017，126：202-207.

［11］Bao R M，Li Y Z，Zhan H L，et al. Probing the oil content in oil shale with terahertz spectroscopy. Science China(Physics，Mechanics & Astronomy)，2015，58(11)：114211.

［12］Li Y Z，Miao X Y，Zhan H L，et al. Evaluating oil potential in shale formations using terahertz time-domain spectroscopy. Journal of Energy Resources Technology，2018，140(3)：034501.

［13］Miao X Y，Zhan H L，Zhao K，et al. Oil yield characterization by anisotropy in optical parameters of the oil shale. Energy & Fuels，2016，30(12)：10365-10370.

［14］Lu Z Q，Sun Q，Zhao K，et al. Laser-induced voltage of oil shale for characterizing the oil yield. Energy & Fuels，2015，29(8)：4936-4940.

［15］Lu Z Q，Yang X Q，Zhao K，et al. Non-contact measurement of the water content in crude oil with all-optical detection. Energy & Fuels，2015，29(5)：2919-2922.

［16］Jin W J，Zhao K，Yang C，et al. Experimental measurements of water content in crude oil emulsions by terahertz time-domain spectroscopy. Applied Geophysics，2013，10(4)：506-509.

［17］Guan L M，Zhan H L，Miao X Y，et al. Terahertz-dependent evaluation of water content in high-water-cut crude oil using additive-manufactured samplers. Science China：Physics, Mechanics & Astronomy，2017，60(4)：044211.

［18］管丽梅，苗欣扬，詹洪磊，等. 基于太赫兹技术的熔融沉积 3D 打印误差分析. 太赫兹科学与电子信息学报，2017，16(2)：218-222.

［19］金武军，李军. 原油乳状液的太赫兹表征与评价. 中国科学：物理学 力学 天文学，2015，45(8)：084207.

［20］Jiang C，Zhan H L，Zhao K，et al. Characterization of solid n-alkanes cooling process with terahertz spectroscopy. Frontiers of Optoelectronics，2017，10(2)：132-137.

［21］Jiang C，Zhao K，Fu C，et al. Characterization of morphology and structure of wax crystals in waxy crude oils by terahertz time-domain spectroscopy. Energy & Fuels，2017，31(2)：1416-1421.

［22］Jiang C，Zhao K，Zhao L J，et al. Probing disaggregation of crude oil in a magnetic field with terahertz time-domain spectroscopy. Energy & Fuels，2014，28(1)：483-487.

［23］Feng X，Wu S X，Zhao K，et al. Pattern transitions of oil-water two-phase flow with low water content in rectangular horizontal pipes probed by terahertz spectrum. Optics Express，2015，23：A1693-1699.

［24］Song Y，Miao X Y，Zhao K，et al. Reliable evaluation of oil-water two-phase flow using a method based on terahertz time-domain spectroscopy. Energy & Fuels，2017，31(3)：2765-2770.

［25］Song Y，Zhao K，Zuo J，et al. The detection of water flow in rectangular microchannels by THz-TDS. Sensors，2017，17：02330.

［26］Zhao H，Wu D B，Zhan H L，et al. Detection of iron corrosion by terahertz time-domain spectroscopy. Proceeding of SPIE，2015，9795：97953J.

［27］Ge L N，Zhan H L，Leng W X，et al. Optical characterization of the principal hydrocarbon components in natural gas using terahertz spectroscopy. Energy & Fuels, 2015, 29(3): 1622-1627.

［28］Wang D D, Miao X Y, Zhan H L, et al. Non-contacting characterization of oil-gas interface with terahertz wave. Science China: Physics, Mechanics & Astronomy, 2016, 59: 674221.

［29］王丹丹，詹洪磊，苗昕扬，等. 油气水界面的太赫兹频谱. 太赫兹科学与电子信息学报，2016，14(6)：848-852.

［30］Song Y, Zhan H L, Zhao K, et al. Simultaneous characterization of water content and distribution in high water cut crude oil. Energy & Fuels, 2016, 30: 3929-3933.

［31］Jin W J, Li T, Zhao K, et al. Monitoring the reaction between $AlCl_3$ and o-xylene by terahertz spectroscopy. Chinese Physics B, 2013, 22(11): 118701.

［32］Qin F L, Li Q, Zhan H L, et al. Probing the sulfur content in gasoline quantitatively with terahertz time-domain spectroscopy. Science China: Physics, Mechanics & Astronomy, 2014, 57: 1404-1406.

［33］赵卉，赵昆，田璐. 生物柴油与石化柴油太赫兹光谱与十六烷值相关性的研究. 激光与光电子学进展，2011，48：113001.

［34］宝日玛，赵昆，田璐，等. 汽油的太赫兹时域光谱特性研究. 中国科学：物理学 力学 天文学，2010，40(8)：950-954.

［35］Li Q, Zhan H L, Qin F L, et al. Detecting NO_3^- concentration in nitrate solutions using terahertz time-domain spectroscopy. Frontiers of Optoelectronics, 2015, 8: 62-67.

［36］Li N, Zhan H L, Zhao K, et al. Characterizing $PM_{2.5}$ in Beijing and Shanxi(China)using terahertz radiation. Frontiers of Optoelectronics, 2016, 9(4): 544-548.

［37］赵昆，詹洪磊. 太赫兹光谱分析技术. 北京：科学出版社，2017.

彩　　图

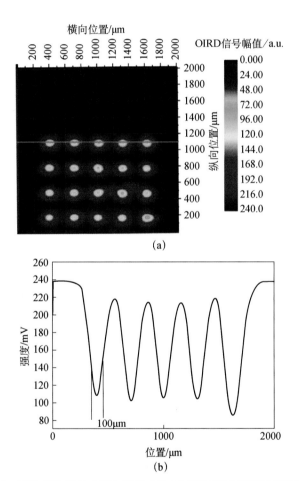

(a)

(b)

图 2.6　硅片打孔样品 OIRD 虚部成像(a)和对应(a)横线位置幅值(b)

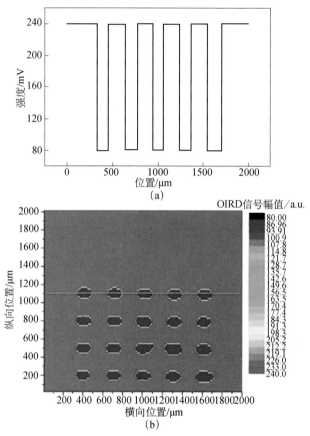

图 2.8 硅片打孔样品 OIRD 虚部二分法成像 (a) 及对应 (a) 横线位置幅值 (b)

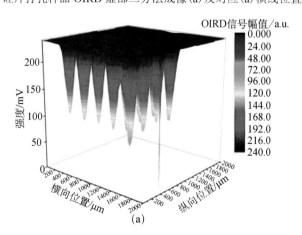

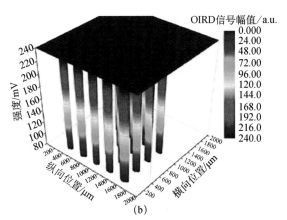

(b)

图 2.9　硅片打孔样品 OIRD 虚部三维成像(a)及硅片打孔样品 OIRD 虚部三维二分法成像(b)

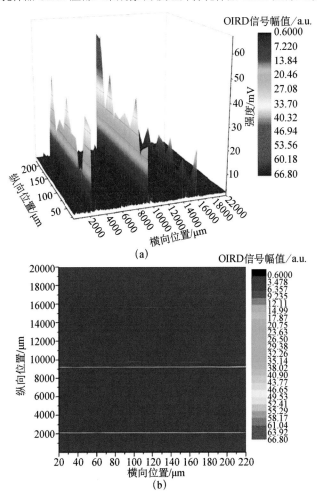

(a)

(b)

图 2.11　带有狭缝的岩石切片样品的 OIRD 虚部三维成像(a)和 OIRD 投影图(b)

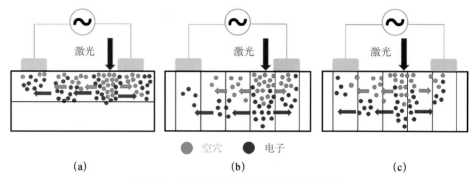

图 3.10　页岩样品中的丹倍效应示意图[7]

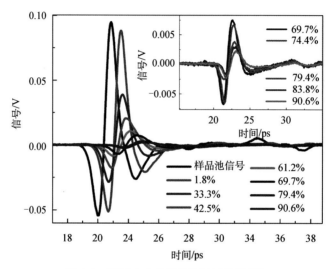

图 6.6　不同水含量样品的时域光谱[17]

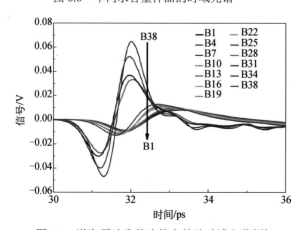

图 7.1　渤海原油乳状液的太赫兹时域光谱[19]

图 7.5　乳状液注入透明聚乙烯薄膜中的形态

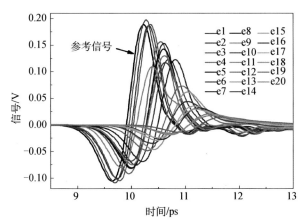

图 7.6　油包水和水包油乳状液系列的太赫兹时域光谱[19]

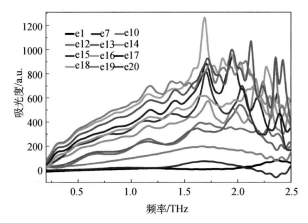

图 7.7　油包水和水包油两种类型乳状液的吸收特性[19]

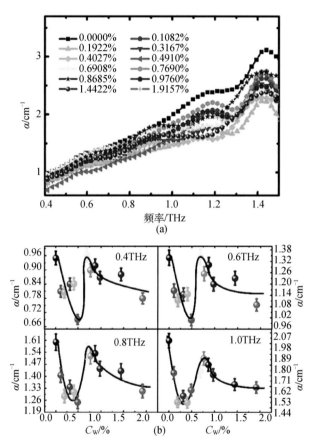

图 8.9　不同蜡含量模拟油的吸收系数 (a) 及选定频率处模拟油的吸收系数与
蜡含量 (C_W) 的关系 (b)[21]

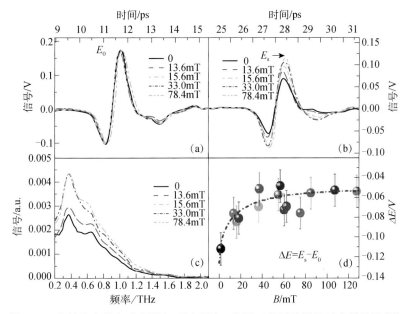

图 8.11 太赫兹光谱实验监测在不同磁场 B 作用下的原油样品及空样品池 [22]

(a) 空样品池的时域光谱；(b) 原油样品的时域光谱；(c) 原油样品的频率谱；
(d) ΔE 随磁场强度 B 的变化曲线

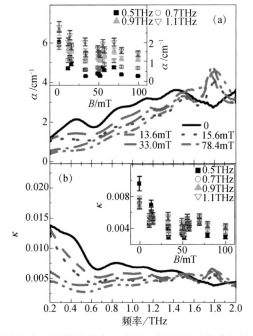

图 8.12 原油样品在不同磁场强度 B 作用下的吸收系数谱和消光系数谱 [22]

(a) 吸收系数谱；(a) 消光系数谱；内插图为在特定频率下吸收系数和消光系数随磁场强度的变化规律

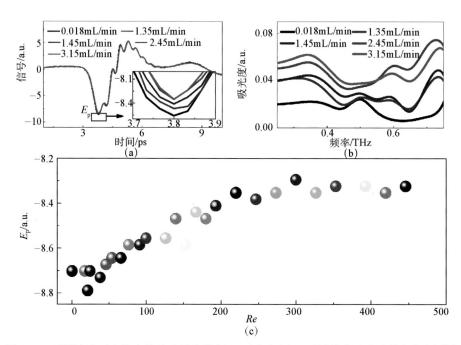

图 9.10　不同流速下水的太赫兹时域光谱(a)、吸光度(b)及时域峰值随流速的变化(c)[24]

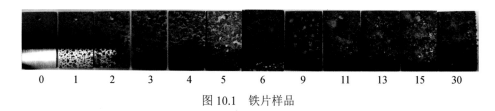

图 10.1　铁片样品

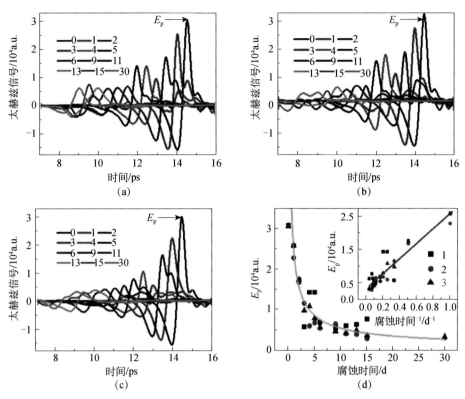

图 10.2　为样品在任意三个位置取点的时域图(a)、(b)、(c)及
时域峰值与时间关系(d)[26]

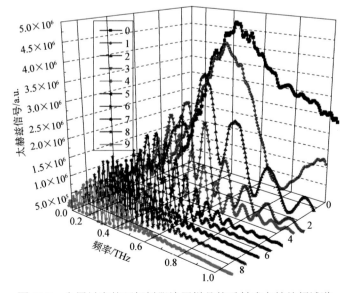

图 10.8　金属衬底的环氧树脂涂层样品的反射式太赫兹频域谱

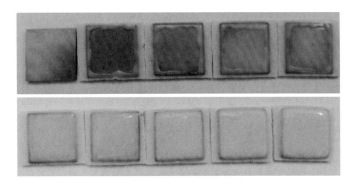

图 10.14 不同涂层厚度的样品

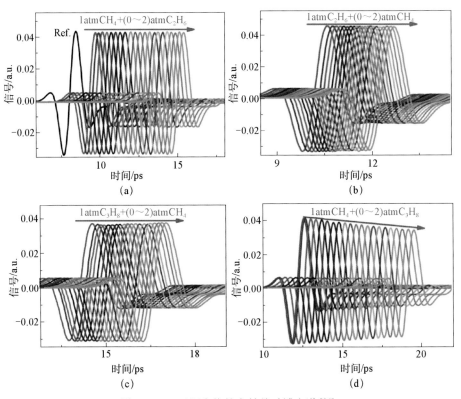

图 11.1 二元混合物的太赫兹时域光谱[26]

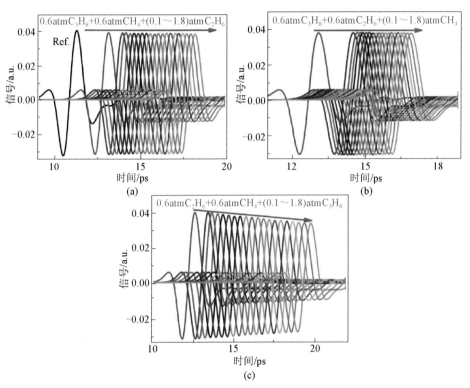

图 11.2　三元混合物的太赫兹时域光谱[26]

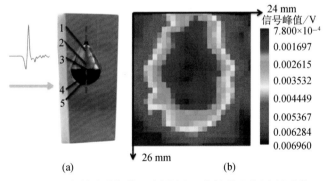

图 12.4　太赫兹波扫描示意图(a)及太赫兹成像图(b)[28]

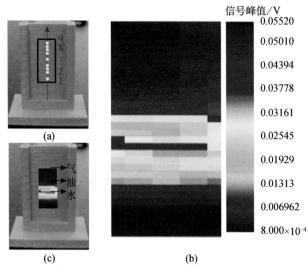

图 12.8　3D 打印样品池中油气水混合物的分布示意图(a)及太赫兹幅值成像图(b)[29]

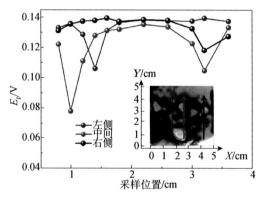

图 12.13　不同采样点的时域峰值强度随采样位置的变化[30]

插图的箭头表示采样位置的变化

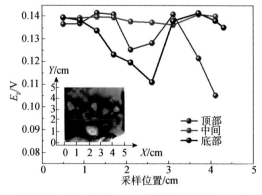

图 12.14　从左到右在不同采样点的 THz 时域峰[30]

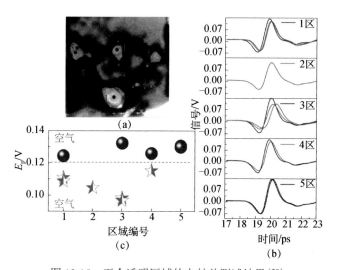

图 12.15　五个透明区域的太赫兹测试结果[30]

(a)1~5 号透明区域中每个采样点的具体位置；(b)在 5 个不同的透明区域上的采样点的太赫兹时域光谱；
(c)每个采样点的每个透明区域的 THz 峰值强度

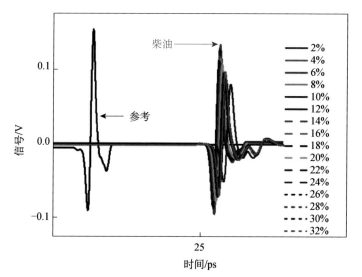

图 14.2　柴油含硫量标准物质的太赫兹时域谱

图中百分数为硫醚质量分数

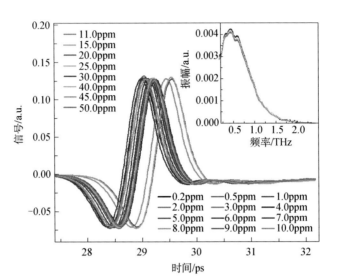

图 14.4　不同硫含量(质量分数)样品的太赫兹时域光谱图[33]
插图为对应的太赫兹频域光谱图

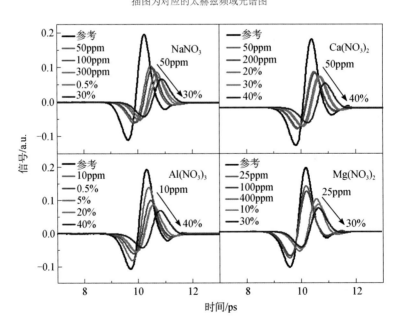

图 15.4　不同浓度硝酸盐溶液的太赫兹时域光谱

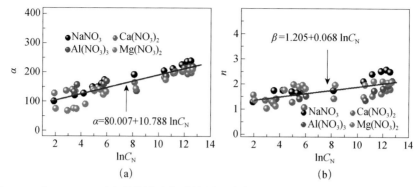

图 15.7 在 1.24THz 下太赫兹波吸收系数(a)和折射率(b)与 NO₃⁻浓度 lnC_N 的关系[35]

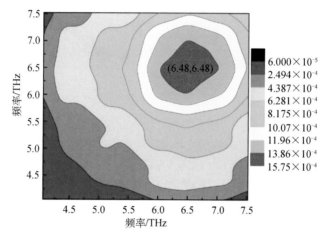

图 16.3 频率范围为 4.0～7.5THz 的同步二维相关光谱图[36]

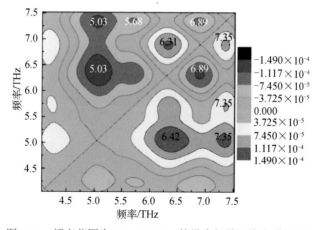

图 16.4 频率范围为 4.0～7.5THz 的异步相关二维光谱图[36]

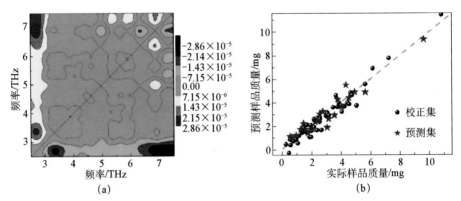

图 16.10 扬尘环境下 PM$_{2.5}$ 的二维光谱异步图(a)及多元回归模型(b)

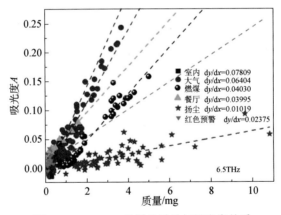

图 16.11 6.5THz 处样品质量与吸光度关系